Software Design［別冊］

ワンランク上を目指す人のための Python実践活用ガイド

自動化
スクリプト、
テキスト処理、
統計学の初歩を
マスター

鈴木たかのり・野呂浩良・大澤文孝・上野貴史・貞光九月・石本敦夫・くーむ・@driller・片柳薫子・清水川貴之・清原弘貴・tell-k・近松直弘・岩崎圭・松井健一・馬場真哉

技術評論社

ワンランク上を目指す人のための

Python実践活用ガイド

CONTENTS

第1章 今すぐはじめるPython …… 鈴木たかのり 1

1-1 なぜPythonを導入するとお得なのか …… 2

1-2 Pythonの導入と基本 …… 6

第2章 ひとりで始めるPythonプログラミング入門 …… 17

2-1 プログラミング独習の勧め …… 野呂浩良 18

2-2 学びやすい開発環境を構築 …… 大澤文孝 24

2-3 数字認識APIを作って実感 …… 上野貴史、貞光九月 36

第3章 そのPythonライブラリ、どうして必要なんですか？ …… 45

3-1 パッケージ管理の基礎を知ろう …… 石本敦夫 46

3-2 Pythonの基礎力を高めよう …… くーむ 55

3-3 データ分析の前処理をさくっと終わらせよう …… @driller 65

3-4 イメージどおりにデータを可視化しよう …… 片柳薫子 78

第4章 エラー処理デザインパターン …… 清水川貴之、清原弘貴、tell-k 87

4-1 ロギング設計 …… 88

4-2 例外処理 …… 95

4-3 エラーの検出 …… 105

第5章 Pythonで自動化スクリプト …… 111

5-1 ファイル／ディレクトリ操作 …… 近松直弘 112
5-2 コマンドラインツール作成 …… 近松直弘 123
5-3 Webを使った情報収集 …… 岩崎圭 133

第6章 Pythonテキスト処理の始め方 …… 141

6-1 VS CodeとJupyterではじめるPython …… @driller 142
6-2 Pythonの文字列処理の基本 …… 石本敦夫 148
6-3 テキストファイルの扱い方 …… 石本敦夫 158
6-4 Pythonで正規表現を使いこなす …… 石本敦夫 165
6-5 テーブルデータをpandasで処理しPlotlyで可視化する …… @driller 176

第7章 Pythonではじめる統計学 …… 183

7-1 統計分析に必須のライブラリ …… @driller 184
7-2 平均からはじめる記述統計 …… 松井健一 195
7-3 シミュレーションで学ぶ確率分布 …… 松井健一 203
7-4 未知のデータを知るための推測統計 …… 松井健一 212
7-5 身近なテーマで理解する仮説検定 …… 馬場真哉 219

本書について

Pythonには幅広い用途があります。自動化スクリプトやスクレイピングといった小規模な使い道から、AIモデルの実装やWebサービス開発、ゲーム開発といった大規模開発まで柔軟に対応できます。最近ではインフラ構成管理ツール用のスクリプトをPythonで書くことも珍しくありません。まさしく、「なんでもできる」言語と言えます。その一方で、「なんでもできる」ことが、学習者にとっては諸刃の剣となり得ます。基本的な文法を一通り学習し終えたあと、何をどのように学べばいいのか、現場でどのように活用すればいいのか、今一つ見当がつかない人も少なくないでしょう。

本書は、そのような方のために、『Software Design』のPythonに関する過去記事を厳選して収録した書籍です。読み終わった際には、Pythonの機能をどのように活かせばいいか、きっとその糸口がつかめるでしょう。ただし学習というものは、インプットだけでは完結しません。アウトプットまででワンセットです。各章の内容をご自身の環境でもぜひ試してみてください。

初出一覧

第1章	今すぐはじめるPython	Software Design2017年6月号 第2特集(第1、2章抜粋)
第2章	ひとりで始めるPythonプログラミング入門	Software Design2019年9月号 第2特集
第3章	そのPythonライブラリ、どうして必要なんですか?	Software Design2018年2月号 第1特集
第4章	エラー処理デザインパターン	Software Design2020年8月号 第2特集
第5章	Pythonで自動化スクリプト	Software Design2022年1月号 第2特集
第6章	Pythonテキスト処理の始め方	Software Design2020年2月号 第1特集
第7章	Pythonではじめる統計学	Software Design2020年10月号 第1特集

本書のサポートページ

本書に関する補足情報、訂正情報、サンプルファイルのダウンロードは、下記のWebサイトで提供いたします。なお、サンプルファイルの提供先につきましては各記事をご参照ください。

https://gihyo.jp/book/2022/978-4-297-12639-1

第1章

多用途に使いこなせ、コードが読みやすく保守しやすい 今すぐはじめるPython

Google や Facebook でも採用されている Python は、現在最も旬な言語ではないでしょうか。Python でデータ分析や統計処理、また人工知能や機械学習などを扱った事例も多くなってきています。

本章では、なぜ今 Python が使われ、どんなことに使えるのかにスポットを当てます。1-1 では、Python の特徴、2 系と 3 系のバージョンの違いとコーディングスタイルなどを紹介します。1-2 では、言語仕様とライブラリについて紹介します。

本章を読んで、Python をはじめてみませんか。

1-1 今から始めるならPythonがお勧め！ なぜPythonを導入するとお得なのか P.2
鈴木 たかのり

1-2 Pythonの導入と基本 文法からライブラリまで P.6
鈴木 たかのり

Special Thanks：@iktakahiro、@shimizukawa、@terapyon

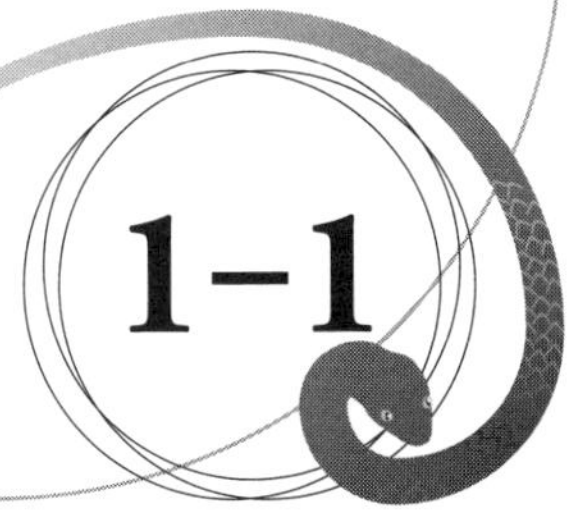

今から始めるならPythonがお勧め！

1-1 なぜPythonを導入するとお得なのか

Author 鈴木 たかのり(すずき たかのり)
一般社団法人PyCon JP Association／株式会社ビープラウド
Twitter @takanory

Pythonとは

Python(パイソン)は世界中で広く使用されているプログラミング言語です。Pythonという名前は、イギリスのコメディグループ「モンティ・パイソン」からとられています。

Pythonはフリーかつオープンソースのソフトウェアとして、コミュニティで開発が進められています。現在、Pythonのソースコード、ロゴなどの知的財産権は、PSF(Python Software Foundation)という非営利団体で管理されています。

Pythonは多くのプログラミング言語と同様、Windows、macOS、Linuxなどさまざまなプラットフォーム上で動作します。

豊富なライブラリ

Pythonには正規表現、数学関数、通信プロトコル、GUIフレームワークといった豊富な標準ライブラリが用意されています。これらの標準ライブラリは、Pythonをインストールすると使用できるようになります。これは、必要な機能が最初からそろうように、という考えに基づくもので、Pythonの「バッテリー付属(Batteries Included)」という哲学を反映しています。

▼図1 Python標準ライブラリのリファレンスマニュアル

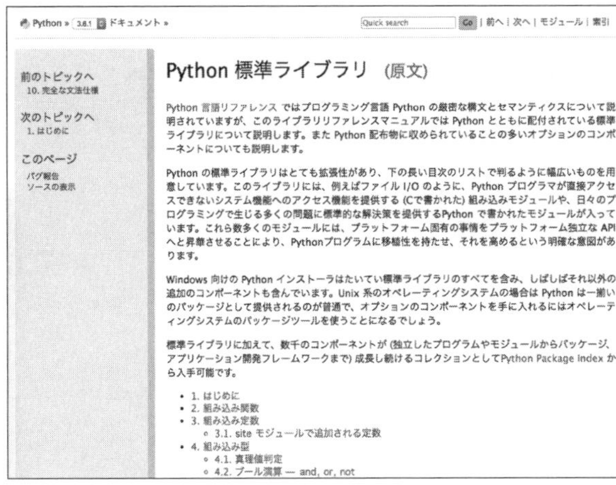

Python » 3.8.1 ドキュメント » Quick search Go | 前へ | 次へ | モジュール | 索引

前のトピックへ
10. 完全な文法仕様
次のトピックへ
1. はじめに
このページ
バグ報告
ソースの表示

Python 標準ライブラリ (原文)

Python 言語リファレンス ではプログラミング言語 Python の厳密な構文とセマンティクスについて説明されていますが、このライブラリリファレンスマニュアルでは Python とともに配付されている標準ライブラリについて説明します。また Python 配布物に収められていることの多いオプションのコンポーネントについても説明します。

Python の標準ライブラリはとても拡張性があり、下の長い目次のリストで判るように幅広いものを用意しています。このライブラリには、例えばファイル I/O のように、Python プログラマが直接アクセスできないシステム機能へのアクセス機能を提供する (Cで書かれた) 組み込みモジュールや、日々のプログラミングで生じる多くの問題に標準的な解決策を提供するPython で書かれたモジュールが入っています。これら数多くのモジュールには、プラットフォーム固有の事情をプラットフォーム独立な API へと昇華させることにより、Pythonプログラムに移植性を持たせ、それを高めるという明確な意図があります。

Windows 向けの Python インストーラはたいてい標準ライブラリのすべてを含み、しばしばそれ以外の追加のコンポーネントも含んでいます。Unix 系のオペレーティングシステムの場合は Python は一揃いのパッケージとして提供されるのが普通で、オプションのコンポーネントを手に入れるにはオペレーティングシステムのパッケージツールを使うことになるでしょう。

標準ライブラリに加えて、数千のコンポーネントが (独立したプログラムやモジュールからパッケージ、アプリケーション開発フレームワークまで) 成長し続けるコレクションとしてPython Package Index から入手可能です。

- 1. はじめに
- 2. 組み込み関数
- 3. 組み込み定数
  - 3.1. site モジュールで追加される定数
- 4. 組み込み型
  - 4.1. 真理値判定
  - 4.2. ブール演算 — and, or, not

Python標準ライブラリのリファレンスマニュアル[注1]は日本語化されたものがWebで参照できます(図1)。

サードパーティー製のパッケージも豊富に提供されており、Webアプリケーションフレームワークや機械学習などのパッケージがあります。これらのパッケージはPyPI[注2]というサイトで共有されており、簡単にインストールして利用できます(図2)。

ライブラリの使い方、パッケージのインストール方法については1-2で説明します。

Pythonでできること

Pythonは、標準ライブラリだけでテキスト解析やネットワーク通信、ファイル操作など、さまざまなことができます。Pythonで作成されているツールやフレームワークを導入することによって、さらに大規模なプログラミングも可能になります。

表1にPython製の著名なツール、フレームワークについて一部を紹介します。

たとえば、次のようなことがPythonの

注1) https://docs.python.org/ja/3/
注2) the Python Package Index：パイピーアイ。https://pypi.org/

プログラムだけで実現できます。

- Webページからスクレイピングしてデータを抜き出す
- 抜き出したデータを機械学習やディープラーニングで分析
- 分析した結果をWebページで公開
- サーバの環境を構築
- ライブラリのドキュメントを作成

環境構築、データ解析からWebシステムまで、Pythonという共通のプログラミング言語で、さまざまなことが実現できるのが大きなメリットです。お勧めのフレームワーク、ツール、ライブラリなどの情報がまとまっているサイトとしてAwesome Python注3があります。

読みやすいコード

Pythonの設計思想に「シンプルで読みやすいコードが書けること」があります。同じ動作をするプログラムは似たようなコードになることが設計思想に組み込まれており、このため、コードの保守がしやすいと言えます。

Pythonの特徴の1つに、インデントがあります。ifやforなどの制御構文の影響する範囲を、括弧で囲むのではなくインデント（通常はスペース4つ）で定義します。次のコードは1から100までのFizz Buzz注4を返すコードです。インデントで構造を表すことにより、コードを見たときにifやforの範囲がどこなのかがわかりやすくなるという利点があります。

```
for num in range(1, 101):
    if num % 15 == 0:
        print('Fizz Buzz')
    elif num % 3 == 0:
        print('Fizz')
    elif num % 5 == 0:
        print('Buzz')
    else:
        print(num)
```

PEP8：コーディングスタイルガイド

Pythonではプログラムのどこにスペース、空行を入れるべきか、変数名や関数名の付け方などのコーディングスタイルが定義されています。このコーディングスタイルはPEP8注5（PEPについては後述）という名前で呼ばれています。コーディングスタイルに従うことにより、ほかの人のコードも読みやすくなります。

また、コーディングスタイルをチェックするためのツールも用意されており、

注3） https://awesome-python.com/

注4） https://ja.wikipedia.org/wiki/Fizz_Buzz

注5） https://www.python.org/dev/peps/pep-0008/
日本語訳　http://pep8-ja.rtfd.io/

▼図2　PyPI

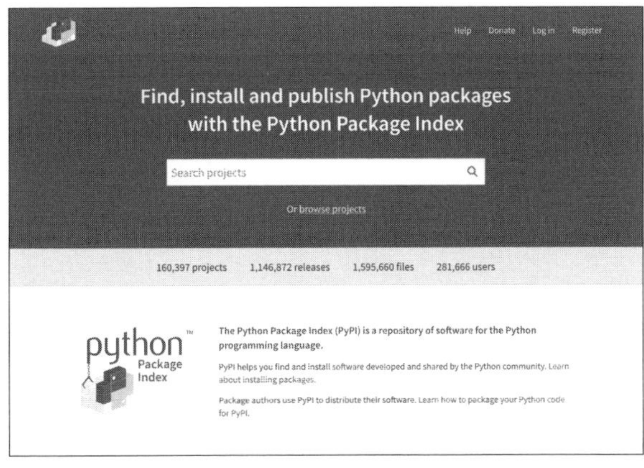

▼表1　Python製の著名なツール、フレームワーク

名前	内容	URL
scrapy	Webページをスクレイピングするフレームワーク	https://scrapy.org/
scikit-learn	機械学習ライブラリ	https://scikit-learn.org/
TensorFlow	ディープラーニングライブラリ	https://www.tensorflow.org/
Django	Webアプリケーションフレームワーク	https://www.djangoproject.com/
Ansible	サーバの構成管理ツール	https://docs.ansible.com/
Sphinx	ドキュメンテーションビルダ	http://sphinx.readthedocs.io/ja/stable/

PyPIで提供されています(**表2**)。

Pythonでプログラムを書く場合は、ぜひこれらのツールを活用してください。一通りチェックしてくれるflake8を使用するのがお勧めです。

PEP：Pythonの拡張提案

Pythonの設計思想「シンプルで読みやすいコードが書けること」を保つために、拡張機能についてコミュニティで議論して決定するしくみがあります。それがPEP(Python Enhancement Proposal：Python拡張の提案)です。

Pythonの言語仕様を追加、変更するためには、PEPドキュメントの提出が必要です。PEPを作成して、コミュニティに提案、議論ののちに、採用・不採用が判断されます。

表3のようなPython 3.10の新機能も、PEPによって提案されて採用されています。

Pythonの歴史とバージョン

Pythonは1991年にバージョン0.9.0がリリースされ、30年以上の歴史があります。現在の最新版は3.10.0です。

Python 2系とPython 3系

Python 2系と3系には、文法の変更を含むいくつかの違いがあります。Python 2系のサポートは2020年1月1日で終了することがPEP 373[注6]に明記してあります。また、Python 2.8がリリースされないことがPEP 404[注7]で決定しています。今からPythonでプログラミングを始めるならばPython 3を使用しましょう。

多くのフレームワーク、ライブラリはPython 3に対応しているので、問題なく使えます。**図3**の画像はPython 3 Wall of Superpowers[注8]というサイトの画面で、ライブラリがPython3に対応しているかをダウンロードの多い順に掲載しています。Python 3に対応しているものを緑で、対応していないものを赤で表示しています。見てのとおり、現在はほとんどがPython 3に対応しています。

Python 2系と3系の違い

ここではPython 2系と3系の違いについていくつか紹介します。

printが文(2系)から関数(3系)に変更

文字列を出力する`print`は2系では文でしたが3系では関数となりました。次のコードのように、書き方が異なります。

```
Python 2系
>>> print 'Hello Python 2!'
Hello Python 2!
```

注6) https://www.python.org/dev/peps/pep-0373/
注7) https://www.python.org/dev/peps/pep-0404/
注8) このサイトは執筆現在存在しません。

▼表2　コーディングスタイルをチェックするためのツール

パッケージ名	用途
pycodestyle	コーディングスタイルに合っているかをチェックするツール
black	プログラムをPEP 8に準拠した形式に書き換えるフォーマッター
pyflakes	不要なimportや未使用の変数の検出など、pycodestyleで扱っていないプログラミング上の問題を検出するツール
flake8	pycodestyleに加えて使用されていない変数など、論理的なチェックを行うツール

▼表3　PEP提案により採用されたPython 3.10の新機能

PEP番号	機能	URL
PEP 634	構造化パターンマッチング	https://www.python.org/dev/peps/pep-0634/
PEP 618	zip関数に長さチェックの引数を追加	https://www.python.org/dev/peps/pep-0618/
PEP 604	型ヒントのユニオンタイプをX|Yで記述可能に	https://www.python.org/dev/peps/pep-0604/

```
Python 3系
>>> print('Hello Python 3!')
Hello Python 3!
```

文字列がUnicode文字列に統一

Python 2系では文字列には、非Unicode文字列(str型)とUnicode文字列(unicode型)の2種類が存在しました。そのため、str型とunicode型の変換には文字コードを指定したencode/decodeが必要でした。

▼図3　Python 3 Wall of Superpowers

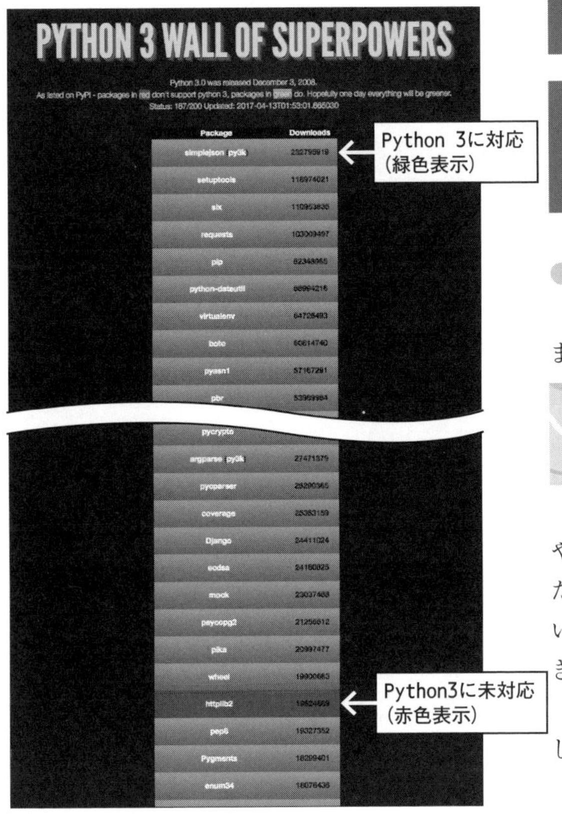

Python 3系のstr型はUnicode文字列のみとなったため、日本語の扱いで文字化けなどに遭遇することが少なくなりました。

整数同士の割り算が浮動小数点を返す

Python 2系では割り算の結果は、端数を切り捨てた整数(int型)でしたが、3系では浮動小数点数(float型)になりました。

```
Python 2系
>>> 1/3
0
>>> 8/2
4
```

```
Python 3系
>>> 1/3
0.3333333333333333
>>> 8/2
4.0
```

標準ライブラリの再構成

標準ライブラリの名前や構成が変更されています。一部を表4にまとめました。

まとめ

本稿ではPythonの特徴として、コードの書きやすさや豊富なライブラリについて紹介しました。また、2系と3系のバージョンの違いについても説明し、今からならPython 3系を使うべきという話もしました。

1-2ではPython 3の導入と基本について解説します。SD

▼表4　Python 2系から3系で変更された標準ライブラリの名前や構成

Python 2系	Python 3系	説明
BaseHTTPServer、SimpleHTTPServer、CGIHTTPServer	http.server	基本的なHTTPサーバ機能のライブラリはhttp.serverに統合された
urllib、urllib2、urlparse	urllib.request、urllib.parse、urllib.error	URLへのアクセスや構文解析のためのライブラリはurllib.*に再構成された
StringIO、cStringIO	io	テキストI/OはioモジュールのStringIOクラスに統合された
ConfigParser	configparser	設定ファイルのパーサは名前が変更された

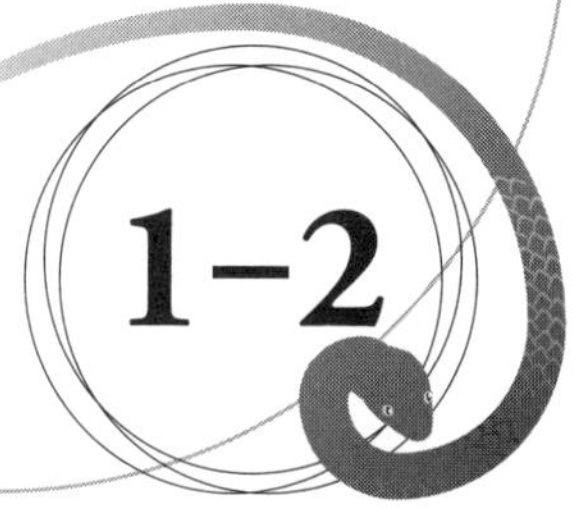

1-2 Pythonの導入と基本
文法からライブラリまで

Author 鈴木 たかのり(すずき たかのり)
一般社団法人PyCon JP Associtation／株式会社ビープラウド
Twitter @takanory

インストール

まずは、Pythonをインストールしましょう。最新版は3.10.0です。WindowsやmacOSの場合は、Python.orgのDownload Pythonページ注1からインストーラをダウンロードしてインストールしましょう。Windowsの場合はインストール時にPATHの設定を行うかどうかを聞かれます。チェックをして設定することをお勧めします。

Ubuntu 20.04にPython 3.10をインストールするには、deadsnakes注2というPythonの各バージョンがインストールできるPPAを**図1**の手順で設定し、インストールします注3。

Windowsではコマンドプロンプトで`python`、macOSではターミナルで`python3`、Ubuntuでは`python3.10`と入力するとPythonが起動します。引数なしでPythonを実行すると**対話モード**で起動します(**図2**)。対話モードでは`>>>`プロンプトが表示され、Pythonコードの入力を受け付けます。

実際にPythonでプログラムを作成する場合は、プログラムコードをファイル(拡張子が`.py`)に保存して実行しますが、対話モードは簡単なPythonコードの動作確認をするときに便利です。以降の言語仕様の解説では対話モードで確認する前提で記述するので、プロンプトの`>>>`があります。

言語仕様

ここからはPythonの言語仕様を説明します。

データ型

基本的なデータ型と演算子などでの操作方法について説明します。

数値と数値演算

数値型には整数(int)、浮動小数点数(float)、複素数(complex)の3種類があります。数値演算には**表1**のような演算子が使えます。整数には精度の制限がないので、Pythonでは非常に大きな桁の整数も扱えます。基本的にint同士の演算の結果はint、floatの場合はfloatとなりますが、割り算のみint同士でも結果がfloatになります。虚数には`j`をつけます。

▼図2 Pythonを対話モードで起動

```
takanori — Python — 80×10
takanori@MacBook-Pro ~ % python3.10
Python 3.10.0 (v3.10.0:b494f5935c, Oct  4 2021, 14:59:19) [Clang 12.0.5 (clang-1
205.0.22.11)] on darwin
Type "help", "copyright", "credits" or "license" for more information.
>>> 1 / 3
0.3333333333333333
>>> [x ** 2 for x in range(10)]
[0, 1, 4, 9, 16, 25, 36, 49, 64, 81]
>>>
```

注1) https://www.python.org/downloads/

注2) https://launchpad.net/~deadsnakes/+archive/ubuntu/ppa

注3) Ubuntu 20.04ではデフォルトでPython 3.8がインストールされます。

▼図1 Ubuntu 16.04にPython 3.6をインストール

```
$ sudo add-apt-repository -y ppa:deadsnakes/ppa
$ sudo apt-get -y update
$ sudo apt-get -y install python3.10 python3.10-dev python3.10-venv
```

```
>>> 1 + 1
2
>>> 1.1 + 1.1
2.2
>>> 1 + 2j
(1+2j)
```

型変換は組み込み関数の**int()**、**float()**で行えます。

```
>>> int(1.1)
1
>>> float(1)
1.0
```

文字列(str)と文字列操作

文字列はシングルクォーテーション(')またはダブルクォーテーション(")で囲んで定義します。たとえば'を含む文字列を定義するときに"を囲むと、エスケープをしなくてよいので便利です。

```
>>> 'Hello World'
'Hello World'
>>> "I'm takanory"
"I'm takanory"
>>> 'I\'m takanory'
"I'm takanory"
```

長い文章を定義する場合は三重引用符('''または""")で文字列を囲みます。エディタでの改行がそのまま文字列の改行となるので、長い文字列を定義する必要があるヘルプメッセージやテンプレートを定義する場合に便利です。なお、対話モードで複数行の入力を行う場合は、対話モードのプロンプトが**...**に変わります。また、**print()**関数を使用すると文字列に変換された値が出力されるため、改行コードは改行文字となります。

```
>>> longtext = '''long
... long
... text'''
>>> longtext
'long\nlong\ntext'
>>> print(longtext)
long
long
text
```

文字列への変換は、組み込み関数の**str()**を使用します。

```
>>> str(1)
'1'
>>> int('1')
1
```

Pythonの文字列には非常にたくさんの便利なメソッドがあります。**表2**に、いくつかよく使う文字列メソッドを紹介します

次のコードは文字列メソッドの使用例です。

```
>>> 'spam ham eggs'.find('ham')
5
>>> 'spam ham eggs'.endswith('ham')
False
>>> 'spam ham eggs'.replace('ham', 'spam')
'spam spam eggs'
>>> 'spam ham eggs'.split()
['spam', 'ham', 'eggs']
```

▼表1 数値演算

演算	結果
x + y	xとyの和
x - y	xとyの差
x * y	xとyの積
x / y	xとyの商
x // y	xとyの商を切り下げたもの
x % y	x / y の剰余
x ** y	xのy乗

▼表2 よく使われる文字列メソッド

メソッド	説明
str.find(sub)	subの出現する位置を返す
str.startswith(prefix)	文字列が指定されたprefixで始まるかをTrue/Falseで返す
str.endswith(suffix)	文字列が指定されたsuffixで終わるかをTrue/Falseで返す
str.strip()	文字列の先頭と末尾の空白文字列を削除する
str.replace(old, new)	文字列中のoldをnewに置換する
str.split(sep)	文字列を指定した区切り文字で分割してリスト(後述)を返す。引数を指定しない場合は空白文字で分割する

・f-string

書式を指定した文字列を生成するにはf-string(フォーマット済み文字列リテラル)を使用します。f-stringはクォートの前にfを書きます。波括弧({})の中に書かれた変数や式の値が置き換わります。

```
>>> name = 'takanori'
>>> f'Hello {name}'
'Hello takanori'
>>> x = 10
>>> y = 20
>>> f'{x} * {y} = {x * y}'
'10 * 20 = 200'
```

リスト(list)とタプル(tuple)

複数の値をまとめるデータ型について説明します。まずはリスト(list)です。リストは複数の値を配列形式で格納します。リストは全体を角括弧([])で囲んで、カンマ(,)区切りで値を指定します。リストには値を追加したり、変更、削除したりできます。

```
>>> test_list = ['spam', 'ham', 'eggs']
>>> test_list.append(1)
>>> test_list.remove('ham')
>>> test_list
['spam', 'eggs', 1]
```

Pythonには、リストと似たデータ型のタプル(tuple)があります。タプルは全体を丸括弧(())で囲みます。タプルはイミュータブル(不変)なため、後からデータは変更できず、変更しようとすると次のようにエラーが発生します。

```
>>> test_tuple = ('spam', 'ham', 'eggs')
>>> test_tuple.append(1)
Traceback (most recent call last):
  File "<stdin>", line 1, in <module>
AttributeError: 'tuple' object has no ↵
attribute 'append'
```

・リストとタプルの基本的な操作

リストとタプルはいくつかの操作ができます(表3)。

実際に動作している例は次のとおりです。このコードではリストを使っていますが、タプルでもまったく同じように動作します。なお、タプルに対してのスライスの結果はタプルを返します。

```
>>> test_list = ['spam', 'ham', 'eggs']
>>> test_list[0]
'spam'
>>> test_list[-1]
'eggs'
>>> test_list[0:2]
['spam', 'ham']
>>> test_list[1:]
['ham', 'eggs']
>>> len(test_list)
3
>>> 'spam' in test_list
True
>>> test_tuple = ('spam', 'ham', 'eggs')
>>> test_tuple[0:2]
('spam', 'ham')
```

インデックスとスライスの指定にはマイナスの数値も使用できます。マイナスを指定した場合は後ろから数えます。また、スライスで値を省略すると最初から、または最後までとなります。

・文字列(str)もシーケンス型

文字列もシーケンス型(順序のある要素の集まり)のため、リスト、タプルと同じ操作が行えます。

```
>>> txt = 'python3'
>>> txt[2]
't'
```

▼表3 リストとタプルの操作

名前	書き方	内容
インデックス	data[0]	任意の位置の値を返す(この例では0番目(最初)の要素)
スライス	data[0:2]	任意の範囲の値を返す(この例では0番目から2番目の前(0番目と1番目)の要素)
len()関数	len(data)	項目数を返す
in演算子	'param' in data	指定した要素の存在をTrue/Falseで返す

```
>>> txt[-2]
'n'
>>> txt[0:3]
'pyt'
>>> len(txt)
7
>>> '2' in txt
False
```

辞書(dict)

辞書(dict)はキーと値をセットで持つデータ型で、RubyではHashと言われているものです。辞書は波括弧(`{}`)で囲んで、キーと値をコロン(`:`)でつなげて定義します。キーを指定して値の上書きや追加ができます。

なお、辞書データの順番はデータの挿入順が維持されます[注4]。

```
>>> test_dict = {'spam': 100, 'ham': 50}
>>> test_dict['spam']
100
>>> test_dict['ham'] = 80
>>> test_dict['eggs'] = 20
>>> test_dict
{'spam': 100, 'ham': 80, 'eggs': 20}
```

辞書もリストなどと同じような操作ができます。`in`演算子はキーに対しての存在チェックを行います。

```
>>> len(test_dict)
3
>>> 'spam' in test_dict
True
```

辞書のキーには不変な値のみを設定できます。文字列以外にタプルもキーに指定できます。リストはキーに指定できません。

集合(set)

集合はリストのように値のみを持ちますが、順番はなく同じ値は1つしか存在できません。集合は波括弧(`{}`)で囲んで、要素をカンマ区切りで記述します。`len()`関数と`in`演算子も今までと同様に動作します。

```
>>> test_set = {'spam', 'ham', 'spam', ⏎
'eggs', 'spam'}
>>> test_set
{'eggs', 'ham', 'spam'}
>>> len(test_set)
3
>>> 'ham' in test_set
True
```

注4) Python 3.7から辞書の挿入順の維持が言語仕様になりました。

集合はいわゆる数学の集合なので、2つの集合の和集合、排他的論理和などを計算するのに便利です(**表4**)。

制御構文

ここでは繰り返し、条件分岐などの制御構文について説明します。

for文

繰り返しのfor文は、「`for 変数 in 繰り返し可能オブジェクト:`」というように書きます。繰り返し可能オブジェクトにはリスト、タプル、文字列などが指定できます。変数に1つずつ値が入って、ブロック内のコードが繰り返し処理されます。

```
>>> for data in ['spam', 'ham', 'eggs']:
...     print(data)
...
spam
ham
eggs
```

・ブロック

Pythonではfor文、if文(後述)などの影響がおよぶ範囲(ブロック)をインデントで指定します。括弧で閉じたり、endなどの文を書いたりはしません。

Pythonでは同じインデントが同じブロックであることが視覚的にわかるので、コードが見やすくなります。インデントは通常はスペース4つを使用します。正しくインデントされていな

▼表4 集合の和集合、排他的論理和の演算子

演算子	意味
set | other	和集合
set & other	積集合
set - other	差集合
set ^ other	排他的論理和

いとIndentationErrorが発生するので注意してください。

```
>>> for data in ['spam', 'ham', 'eggs']:
... print(data)
  File "<stdin>", line 2
    print(data)
    ^
IndentationError: expected an indented ⏎
block after 'for' statement on line 1
```

・**range()関数、enumerate()関数**

任意の数値の範囲を繰り返したい場合は、range()関数を使用するのが便利です。

```
>>> for i in range(3):
...     print(i)
...
0
1
2
```

また、リストなどの値を取り出しつつ、その順番を取得したい場合はenumerate()関数を使用するのが便利です。

```
>>> for num, data in enumerate(['spam', ⏎
'ham', 'eggs']):
...     print(num, data)
...
0 spam
1 ham
2 eggs
```

● if文

条件分岐のif文は「if 式:」と書いて条件となる式が真(True)の場合に処理が実行されます。さらに条件を指定する場合は「elif 式:」と書きます。else ifではないのでご注意ください。式には**表5**のような比較演算子が使用できます。

ファイル入出力

ファイル入出力にはopen関数を使用します。日本語のファイルを扱う場合にはencodingを指定しましょう。read()メソッドでファイルの中身を読み込みます。最後にclose()メソッドでファイルを閉じるようにしましょう。

```
>>> f = open('spam.txt', encoding='utf-8')
>>> data = f.read()
>>> f.close()
```

ファイルを書き込む場合は'w'を、追記の場合は'a'をモードとして指定します。未指定の場合はデフォルト値として'r'(読み込み)が指定されています。write()メソッドでファイルに書き込みます。

```
>>> f = open('ham.txt', 'w', ⏎
encoding='utf-8')
>>> f.write('スパム、ハム、エッグ\n')
10
>>> f.close()
```

● with文

ファイルを開く場合にwith文を使うと、ファイルの閉じ忘れがなくて便利です。

```
>>> with open('ham.txt', ⏎
encoding='utf-8') as f:
...     data = f.read()
...
>>> print(data)
スパム、ハム、エッグ
```

関数

処理をまとめる関数を作成します。Pythonではdefキーワードで関数を宣言します。関数名は変数名と同様にsnake_caseで記述します。

次の例は2つの引数をとり、その2つの値を加算した結果を返す関数の宣言例です。関数の戻り値はreturn文で指定します。関数の定義でもインデントによるブロック構造が使用されています。

▼表5 比較演算子

比較演算子	意味
a == b	aとbが等しい
a != b	aとbが等しくない
a >= b	aがb以上
a > b	aがbより大きい
a <= b	aがb以下
a < b	aがbより小さい
a in b	aがbに含まれている
a is b	aとbのオブジェクトが同じ

```
def function_name(arg1, arg2):
    return arg1 + arg2
```

キーワード引数

関数の引数は順番での指定だけでなく、引数の変数名を記述しての指定もできます。また、引数にはデフォルト値も指定できるのでうまく使いこなすと関数を呼ぶ側がシンプルに書けます。次の例は単純な足し算の結果を返す関数ですが、いろいろな引数の指定方法があります。

```
>>> def add(a=1, b=10):
...     return a + b
...
>>> add()         # 引数なし
11
>>> add(2)        # 第1引数のみ指定
12
>>> add(2, 20)    # 両方の引数を指定
22
>>> add(a=3)      # 引数aの値のみを指定
13
>>> add(b=30)     # 引数bの値のみを指定
31
```

可変長引数

引数の数が不定の場合は、引数の変数名にアスタリスク(*)をつけます。次の関数は、引数で与えられた数をすべて足した結果を返す関数です。なお、argsには引数がタプル形式で入ります。

```
>>> def adds(*args):
...     print(args)
...     total = 0
...     for num in args:
...         total += num
...     return total
...
>>> adds(1, 2)
(1, 2)
3
>>> adds(1, 2, 3, 4, 5)
(1, 2, 3, 4, 5)
15
```

可変長引数はキーワード形式にも対応しています。その場合は引数の変数名に**を付けます。次の関数では受け取った引数全てを「キー:値」という文字列にして返しています。

```
>>> def keywords(**kwargs):
...     result = ''
...     for k in kwargs:
...         result += '{}: {}\n'.
format(k, kwargs[k])
...     return result
...
>>> print(keywords(a=1))
a: 1

>>> print(keywords(a='a'))
a: a

print(keywords(a='spam', b='ham', 
c='eggs'))
a: spam
b: ham
c: eggs
```

モジュールとパッケージ

大規模なプログラミングでは複数のファイルに処理を分割します。Pythonではプログラムを書いたファイルをモジュールとしてほかのプログラムから使用します。

次のように2つの関数が書いてあるcalc.pyというファイルを用意します。

```
def add(a, b):
    return a + b

def sub(a, b):
    return a - b
```

このファイルがあるディレクトリでPythonの対話モードを起動し、import文でモジュールを利用できるようにします。

```
>>> import calc
>>> calc.add(1, 2)
3
>>> calc.sub(1, 2)
-1
```

import文では次のように関数を直接インポートする書き方もあります。

```
>>> from calc import add
>>> add(3, 4)
7
```

標準ライブラリ

Pythonには、インストールしたらすぐに使える便利なモジュールが、標準ライブラリとして非常にたくさん提供されています。

標準ライブラリは非常にたくさんあります。どんなモジュールがあるか、その使い方を知るには、Python標準ライブラリ注5のページを参照してください。ライブラリの一覧とその使い方が確認できます。ここではdatetimeとrandomの使い方を紹介します。

datetime

datetimeモジュールは日付、時刻を扱うための機能を提供します。詳細は「datetime ― 基本的な日付型および時間型注6」を参照してください。

datetimeモジュールには、date(日付)、time(時刻)、datetime(日時)、timedelta(日時の差)などの機能があります。次のコードは執筆時点(2021年11月27日)の現在日時を取得して、2022年までの日数(34日)を取得しています。

```
>>> from datetime import datetime
>>> now = datetime.now()
>>> now.isoformat()
'2021-11-27T19:53:55.283291'
>>> nextyear = datetime(2022, 1, 1)
>>> delta = nextyear - now
>>> delta.days
34
```

注5) https://docs.python.org/ja/3/library/
注6) https://docs.python.org/ja/3/library/datetime.html

random

randomモジュールは擬似乱数を生成します。詳細は「random ― 擬似乱数を生成する注7」を参照してください。

randrange()関数で任意の範囲の数値を返します。choice()関数は要素を取り出し、shuffle()関数は中身をシャッフルします。

```
>>> import random
>>> random.randrange(100)
48
>>> lunch = ['カレー', 'うどん', '寿司']
>>> random.choice(lunch)
'うどん'
>>> random.shuffle(lunch)
>>> lunch
['うどん', '寿司', 'カレー']
```

例外処理

ファイルが存在しない、型変換に失敗したといったときには例外が発生します。例外処理を行いたい場合には**try文**を記述します。

以下の例ではファイルを開いていますが、ファイルが存在しない場合には**except節**に書いてある`print()`関数が実行されます。ファイルが存在する場合は何も実行されません。

```
>>> try:
...     f = open('spam.txt')
... except:
...     print('ファイルが開けませんでした')
...
ファイルが開けませんでした
```

exceptには例外の種類が指定できます。また、発生した例外を変数に与えて、例外の中身を確認できます。**図3**のコードはファイルを開いて

注7) https://docs.python.org/ja/3/library/random.html

▼図3 例外の中身を確認する

```
>>> try:
...     f = open('spam.txt')
...     num = int(f.read())
...     print('数値は {} です'.format(num))
... except OSError as err:
...     print('OSErrorが発生しました: {}'.format(err))
... except ValueError:
...     print('数値への変換に失敗しました')
OSErrorが発生しました: [Errno 2] No such file or directory: 'spam.txt'
```

中身を数値に変換するため、ファイルが存在しない場合とファイルの中身が数値の文字列ではない場合に例外が発生します。この例ではファイルが存在しない場合のエラーが発生しています。

仮想環境と外部パッケージ

Pythonには、標準で便利なライブラリが提供されていますが、1-1でも説明したようにサードパーティ製の外部パッケージも便利なものが多数提供されています。ここでは仮想環境を作成して、安全に外部パッケージを使用する方法を説明します。

仮想環境(venv)

仮想環境とはなんでしょうか?

複数のPythonを使用したプロジェクトがあり、同じサードパーティ製パッケージだがプロジェクトごとにバージョンが異なるということがあります。1つのPython環境に複数バージョンのパッケージはインストールできません。そこで、Pythonの仮想環境を作成して、それぞれの環境にバージョンを指定してパッケージをインストールします。

仮想環境は次の手順で利用します。

①仮想環境を作成する
②仮想環境を有効化する
③外部パッケージをインストールする
④プログラムを作成して実行する
⑤仮想環境を無効化する

仮想環境の作成

仮想環境の作成はPythonの標準ライブラリであるvenvモジュールを使用します。以前はvirtualenvという外部パッケージをインストールしていましたが、最新のPythonに同様の機能が組み込まれました。

次のコマンドで仮想環境を作成します。envと書いているところには仮想環境に関連するファイルを作成するディレクトリ名を指定します。

```
$ python3 -m venv env
$ ls env
bin/      include/  lib/      pyvenv.cfg
```

仮想環境の有効化

仮想環境を有効化するには、さきほど作成した仮想環境にあるactivateというスクリプトを実行します。仮想環境を有効にすると、プロンプトに環境名が付きます。

```
$ . env/bin/activate
(env) $
```

外部パッケージをインストール

仮想環境に外部パッケージをインストールします。ここでは例としてRequestsというHTTP通信を行うためのパッケージをインストールします。パッケージのインストールにはpipコマンドを使用します。`pip install パッケージ名`を実行すると、指定したパッケージをPyPI[注8]からダウンロードしてインストールします。

なお、依存パッケージがある場合には、そのパッケージも併せてインストールされます。

```
(env) $ pip install requests
Collecting requests
(省略)
Successfully installed (省略) ↩
requests-2.25.0
```

なお、バージョンを指定してインストールする場合は、次のように==でバージョン番号を指定します。

```
(env) $ pip install requests==2.25.0
```

プログラムを作成して実行する

この仮想環境ではRequestsを利用したプログラムが作成できるようになりました。インストールしたパッケージは標準ライブラリと同様にimportして使用します。以下は対話モードでrequestsが正常にimportできることを確認して

注8） https://pypi.org/

います。

```
(env) $ python
>>> import requests
>>> r = requets.get('https://gihyo.jp')
>>> print(r.text[:10])
<!DOCTYPE
```

仮想環境の無効化

仮想環境を無効化するにはdeactivateコマンドを実行します。無効化されるとプロンプトが元の状態に戻ります。元の環境にはrequestsがインストールされていないため、importしようとするとエラーが発生します。

```
(env) $ deactivate
$ python3
>>> import requests
Traceback (most recent call last):
  File "<stdin>", line 1, in <module>
ModuleNotFoundError: No module named ↵
'requets'
>>>
```

パッケージ一覧の保存

複数人で開発を行う場合は、それぞれの仮想環境で使用するパッケージのバージョンを合わせる必要があります。`pip freeze`コマンドを使用して、現在の仮想環境で使用しているパッケージの情報をファイルに書き出します。ファイル名は慣例として`requirements.txt`がよく使われます。

```
(env) $ pip freeze > requirements.txt
(env) $ grep requests requirements.txt
requests==2.25.0
```

requirements.txtファイルをソースコードと合わせてバージョン管理します。`pip install -r requirements.txt`を実行することにより、同一バージョンのパッケージをインストールした環境が構築できます。

外部パッケージ

ここではPythonでの定番とも言える、いくつかお勧めのパッケージを紹介します(**表6**)。同様の機能が標準ライブラリで提供されているものもありますが、より便利なパッケージがある場合は、そちらを使用することをお勧めします。

Web開発などに使用するフレームワークや便利なツールについても紹介します(**表7**)。

▼表6　おすすめのパッケージ

パッケージ名	用途
requests	扱いやすいHTTPクライアント
beautifulsoup4	HTML/XMLの解析
python-dateutil	日付関連の便利なユーティリティ
cryptography	ハッシュと暗号化
Pillow	画像編集
openpyxl	Excelを編集

▼表7　Web開発などに使用するフレームワークや便利なツール

パッケージ名	用途
django	Webフレームワーク
scrapy	Webスクレイピングのフレームワーク
sphinx	ドキュメント作成ツール
awscli	AWSを管理するコマンド
SQLAlchemy	データベースのORマッパー
pytest	テストフレームワーク

Requests

先ほど例として用いましたが、Requests注9は人が使いやすいHTTPクライアントです。非常に人気で、HTTP接続を行う他のパッケージからよく利用されています。Requestsのインストールは`pip install requests`で行います。

次のコードはSoftware Designのトップページにアクセスしているところです。ステータスコードと取得したHTMLの先頭10文字を出力しています。

```
>>> import requets
>>> r = requests.get('https://gihyo.jp/↵
magazine/SD')
>>> r.status_code
200
>>> r.text[:10]
'<!DOCTYPE '
```

注9) https://docs.python-requests.org/en/master/

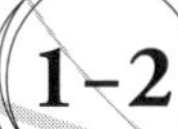

Beautiful Soup 4

Beautiful Soup 4注10はHTML/XMLのパーサーです。Requestsとセットで、簡単なWebスクレイピングによく利用されています。Beautiful Soup 4のインストールは`pip install beautifulsoup4`で行います。

次のコードはSoftware Designのトップページを解析し、最初はtitleタグの中身を出力しています。その次は`magazineTopOutline`というidの要素に特集などの情報が入っているので、先頭3件のタイトルを取得しています。

```
>>> import requests
>>> from bs4 import BeautifulSoup
>>> r = requests.get('https://gihyo.jp/⏎
magazine/SD')
>>> soup = BeautifulSoup(r.content, ⏎
'html.parser')
>>> soup.title.text
'Software Design | gihyo.jp … 技術評論社'
>>> outline = soup.find(id=⏎
'magazineTopOutline')
>>> for title in outline.find_all⏎
(class_='title')[:3]:
...     print(title.text)
...
しくみから理解するDocker
OSSとの上手な付き合い方
リアルタイム通信アプリを支える技術
```

注10) http://www.crummy.com/software/BeautifulSoup/

参考資料

Pythonを学んでいくうえでの参考となるサイトや書籍を紹介します。

Webサイト

Pythonは標準のドキュメントが充実しているので、チュートリアルやライブラリのリファレンスを参照するのがお勧めです(**表8**)。

書籍

Pythonに関する書籍をいくつか紹介します(**表9**)。

まとめ

駆け足でPythonの文法(データ型、制御構文、関数)から、標準ライブラリ、仮想環境、外部パッケージのインストール方法について解説しました。Pythonでのプログラムを始めるのに必要最低限のことは説明しましたが、クラス、デコレータ、リスト内包表記などPythonの便利な機能はまだまだたくさんあります。ぜひ、Webサイトや書籍で学びつつ、Pythonでのプログラミングを始めてみてください。そして、その成果をコミュニティなどで発表してくれることを期待します。SD

▼表8 チュートリアルやライブラリのリファレンス

サイト名	URL
Python 3.10 チュートリアル	https://docs.python.org/ja/3/tutorial/
Python標準ライブラリ	https://docs.python.org/ja/3/library/
Dive into Python 3 日本語版	http://diveintopython3-ja.rdy.jp/
Python HOWTO	https://docs.python.org/ja/3/howto/

▼表9 おすすめ書籍

書名(著者)出版社	ISBN	内容
Pythonチュートリアル 第4版(Guido van Rossum 著、鴨澤眞夫 訳)オライリー・ジャパン	978-4-87311-935-9	Webサイトにもあるチュートリアルの書籍版
いちばんやさしいPythonの教本 第2版(鈴木たかのり、株式会社ビープラウド 著)インプレス	978-4-295-00985-6	ワークショップ形式で進む入門者向け書籍
最短距離でゼロからしっかり学ぶ Python入門 必修編(Eric Matthes著、鈴木たかのり、安田善一郎 訳)技術評論社	978-4-297-11570-8	ベストセラー『Python Crash Course』の翻訳版

第2章 コーディングと機械学習環境の作り方

ひとりで始めるPythonプログラミング入門

いま一番注目をされているプログラミング言語は、何と言ってもPythonです。AI・機械学習を扱うためにベストな存在として、みなさん勉強をされています。本特集では、そんなPythonの状況を踏まえ、学習意欲を継続し一人で勉強していくためのポイントをまとめました。社会人教育のプロから「独習の心構え」をいただきつつ、Python環境の作り方、ライブラリやコーディングのてほどきをまとめました。本章で手がかりをつかんでください！

2-1
プログラミング独習の勧め
——自己研鑽とPythonで自分の人生を開拓しよう P.18
Author 野呂 浩良

2-2
学びやすい開発環境を構築
——Jupyter Notebookなら書いてすぐ実行できる P.24
Author 大澤 文孝

2-3
数字認識APIを作って実感
——充実した機械学習ライブラリがPythonの魅力 P.36
Author 上野 貴史、貞光 九月

プログラミング独習の勧め

自己研鑽とPythonで自分の人生を開拓しよう

プログラミング学習を独学するのはたいへんです。これを達成するための3つの指針を示します。そしてPythonを習得するための意義と、独習を完遂するための情報源を紹介します。

Author 野呂 浩良(のろ ひろよし) 株式会社DIVE INTO CODE 代表取締役 創始者 CEO

独学プログラミングの勧め

筆者は、社会人教育のためのプログラミングスクール「DIVE INTO CODE」注1を2015年に創業しました。当校で約4,000名の方々をこれまでに直接見てきました。その経験から気づいたことがあります。「独学をした経験がある人は、学習継続率や成長幅が大きい」ことです。本稿では独学を続けるために必要な行動指針を紹介します。とくに下記の方を対象としています。

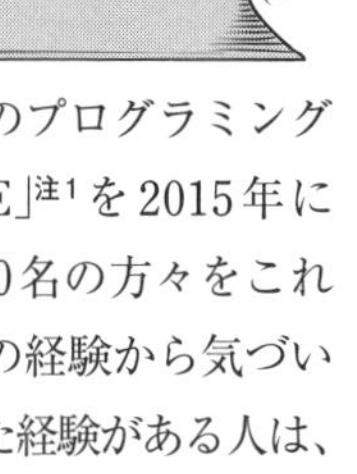

- プログラマを目指したい
- プログラミングを学んでいる
- 何かを勉強したいと考えている

独学で極めるための指針とは

「独学」の欠点は、まわりにサポートしてくれる人がいないことです。独学では自分自身をモチベートしなくてなりません。一方で、筆者が創設した「DIVE INTO CODE」では、ゴールを目指して共に走る仲間がいます。集団で走るマラソンならば、まわりのペースに合わせることができます。独りで走るのは気おくれしますし、すべて自分でペースをつくる必要があります。

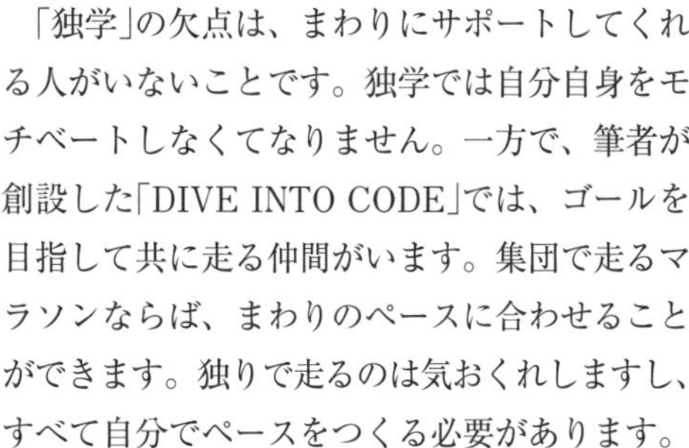

だからこそ、「独学」には次に示す3つの行動指針を強く持つべきです。

その1「自己成長をしよう」

自己成長するためには新しい知識や経験から学ぶ必要があります。学び始めは「こんなことを実現できないかな？」という「問題」が出発点となることが多いです。その後、学んでいく中で理解ができない苦しさを感じたり時間に追われたりすると、この出発点を見失ってしまいがちになります。

この「問題」から逃げないことが大切です。自分が成長することに責任をもって引き受ける(コミットする)ことで、「わからない」「難しい」と感じても逃げずにやりきるのです。できない理由を探すのではなくて、できるようになる方法を考えることが成長につながります。

目の前の「問題」から逃げるということは、つまり、自分の成長から逃げることです(**図1**)。自己成長のチャンスをとらえたら絶対に離さない、その気持ちが大事です。

向き・不向きは楽しめるかどうか

始めたあとに自分の適性を評価する場合、向き・不向きを判断する基準は「楽しめるかどうか」にあります。「自分には向いていない」と思って方向転換したくなるときもあるでしょう。「逃げ」なのか、本当に「向いていない」からやめたほう

注1) URL https://diveintocode.jp

が良いのか、判断がつかない場合に悩むこともあるはずです。そういうときは、まず目の前にある「問題」に向き合い、逃げるべき問題か否かを判断する基準を持ちましょう。それが理解できるまでやってみましょう。困難な問題を解決して「なるほど、理解できた！」という経験をしないまま「向いていない」と決めつけるのは「逃げ」です。

▼図1　自己成長曲線

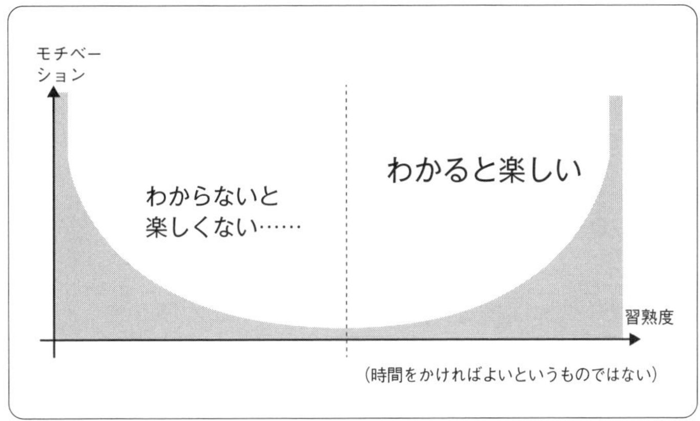

一方で、自分で勉強して理解もできたのに「楽しくない」と感じるようであれば、それは「向いていない」と判断しても良いでしょう。辛さを感じながら学び続けるよりは、スッパリ諦めてしまうほうが良いかもしれません。これが「自分がきちんとプログラミングに向き合えているか」という指標にもなります。

問題を突き詰めて得られた実感

筆者は、29歳のときに初めてプログラミング学習を始めました。それはエンジニア／ITコンサルタント職への転職という6ヵ月のフルタイム研修でした。先生なし、教科書なし、インターネット環境なし。毎月課題が与えられ、それを突破できなければサヨウナラです。同期は80人いましたが、成績順に席順が入れ替わるという激しい研修でした。

課題を提出しても「不合格。不具合があります」と突き返されます。すべてがわからない中、書籍を買いあさり、1つずつ理解を進めていきました。なんとか課題を完成させやっと評価されたとき、「ああ、こうやって書くとこう動くんだ！」と理解できた喜びが原点になりました。この体験が筆者の自信と誇りにつながっています。苦しい思いをするのが良いのでは、決してありません。「目の前の問題に向き合って突き詰めていくことが大事」ということです。理解ができないときの辛さもありますが、できたときの楽しさは格別です。

自己肯定感を高めよう

自己肯定感とは、「自分ならできる」と思える感覚の強さです。問題に向き合えば向き合うほど、自分が理解できる範囲が広がり、逃げずに向き合った事実を元にそれは高まっていきます。独学の過程で1つずつ小さな問題を解決する、そのプロセス自体に自信を持つことが大切です。もし自己肯定感が低いと、新しい問題に対して「自分にはできない」という思いが先行して「チャレンジしたけどダメだった」と思うでしょう。そうではなく「チャレンジして少しずつ理解が進んでいる」という実感によって自己肯定感を高めましょう。

80人の同期たちと鎬(しのぎ)を削る環境にいた筆者は、最初のころは上を見て焦るばかりでした。浅く広く情報をただあさるだけの日々だったことを覚えています。順位よりも目の前の自分の理解を進めることに集中し、一気に課題がクリアできるようになりました。

その2「問題解決能力を持とう」

自己成長をするための問題を解決するには「仮説」を立てることが重要です。これで解決に向かう方向が決まり、解決策を検討できるようになります。「仮説」を立てるためには、問題にかかわる情報を集めることがカギとなります。たとえばエラーが起きた際に「それはどういう意味なのか？」、あるいはわからない単語が出てきたら「その意味は？」といった情報を集めて、それらを所与の条件として、どうなれば解決かという仮説を立てていきます。そして、その「仮説」が正しいものかを確かめるためにトライ&エラーを繰り返すことが重要です。試行錯誤をして問題の外堀を埋めていきます。

「仮説→実行」で問題解決

たとえば「独学でプログラミングを続けるには」を「問題」としてとらえて考えてみましょう。これは「プログラミングを独学するためには何が必要なのか？」と言い換えることができます。この「"何が"という現状と理想とのギャップは何か？」について仮説を立てます。それを実行することが「問題解決」です(**図2**)。

どのように解決するか、それは自分で行動するしかありません。次に詳しく説明しますが、プロと知り合って学習体験を聞くのが効果的です。あるいは転職に成功したエンジニアのインタビュー記事を読んだり、あるいはSNSで体験談を聞いたりするのもいいでしょう。

▼図2　問題解決

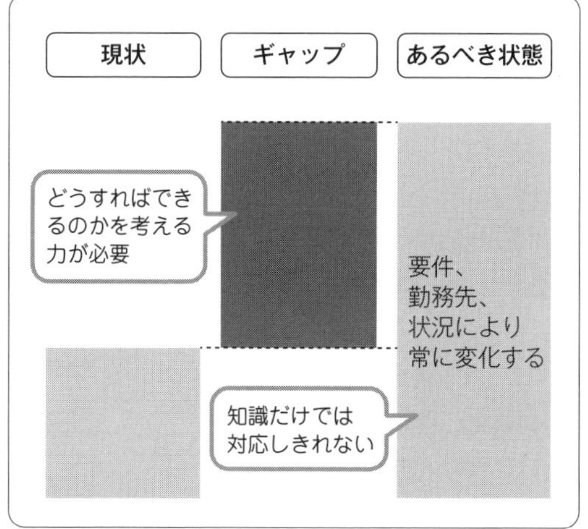

その3「新しいコミュニティとつながって人から学ぼう」

独学に成功した人の経験は、文字だけでは読み取れない部分も少なくありません。これを「無形式知」と呼びます。これがわかるためには直接その人にアプローチする必要があります。たとえばインタビュー記事を読んでも成功談ばかりで、どんな苦労や失敗があったのかは書かれていないことが多いものです。そのような場合でも、その人に直接会い、その人の経験を「真似」ることで、自分の歩むべき道筋が見えてきます(**図3**)。

とくに同じ目的を持つ人が集うコミュニティとつながりましょう。似たような経験を持ち同じ方向を目指している人とつながることで、モチベーションを上げたり、自分よりレベルが高い人を目標に据えたり、あるいは「師匠」が見つかったりするかもしれません。これらは、インターネットでの情報収集だけでは得難い機会です。人と直接

▼図3　コミュティとのつながり

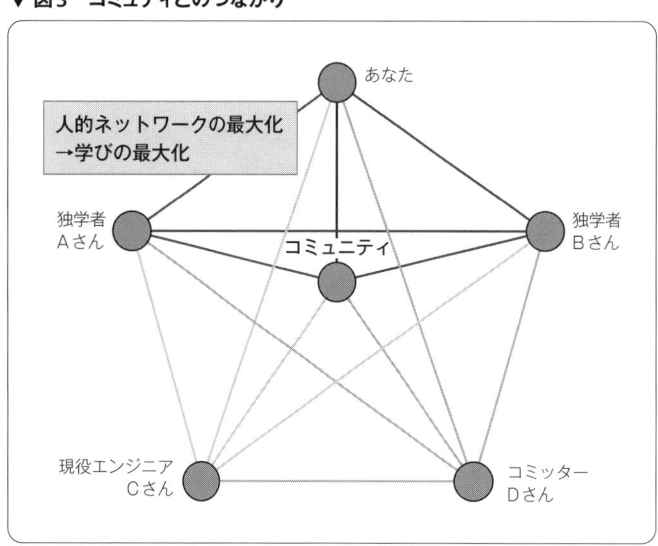

会うことで、お互いの感情が動きます。会話の中からさまざまな知識や技術が啓発されます。これは、これまで挙げてきた自己成長を促進する効果があります。人とつながることで、次の成長への意欲にもつながります。学ぶ意欲は人から人へ伝播(でんぱ)し、循環をします。この循環の根底にあるのは、「自分でもできる」と思える「自己肯定感」なのです。

独学を成功させる方法

独学するプロセスに集中し、ひとつひとつの問題解決を楽しみましょう。一気にジャンプアップしていけるような「ワンチャン」はありませんから、取り組んでいることに集中して勉強することが大切です。できない理由ではなく、できるようになる方法を考えることで「自己成長」につなげる意識を持つこと、仮説を立ててトライアル&エラーを繰り返していく「問題解決能力」を鍛えること、そして「新しいコミュニティ」につながることで、インターネットでは得られない先人達の経験やノウハウといった無形式知に触れることが大切です。次にまとめます。

- 問題から逃げない、自己肯定感を持つ
- 仮説を立てて問題を解決する
- コミュニティとつながる

なぜPythonが求められるのか?

インターネット上で「機械学習」と検索するとPythonを使った記事がよく出てきます。求人情報専門の検索エンジン「Indeed」でもPythonの求人がたくさんあることがわかります。言語選びで迷っているならばPythonを勧めます。

Python=機械学習専用?

Pythonで機械学習プログラムを実装することは、ほぼデファクトスタンダードになっています。なぜなら、Pythonには機械学習をするためのライブラリが誰でも使えるようにたくさん用意されているからです。ただ、Pythonという言語が世の中に発表された当時は機械学習用というわけではなかったのです。

その後、Pythonに着目した人たちが「データ分析や数式の計算、いわゆるデータサイエンスのツールを手早く開発することに向いている」ことを見い出し、そのための分析用プログラムや機械学習用の数式のプログラムを作り始めました。Pythonはオープンソースですから、多くの方にそのプログラムがライブラリとして共有され、さらに多くのツールが生まれていきました。その流れが加速され現在の状況になりました。

ライブラリの中でもよく使われるものが、scikit-learn[注2]やpandas[注3]です。これらを使えばゼロから開発しなくても、アルゴリズムの実装や、データ分析を容易に行えるため、計算の詳細について意識することなく、設計や評価など機械学習のフローに集中させてくれます。

独習を継続するための情報源紹介

Pythonで機械学習やデータサイエンスを学ぶうえで、無料で学ぶ方法が実はたくさんあります。プログラミングスクールを運営してきた筆者が、教材やその特徴を見たうえでお勧めする情報源10選を紹介します。

無料で機械学習を始めるには

インターネット上に多くの知識や教材が公開されています。それだけでなく開発言語やフレー

注1) URL https://scikit-learn.org/
注2) URL https://pandas.pydata.org/

ムワークの公式ドキュメントも公開されています。実はたくさんのことを無料で学べます。現時点で筆者がお勧めするWebサイトを紹介します。

おすすめ無料教材10選

No.1　Progate(プロゲート)、Codecademy(コードアカデミー)

https://prog-8.com/languages/python
https://www.codecademy.com/learn/learn-python-3

これらのサービスは、セットで取り組むと良いです。いずれもブラウザ上だけで学ぶことができ、なぞるだけで先に進むことができます。本当に初めてPythonを学ぶときはこの2つがお勧めです。ひとまず無料でできる範囲を学びつくしましょう。知識の定着のために、少なくとも3回は通しで使ってみてください。初めての体験は、繰り返し、1つずつ、着実にが大切です。目をつぶってもできるくらいに取り組めば、プログラミング言語にしっかりと慣れることができます。

No2.　Udacity(ユダシティ)――Intro to Machine Learning

https://www.udacity.com/course/intro-to-machine-learning--ud120

海外のサービスですが、無料コースや動画、Pythonのサンプルコードもあります。動画には、日本語の字幕を表示できるので安心です。講師は一流です。たとえばGoogleのエンジニアなどハイレベルなエンジニアの講義を聴くことができます。Google Chromeで見れば、Google翻訳ですべての文字を日本語にできます。相当のボリュームがありますが、楽しみながらひととおりやってみましょう。機械学習は何に使われるのか、どのように開発するのか、なぜPythonでプログラミングする必要があるのかを理解できるでしょう。

No.3　MIT(マサチューセッツ工科大学)のオープン講座

https://ocw.mit.edu/courses/electrical-engineering-and-computer-science/6-034-artificial-intelligence-fall-2010/lecture-videos/
https://deeplearning.mit.edu/

「Artificial Intelligence」「Deep Learning」という公開されている講座があります。前者は大学の講義をライブで撮影していてそれを無料で聞くことができます。字幕がなくても、Googleの音声入力とGoogleドキュメントを使えば、音声をそのまま翻訳して書き込むこともできます。

No.4　Coursera(コーセラ)――ディープラーニング専門講座

https://www.coursera.org/specializations/deep-learning

Udacityとよく比較されるサービスです。画像認識や自然言語処理といった高度な機械学習プログラムを開発したいときに必須の入門講座です。こちらもGoogle翻訳を使えば、日本語で学ぶことができます。

No.5　Stanford CS221: Artificial Intelligence: Principles and Techniques | Autumn 2019

https://www.youtube.com/playlist?list=PLoROMvodv4rO1NB9TD4iUZ3qghGEGtqNX

スタンフォード大学の無料公開講座です。

No.6　Google - Machine Learning Practica

https://developers.google.com/machine-learning/practica/

YouTubeに公開されているGoogleの機械学習を学ぶための講座です。

No.7　カーネギーメロン大学 - 自然言語処理(NLP)のためのニューラルネットワーク講座

https://www.youtube.com/playlist?list=PL8PYTP1V4I8Ajj7sY6sdtmjgkt7eo2VMs

自然言語処理の分野で無料で公開している動画です。こちらは、非常に専門的な内容ですが、自然言語処理を学びたいときにお勧めです。

No.8　Google - Coding TensorFlow

https://www.youtube.com/playlist?list=PLQY2H8rRoyvwLbzbnKJ59NkZvQAW9wLbx

Googleが開発している深層学習フレームワークのTensorFlowの使い方や応用編の動画です。

No.9　PyTorch(パイトーチ)ZeroToAll

https://www.youtube.com/playlist?list=PLlMkM4tgfjnJ3I-dbhO9JTw7gNty6o_2m

PyTorchは、TensorFlowと並んでよく使われている深層学習のフレームワークです。

No.10　Kaggle(カグル)

https://www.kaggle.com/

Kaggleは、動画学習教材ではありませんが、世界中のデータサイエンティストが腕を競い合うコンペティションサイトです。研鑽されたコードを参考にできます。評価が高いプロがどのようなコードを書くのか、どのようにデータ分析をするのかを学べます。

順番にやってみよう

機械学習エンジニアのプロになりたい方は、Kaggleまで取り組み、Kaggleでメダルを獲得できるよう何度もチャレンジすることは必須です。

筆者はグロービス経営大学院でAIビジネスリテラシーという講座の講師もしています。この講座の受講生はビジネスマネージャでMBAホルダーです。その方々の多くが、次に示すような共通の悩みを持っています。

- 機械学習について何もわからないと企画やプロジェクトマネジメントで発言ができない
- 発注時の判断もできず、不安が募る
- 技術者へ迎合をして何も言えなくなりストレスを抱えた
- 強引に意思決定を進めてしまうことで、チームビルドが崩壊し開発ができなくなった

こうしたエピソードを何度も聞いたことがあります。このような悩みを抱えていて、何をどのような順番で学べば良いのかわからない方は、先に挙げた10選をお勧めします。

独習するのに恵まれた時代

海外の一流大学の講義を無料で視聴でき、ハイレベルなエンジニアから学ぶことができる今の時代。英語が苦手でも、無料で翻訳ツールを利用できるのでハードルは低くなっています。

筆者が会ってきたプログラミング学習者の多くは、未経験からのチャレンジや需要が後退気味の技術からの転向者の方々です。未知の領域への学習は、心を億劫にし、なかなか踏み出せるものではありません。しかし、企業がAIを開発する技術に着目し、新しいビジネスを興そうとしている今こそ需要が高まり、供給が追いつかずバランスが崩れて、技術がわかる人材の希少価値が高まっています。

現に当校の機械学習エンジニアコースの卒業生には、社会人経験がない非情報系大学生から新卒で機械学習エンジニアになったり、40代で総務職からデータサイエンティストとして転職を成功されたりした方もいます。

第四次産業革命と言われる今こそ、新しいビジネスと価値を世の中につくることに携われるチャンスです。まずはこの10選を逃げずにやりきることにチャレンジしてください。SD

2-2 第2章 コーディングと機械学習環境の作り方
ひとりで始めるPythonプログラミング入門

学びやすい開発環境を構築

Jupyter Notebookなら書いてすぐ実行できる

Pythonで書いたプログラムを実行するには、Pythonインタプリタが必要です。ここでは、Windows、macOS、Ubuntuのそれぞれの環境にPythonインタプリタをインストールし、簡単なプログラムを入力して実行するまでの流れを説明します。

Author 大澤 文孝(おおさわ ふみたか)　Web http://www.mofukabur.com/

Pythonのバージョン

Pythonを始めるにあたって、まず、知らなければならないことがあります。それはバージョンの違いです。Pythonには、バージョン2系(最新版は2.7.18)とバージョン3系(本稿執筆時点での最新版は3.10.1)の2種類があります。

バージョン2系と3系とでは、プログラムの書き方(文法)が違うほか、対応するライブラリも違います。すでにバージョン2系は開発終了になっているので、これからはじめるのであれば、バージョン3系を使います[注1]。

バージョンの混在

OSによっては、すでにバージョン2系のPythonがインストールされていることがあります。そこにバージョン3系のものをインストールすると、別の場所にインストールされます。つまり、混在可能です。

すぐあとに説明しますが、Pythonは「python」と入力すると起動できます。このとき、バージョン2系とバージョン3系のどちらが実行されるのかは、インストール先のどちらのパスが優先になっているかに依存します。次のように--versionオプションを付けて実行するとpythonのバージョンがわかるので、それで判別します。

```
python --version
```

混在しているときはpython3、pip3を使おう

「python」と入力すると、どちらのバージョンが動いているのかわかりにくいのですが、実は「python3」と入力したときは確実にバージョン3系のほうが動くようになっています。

また、本稿の最後に出てきますが、Pythonのライブラリをインストールするときに使う「pip」というコマンドにも、バージョン2系とバージョン3系があります。「pip3」と入力すれば、バージョン3系のものが動きます。

両バージョンがインストールされている環境のときは、「python3」や「pip3」と入力すると余計なトラブルを避けられます(**表1**)。

▼表1　コマンドのバージョンの違い

実行するコマンド	入力	どちらのバージョンが動くか
pythonコマンド	python	パスに依存
	python3	バージョン3系
pipコマンド	pip	パスに依存
	pip3	バージョン3系

注1) 書き方が違うので、バージョン2系を前提としたコードは、バージョン3系ではエラーになることが多いです。そのため古いプロジェクトを引き継ぐ場合などには、あえてバージョン2系を使い続けることもあります。

2-2 学びやすい開発環境を構築

Jupyter Notebookなら書いてすぐ実行できる

WindowsにPythonをインストールする

実際に、Pythonをインストールしてみましょう。まずはWindowsの場合から説明します。

32ビット版と64ビット版のどちらを使うか

WindowsのPythonには、32ビット版と64ビット版の2種類があります。機械学習などの大きなデータを扱うときは64ビット版のほうがよいので、本稿では64ビット版を使います。

ただし一部のライブラリには、32ビット版にしか対応していないものもあるので注意してください。なお、32ビット版と64ビット版は両方インストールして同居させることもできます。

> **COLUMN**
>
> **バージョン2系はアンインストールしない**
>
> すでにバージョン2系が入っているOSで、それをアンインストールすることは、あまりお勧めしません。何かシステムのユーティリティなどがPythonのバージョン2系を使っている可能性があるからです。
>
> すでにインストールされているPythonバージョン2系はそのままにして、バージョン3系を追加でインストールするのが吉です。

Pythonのインストール

Pythonのインストールは次のようにします。

▼図1 ［Windows］のリンクをクリック

①インストーラをダウンロードする

Pythonの公式サイトのダウンロードページ注2にアクセスします。Windowsのブラウザでアクセスしたときには[Download Python 3.10.1]のボタンが表示され、これをクリックするとWindows版のインストーラをダウンロードで

▼図2 ［Windows x86-64-executable installer］をダウンロードする

Stable Releases

- Python 3.10.1 - Dec. 6, 2021

  Note that Python 3.10.1 *cannot* be used on Windows 7 or earlier.

  - Download Windows embeddable package (32-bit)
  - Download Windows embeddable package (64-bit)
  - Download Windows help file
  - Download Windows installer (32-bit)
  - Download Windows installer (64-bit) ←

- Python 3.9.9 - Nov. 15, 2021

  Note that Python 3.9.9 *cannot* be used on Windows 7 or earlier.

  - Download Windows embeddable package (32-bit)
  - Download Windows embeddable package (64-bit)

Pre-releases

- Python 3.11.0a2 - Nov. 5, 2021
  - Download Windows embeddable package (32-bit)
  - Download Windows embeddable package (64-bit)
  - Download Windows help file
  - Download Windows installer (32-bit)
  - Download Windows installer (64-bit)
- Python 3.11.0a1 - Oct. 5, 2021
  - Download Windows embeddable package (32-bit)
  - Download Windows embeddable package (64-bit)
  - Download Windows help file
  - Download Windows installer (32-bit)
  - Download Windows installer (64-bit)

注2） URL https://www.python.org/downloads/

きますが、ほかのバージョンをダウンロードしたいときは、「Looking for Python with a different OS? Python for Windows, ……」の[Windows]リンクをクリックしてください(**図1**)。

すると、**図2**のように全種類のファイルが表示されるので、64ビット版のインストーラである[Windows x86-64 installer]をクリックしてダウンロードしてください。

2 インストーラを実行する

1 でダウンロードしたファイルを実行します。するとインストーラが起動します。インストーラが起動したら、[Add Python 3.10 to PATH]にチェックを付けて[Install Now]ボタンをクリックします(**図3**)。

[Add Python 3.10 to PATH]にチェックを付けることで、pythonコマンドなどにパスが設定され、コマンドプロンプトから「python」と入力することで起動するようになります。

3 ユーザーアカウント制御に[はい]と答える

ユーザーアカウント制御画面が表示されるので、[はい]と答えます(**図4**)。

4 パス長制限の解除とインストールの完了

しばらく待つとインストールが完了します。完了画面には[Disable path length limit]というボタンがあるので、このボタンをクリックします(**図5**)。すると、ユーザーアカウント制御の画面が表示されるので[はい]をクリックします。

このボタンはパスの長さの制限を解除するものです。解除しないと、長いパス名を使うライブラリが動作しないことがあるので、解除しておきましょう。

最後に[Close]ボタンをクリックしてインストールを完了します(**図6**)。これでPythonが使えるようになりました。

▼図3 [Add Python 3.10 to PATH]にチェックを付けて[Install Now]をクリックする

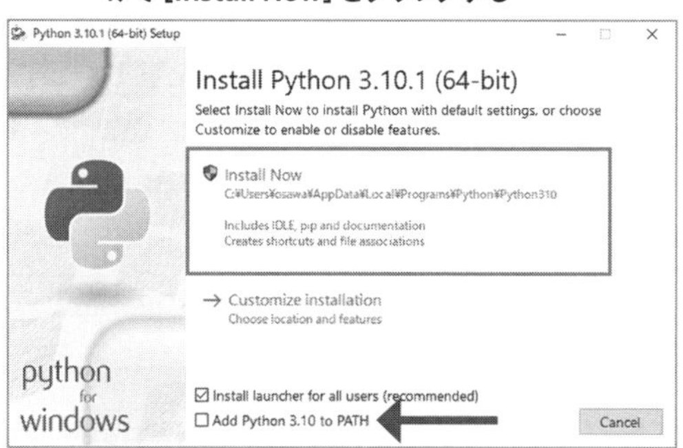

▼図4 ユーザーアカウント制御に[はい]と答える

▼図5 [Disable path length limit]をクリックする

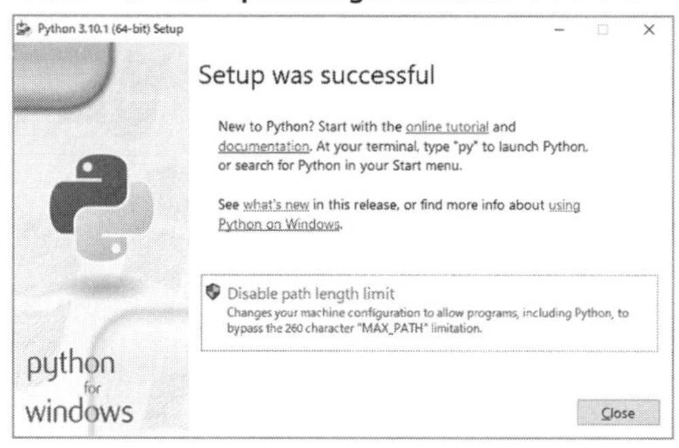

▼図6 [Close]ボタンをクリックしてインストール完了

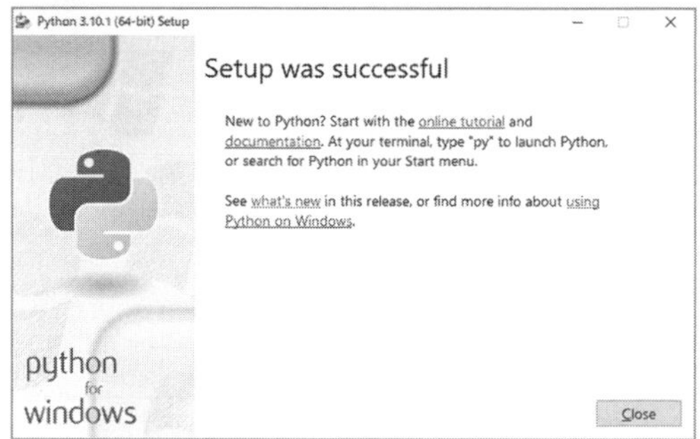

▼図7 ［スタート］メニューに登録された

Pythonを確認する

Pythonをインストールすると、［スタート］メニューに［Python 3.10］というフォルダができ、そこに各種ツールへのショートカットが登録されます(**図7**)。

またインストール時にパスを設定しているので、コマンドプロンプトからPythonを実行できます。コマンドプロンプトを起動して、次のように入力すると、「Python 3.10.1」のようにインストールしたPythonのバージョンが表示されるはずです[注3]。

```
> python --version
Python 3.10.1
```

なおWindowsの場合は、バージョン3系をインストールしても、python3やpip3のコマンドはないので、それぞれpython、pipと入力してください。

macOSにPythonをインストールする

macOSの場合、Catalina以降には、Python2.xとPython 3.xの両方がインストールされており、それぞれpython、python3コマンドで実行できます。ですから、そのままでもかまいませんが、最新版にアップデートするには、次の手順でダウンロードしてインストールしてください。

Pythonのインストール

Pythonのインストールは、次のようにします。

1 インストーラをダウンロードする

Windowsの場合と同様に、Python公式サイトのダウンロードページにアクセスします。macOSのブラウザでアクセスしたときは［Download Python 3.7.4］のボタンをクリックすると、macOS用のインストールパッケージをダウンロードできます(ブラウザの自動判定がされています。**図8**)。

2 インストーラを実行する

1でダウンロードしたファイルを実行します。すると、インストーラが起動します。インストーラが起動したら［続ける］ボタンをクリックし

▼図8 インストーラをダウンロードする

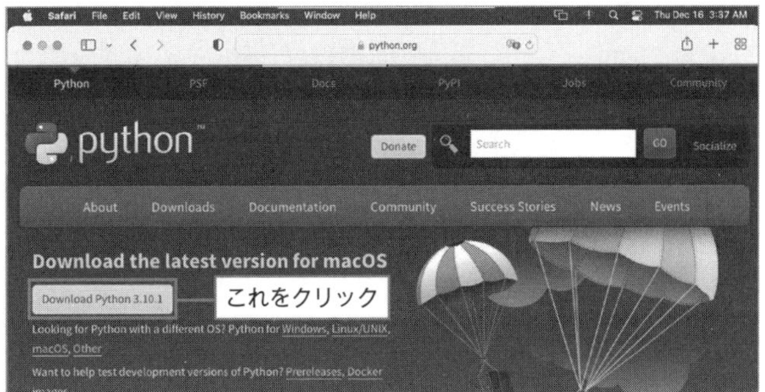

注3) 本稿ではコマンド入力をうながすプロンプトの表記として、Windowsのコマンドプロンプトでは「>」を、macOSとUbuntuでは「$」を使います。

▼図9　インストーラを続ける

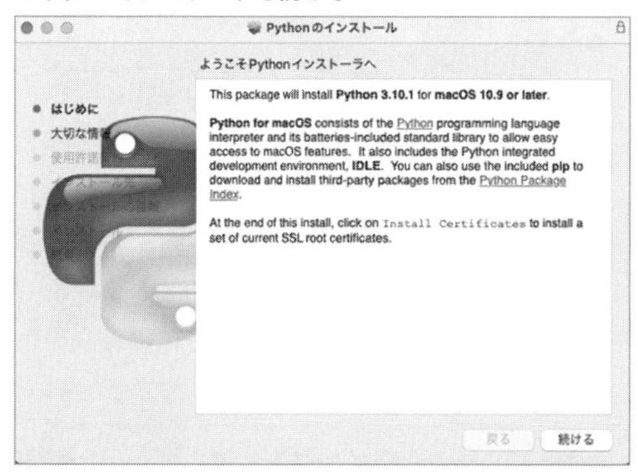

▼図10　大切な情報

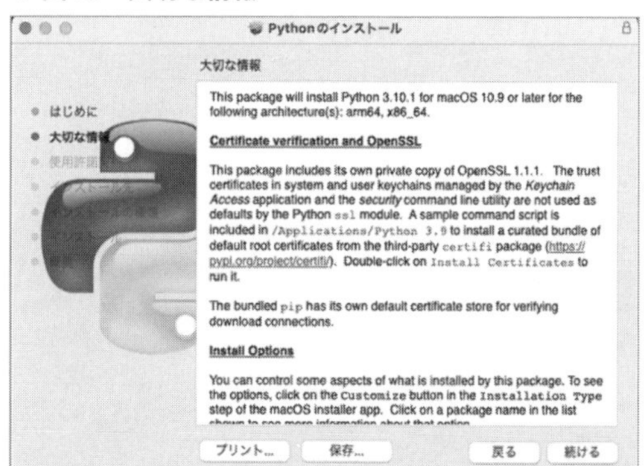

▼図11　使用許諾契約

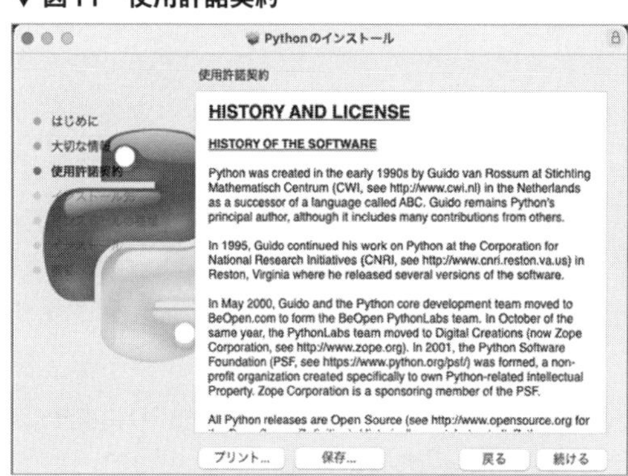

▼図12　使用許諾契約に同意する

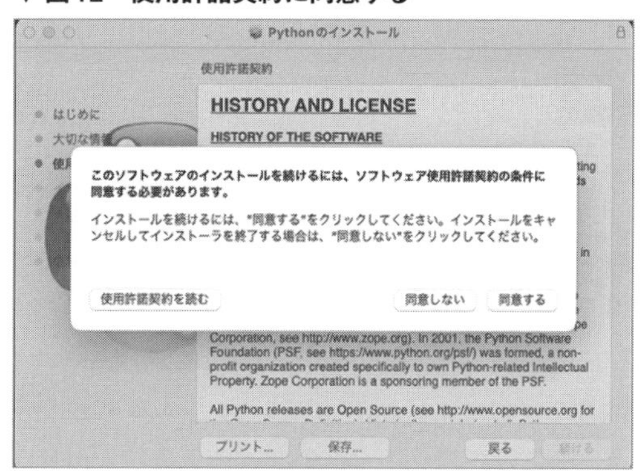

▼図13　インストールする

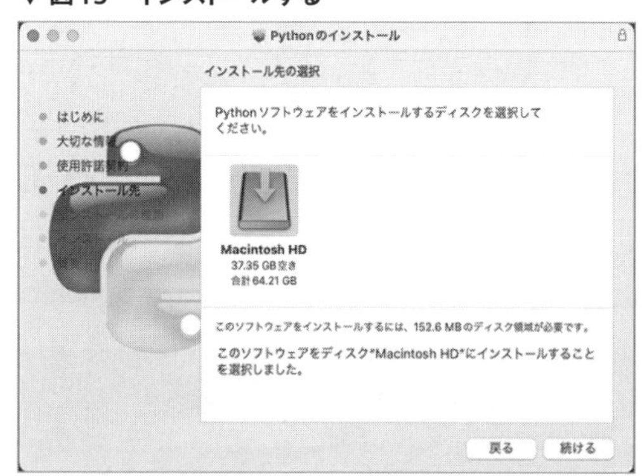

▼図14　インストールの完了

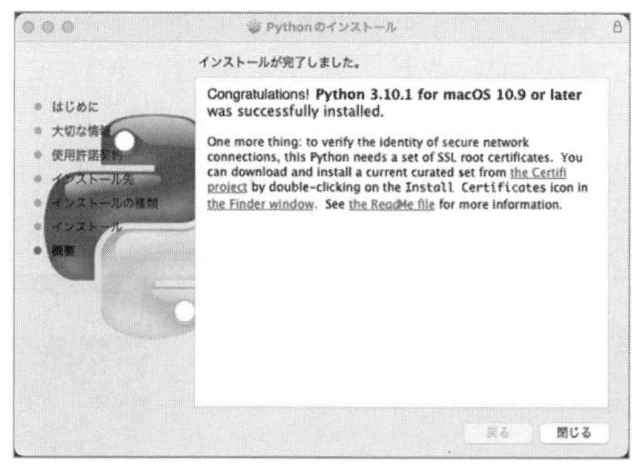

ます(**図9**)。

3 利用に関する各種情報の確認

大切な情報(**図10**)、使用許諾契約(**図11**)が順に表示されるので確認して[続ける]をクリックします。同意するかどうか尋ねられたら[同意する]をクリックしてください(**図12**)。

4 インストールの開始

必要とするディスク容量が表示されます。[インストール]をクリックしてインストールしてください(**図13**)。このときパスワードが求められるので、自分のパスワードを入力してください。するとインストールが始まります。

5 インストールの完了

インストールが完了します。[閉じる]をクリックしてください(図14)。

6 証明書のインストール

インストールが完了すると、アプリケーションフォルダに作られた「Python 3.10」フォルダが開き、そこにPythonのファイル一式が格納されているのがわかります。

初回には、ネットワーク通信に用いるSSL証明書をインストールしなければなりません。同フォルダの「Install Certificates.command」ファイルをクリックしてインストールしてください(図15)。

▼図15 「Install Certificates.command」ファイルを実行する

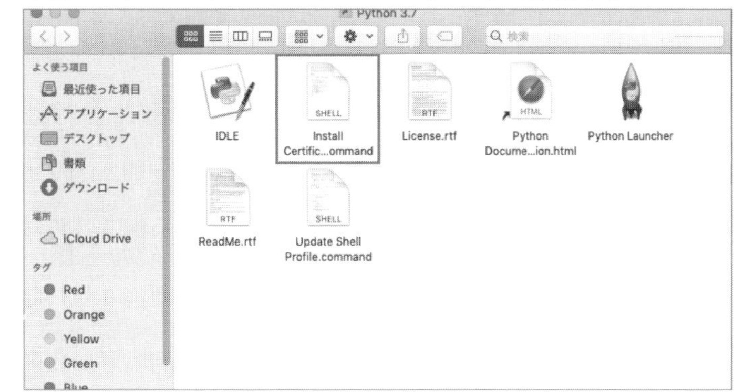

Pythonを確認する

Pythonをインストールすると、パスも設定されるため、ターミナルからPythonを実行できます。

すでに説明したように、macOSには、Pythonのバージョン2系がすでにインストールされています。ですから、`python --version`と入力したときと、`python3 --version`と入力したときとで結果が違います。

```
$ python --version
Python 2.7.18
$ python3 --version
Python 3.10.1
```

いまインストールしたバージョン3系を利用するには、「python3」や「pip3」と入力しなければならない点に注意しましょう。

> **COLUMN**
>
> **Homebrewを使ったPythonのインストール**
>
> 本稿では、Pythonの公式サイトからインストーラをダウンロードしてインストールしていますが、macOSの場合、Homebrewというパッケージ管理システムでインストールする方法もあります。
>
> Homebrewを使った方法ではパッケージの依存関係などを管理できるので、Pythonだけでなく、さまざまなライブラリやツールを使いたいときは便利です。
>
> Homebrew(日本語ページ)
> https://brew.sh/index_ja

UbuntuにPythonをインストールする

Ubuntu20.04には、すでにバージョン3系のPythonがインストールされています。ですから、何もしなくても使えます。シェルから、次のように入力すると確認できます。

```
$ python3 --version
Python 3.8.10
```

pipのインストール

ただし、ライブラリをインストールするときに必要となるpipコマンド(pip3コマンド)がインストールされていません。次のようにしてインストールしましょう。

COLUMN 最新版のPythonにする

バージョンを確認するとわかりますが、Ubuntu 20.04にインストールされているPythonは3.8系です。最新版は3.10系ですが、本書の執筆時点では、パッケージとして提供されていません。

しかしその前のバージョンである3.9系はパッケージとして提供されていて、次のようにしてインストールできます。

```
$ sudo apt install -y python3.9
```

3.9系のコマンドは「python3.9」という名前です(python3コマンドは、バージョン3.8のまま残りますから、必要に応じて、python3をpython3.9にシンボリックリンクを貼るなどしてください)。

```
$ python3 --version
Python 3.8.10

$ python3.9 --version
Python 3.9.5
```

しばらくすれば3.10系も同様に提供されると思いますが、いますぐ使いたい場合は、公式サイトからダウンロードするか(tar.gz形式からのアーカイブなので少し複雑です)、第三者が作っているパッケージ(たとえばhttps://github.com/deadsnakes/)などを使ってインストールするとよいでしょう。

```
$ sudo apt install -y python3-pip
```

プログラミングを手軽にするJupyter Notebook

以上で、Pythonを使えるようになりました。

Pythonのプログラム(慣例的には拡張子.py)をエディタなどで作成して、次のようにすれば、Pythonプログラムを実行できます。

```
python プログラム名
(またはpython3 プログラム名)
```

しかしエディタで編集して実行というのは、少し煩雑です。そこでこのごろは、Jupyter Notebook注4という環境を使ってPythonプログラミングする人が増えています。

Jupyter Notebookは、その名のとおり、ノートを記録するためのツールで、Webブラウザを使って操作します。ノートには、マークダウン形式のドキュメントや数式、プログラムのコードを記入できます。記入したプログラムは、そのなかで実行することができます。

「記入したプログラムは、そのなかで実行できる」というのがポイントで、Pythonのプログラムの断片をJupyter Notebookに記述して実行すれば、その場で結果を確認できます。ですからプログラムの修正なども簡単で、ちょっとしたプログラムを実行するにはとても便利なツールなのです。

Jupyter Notebookは、グラフをそのなかに描いたり、データを表としてきれいに表示したりする機能があることから、機械学習の分野ではとくに重宝されています。

注4) URL https://jupyter.org/

Jupyter Notebookのインストール

Jupyter Notebookは、pipコマンド(pip3コマンド)などでインストールできます。

①Windowsの場合

コマンドプロンプトにて、次のコマンドを入力します。

```
> pip install jupyter
```

②macOSの場合

ターミナルにて、次のコマンドを入力します。

```
$ pip3 install jupyter
```

途中、gccコマンドが必要とのメッセージが表示されたら、[インストール]ボタンをクリックしてインストールしてください。

③Ubuntuの場合

Ubuntuの場合は、aptパッケージからインストールするのが簡単です。

```
$ sudo apt install jupyter-notebook
```

Jupyter Notebookの起動

Jupyter Notebookを起動するには、それぞれ次のⒶⒷⒸのようにします。

起動時のディレクトリが、Jupyter Notebookから見られるルートディレクトリとなるので、自分のホームディレクトリに移動してから実行するのがよいでしょう。例では、Windowsの場合は「%userprofile%」、macOSやUbuntuの場合は「~」が、それに相当します。

Ⓐ Windowsの場合

```
> cd %userprofile%
> jupyter notebook
```

Ⓑ macOSの場合

```
$ cd ~
$ jupyer notebook
```

Ⓒ Ubuntuの場合

```
$ cd ~
$ jupyer notebook
```

Jupyter NotebookはWebブラウザで操作するソフトウェアです。そのため、上記のコマンドを入力すると既定のブラウザが起動し、カレントディレクトリを開いた状態になります(図16)。

COLUMN

クラウドで提供されるJupyter Notebook

Jupyter Notebookは、クラウドで提供されているものもあります。たとえば、Azure NotebooksやGoogle Colaboratoryがあります。こうした環境を使えば、何かをインストールすることなく、ブラウザでアクセスするだけでJupyter Notebookを使ってPythonプログラミングできます。

▼図16　Jupyter Notebookを起動したところ

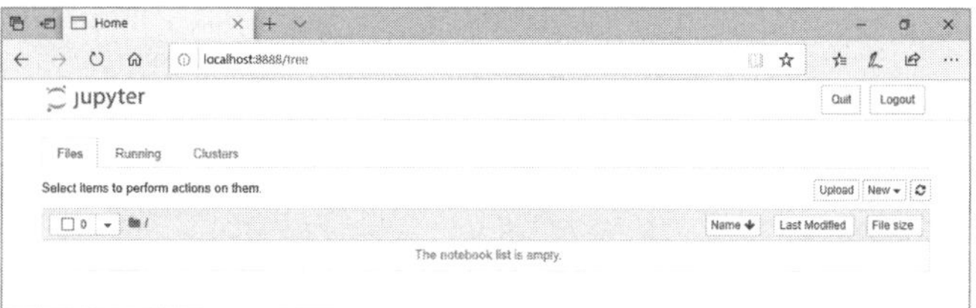

COLUMN

Python標準の統合開発環境「IDLE」

本稿では説明しませんが、Pythonには標準の統合開発環境として、IDLEがあります。公式パッケージからインストールした場合は、図7(Windows版の場合)や図15(macOS版の場合)を見るとわかるように「IDLE」というアイコンがあります。

起動すると、**図A**のようにエディタが起動し、Pythonのプログラムを入力できます。[Run]メニューから[Run Module]を選択すると実行できます。

Jupyter Notebookの手軽さにはかないませんが、何か別のソフトウェアをインストールしたくないということなら、このIDLEを使うのもよいでしょう。

なお本格的にPythonプログラミングをするのであれば、Visual Studio Codeなどの統合開発ツールを使う方法もあります。

▼図A　Pythonの統合開発ツール「IDLE」

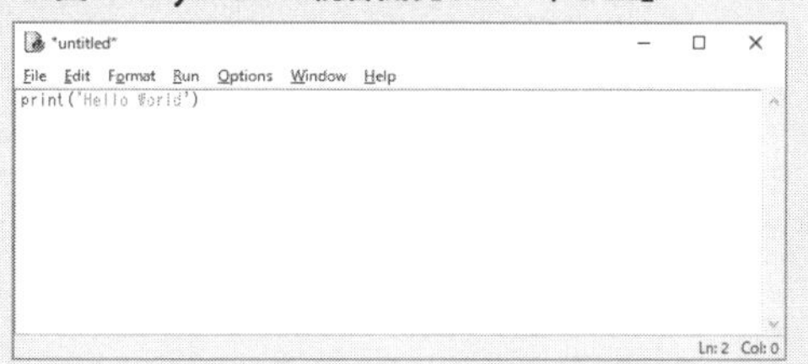

Jupyter Notebookの実行中は、コマンドプロンプトやターミナルが起動しっぱなしになり、ブラウザからの接続を待ち受けます。もしコマンドプロンプトやターミナルを閉じると、ブラウザから操作しても応答がなくなってしまいます。そのような場合には、もう一度Jupyter Notebookを起動しなおせば再開できます。

逆にブラウザのほうを間違えて閉じてしまったときは、コマンドプロンプトやターミナルに表示されているURLを開くと、ふたたびJupyter Notebookを開けます(**図17**)。

Jupyter Notebookの基本操作

Jupyter Notebookが起動したら、簡単なプログラムを入力して実行してみましょう。次のようにします。

以下ではWindowsの画面で説明しますが、ブラウザで実行するソフトウェアですから、macOSやUbuntuの場合も操作は同じです。

①新規作成する

Jupyter NotebookでPython3のノートブックを新規作成します。それには[New]→[Python3]をクリックします(**図18**)。

すると、**図19の上**のように「Untitled」というノートブックができます。このままだとわかりにくいので、ノートブック名の部分をクリックして、**図19の下**のように名前を変更しておきましょう。

②Pythonのプログラムを書く

Jupyter Notebookでは、セルと呼ばれるテキストボックスにプログラムなどを入力します。

既定では1つのセルがありますが、[+]ボタンをクリックすると増やせます。また、[−]ボタンをクリックすると減らせます。

このセルの部分にプログラムを書きます。たとえば、次のように書いてみましょう(**図20**)。

▼図17　コマンドプロンプトやターミナルには接続先のURLが表示される

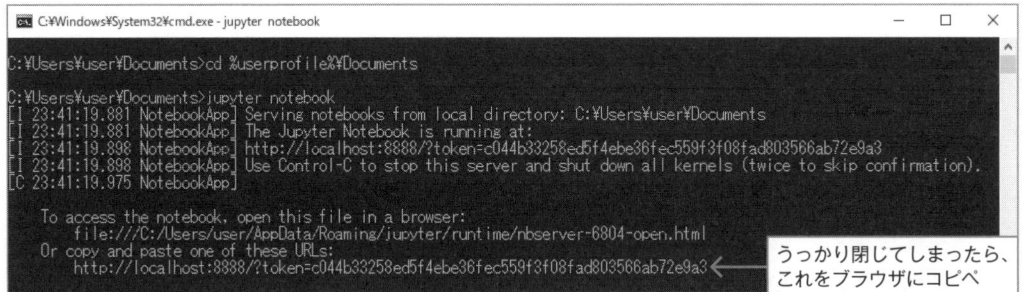

▼図18　新規作成する

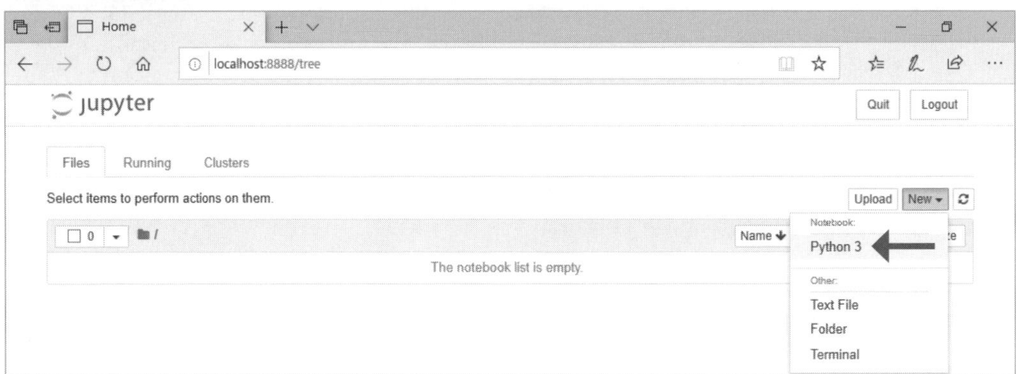

```
print('Hello World')
```

③実行する

実行するには、実行したいプログラムが書かれたセルをクリックしてアクティブな状態にしておいて[Run]ボタンをクリックします。すると、そのセルに書かれているプログラムが実行され、真下に、その結果が表示されます(図21)。

プログラムが実行されたあとは、もう1つセルが増えます。ここに新しいプログラムを入力してもよいですし、先のセルのプログラムを修正して、また[Run]で実行するのもよいでしょう。

④保存する

ノートブックを保存するには、[File]メニューの[Save]をクリックするか、ディスクのアイコンをクリックします。

▼図19　名前を変更する

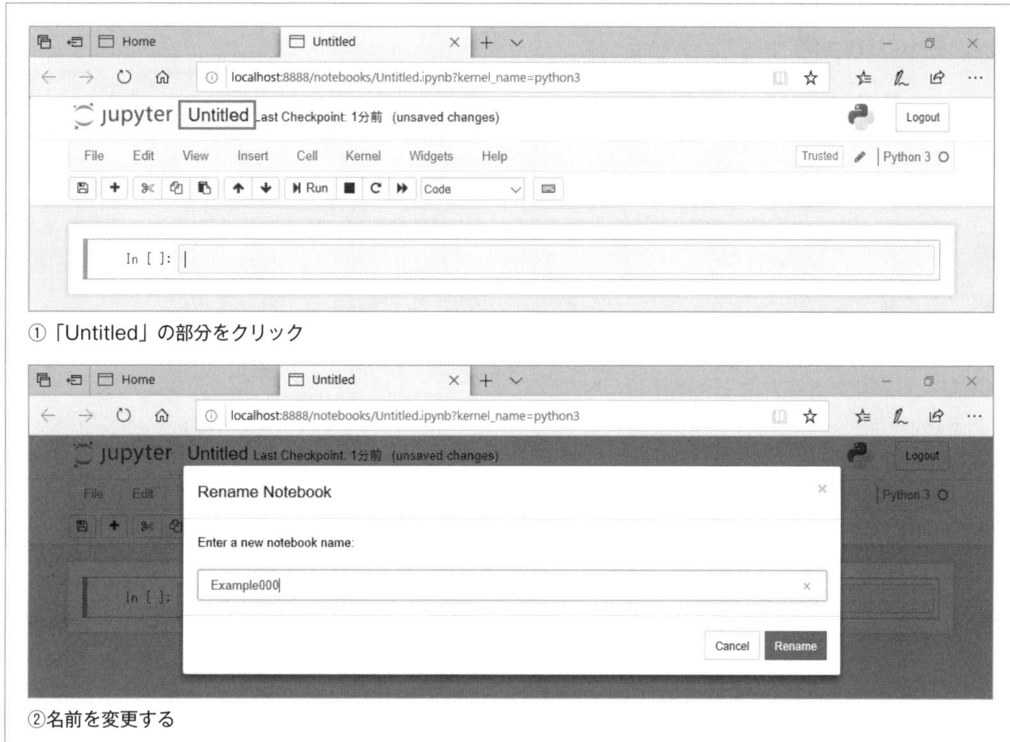

▼図20　プログラムを入力したところ

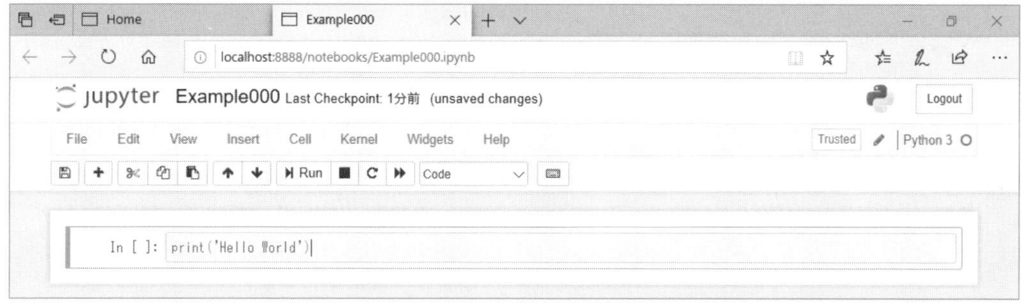

▼図21　結果が表示された

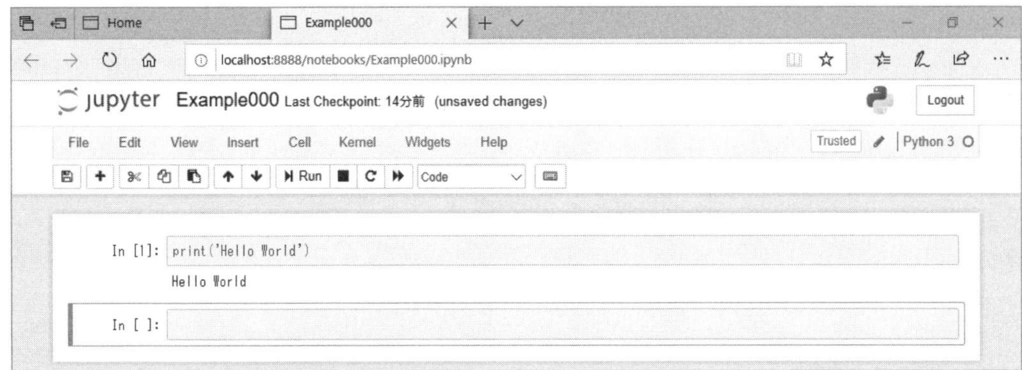

Pythonのライブラリをインストールするには

機械学習などのプログラミングをしていくと、さまざまなライブラリが必要になってきます。そこで最後に、ライブラリのインストール方法について簡単に説明しておきます。

pipを使ったインストール

ライブラリをインストールするには、pipコマンド(pip3コマンド。以下同じ)を使います。書式は次のとおりです。

```
pip install ライブラリ名
(またはpip3 install ライブラリ名)
```

たとえば、機械学習ライブラリとして人気のscikit-learnは、次のようにしてインストールできます。

```
$ pip install scikit-learn
または、pip3 install scikit-learn
```

pipコマンドを実行すると、必要なライブラリがダウンロードされ、インストールされます。必要に応じて、ソースコードからのビルドも実施されます。

パッケージとしてインストールする

このように、ライブラリはpipコマンドでインストールするのが基本なのですが、ライブラリによってはエラーが表示されることがあります。

エラーが発生する理由は、Cコンパイラなど、ビルドに必要なツールがないためです。実は、Pythonライブラリには、全部Pythonで書かれたもの(Pure Python)と、C言語などで書かれたものがあり、後者の場合はCコンパイラなどがないとインストールできないのです。

こうしたエラーが出た場合の対策は、2つあります。

①Cコンパイラなどをインストールする

1つは、Cコンパイラをインストールすることです。Windowsの場合は「Build Tools for Visual Studio 2019」を、macOSの場合は「Xcode」をインストールします。Linuxの場合は「gcc」をインストールします。

> **COLUMN**
>
> **Jupyter Notebook上でのインストール**
>
> Jupyter Notebook上では、セルに「!」から始まる文字列を入力すると、それをシェルに渡して実行してくれます。そこでセルに、次のようにpipコマンドを入力すると、ライブラリをインストールできます。
>
> ```
> !pip install ライブラリ名
> (もしくは!pip3 install ライブラリ名)
> ```

COLUMN Jupyter Notebookのその他の操作

Jupyter Notebookでは、ツールバーで各種操作をします。各種操作の意味を図Bにまとめておきます。

▼図B Jupyter Notebookの操作

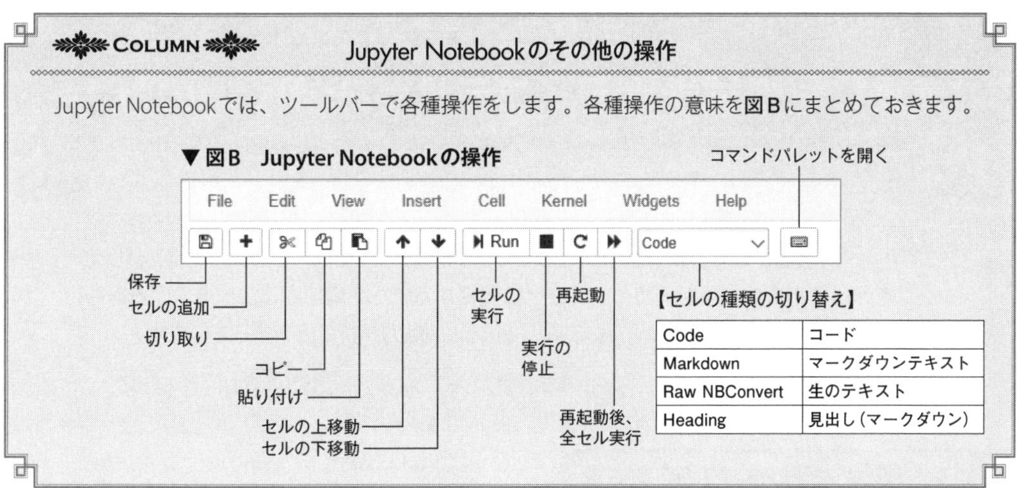

Code	コード
Markdown	マークダウンテキスト
Raw NBConvert	生のテキスト
Heading	見出し（マークダウン）

②バイナリパッケージをインストールする

もう1つの方法は、それ専用のバイナリを使う方法です。

Ⓐ Windowsの場合

ライブラリがexe形式で配布されていることがあるので、それを使います。公式としてexe形式のものがあれば、それを使うのがベストですが、有志がビルドしたものを配布している「Unofficial Windows Binaries for Python Extension Packages注5」というサイトがあるので、そこから探すのも方法のひとつです。

Ⓑ macOSの場合

そもそもXcodeのインストールが簡単なのであまり問題にならないと思いますが、Homebrewというパッケージ管理ツールを使ってライブラリをインストールすると、手順が少し簡単になります。

Ⓒ Ubuntuの場合

Ubuntuの場合は、パッケージ管理ツールであるaptを使ってインストールするのが簡単です。

Ubuntuでは、Python3のライブラリは“python3-ライブラリ名”という命名規則で収録されています。たとえば先に説明した「scikit-learn」は、python3-sklearnという名前なので、次のようにしてインストールできます。

```
$ sudo apt install -y python3-sklearn
```

SD

COLUMN

もうひとつの実行環境「Anaconda」

機械学習を主目的とするときは、公式のPythonではなく、Anacondaと呼ばれるインストールパッケージも、よく使われます。

Anacondaは、データサイエンスや機械学習分野のライブラリを多数含むディストリビューションです。こうしたライブラリは、高速化の目的からC言語で書かれているものが多く、ひとつひとつインストールすると複雑になりがちですが、Anacondaなら、あらかじめパッケージ化されているので、簡単な手順でインストールすることができます。

注5） URL https://www.lfd.uci.edu/~gohlke/pythonlibs

2-3

第2章 コーディングと機械学習環境の作り方
ひとりで始めるPythonプログラミング入門

数字認識APIを作って実感

充実した機械学習ライブラリがPythonの魅力

2-2でPython環境を構築しましたので、さっそくWebブラウザで動作する機械学習アプリケーションを作ってみます。環境構築のすぐあとに挑戦するには高度すぎる印象を受けるかもしれませんが、手順はいたってシンプルです。Pythonの魅力がここに詰まっています。

Author 上野 貴史(うえの たかし)、貞光 九月(さだみつ くがつ)　フューチャー株式会社

機械学習といえば Python

機械学習といえばPython、というイメージを持っている読者の方も少なくないかもしれません。Pythonには機械学習に関するライブラリが豊富にそろっていて、初心者でも簡単に使い始められることが理由の1つと言えます。

本稿では、機械学習の実行からアプリ化までを、Jupyter Notebookとライブラリを用いることで簡単に作れることを体験します。**図1**が本稿で作成する数字認識アプリです。ブラウザ上でマウスを使って描いた数字画像を、機械学習を用いて予測します。いきなりこれを作るのは難しいと感じる人もいるでしょうから、次の3ステップに従って順を追って作っていきます。

①ノートブック上で機械学習を動かしてみる
②ノートブック上で数字認識アプリの簡易版を作ってみる
③API化してブラウザから実行する数字認識アプリを完成させる

本稿で使用するライブラリのインストールは**図2**をコマンドラインで実行すれば完了です[注1]。1行目はおもに機械学習に関連するもの、2行目はWebアプリ化するためのものになります。それでは、Jupyter Notebookを起動して機械学習を始めましょう。

▼図1　数字認識アプリ

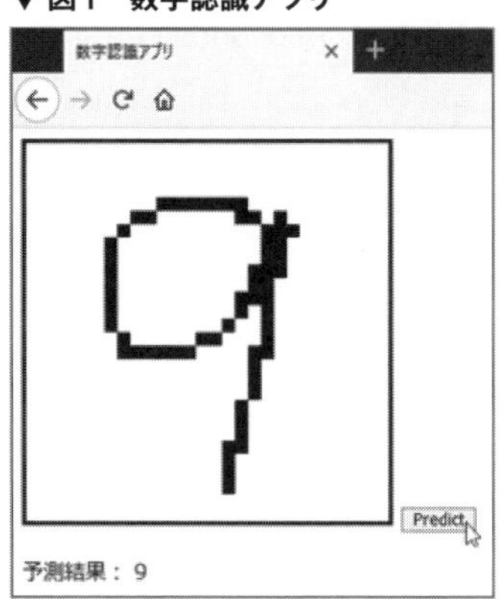

Jupyter Notebook で機械学習

ノートブック上で機械学習を動かして、数字画像を認識させてみます。今回は、手軽に機械学習を始められるように、数字を認識するために学習した機械学習モデルを本書のサポートページ[注2]に事前に用意しておきました。まずは、

▼図2　ライブラリのインストール

```
$ pip install tensorflow==2.7.0 matplotlib
$ pip install Flask flask-cors
```

注1）本稿の執筆内容の実行環境は、Ubuntu 20.04、Python 3.8。
注2）URL http://gihyo.jp/magazine/book/2022/978-4-297-12639-1/support

これを動かして機械学習モデルに数字を認識させてみるところから始めてみましょう。本書のサポートページにアクセスして、cnn.h5という名前のファイルをダウンロードし、jupyter notobookコマンドを実行したディレクトリに保存します。なお、ダウンロードしたcnn.h5の作り方については、コラム「数字認識モデルの学習」で紹介しています。やや難易度が高いですが、興味のある読者はぜひチャレンジしてみてください。

それでは、ダウンロードした機械学習モデルを用いて数字の認識を実行してみます。ノートブック上で**リスト1**を実行していきましょう。

まず(1)では、先ほどダウンロードした機械学習モデルを読み込み、modelという変数にセットします。ここでは、TensorFlow[注3]という機械学習のためのライブラリを用いています。

次に(2)では、MNIST[注4]という数字画像のデータセットを読み込んでいます。これ以降、test_imagesを対象とすることにします。

(3)ではtest_imagesのうちの1つ(test_images[0])をmatplotlib[注5]という可視化のためのライブラリを用いて、画像として表示させます。**図3**が表示されれば成功です。今回は数字の「7」を機械学習モデルに認識させてみましょう。

(4)が機械学習モデルによる予測を行う部分です。model.predictを実行すると機械学習モデルによる予測結果が得られます。19、20行目が、model.predictの結果を出力したものです。

▼図3　機械学習モデルに認識させる数字画像

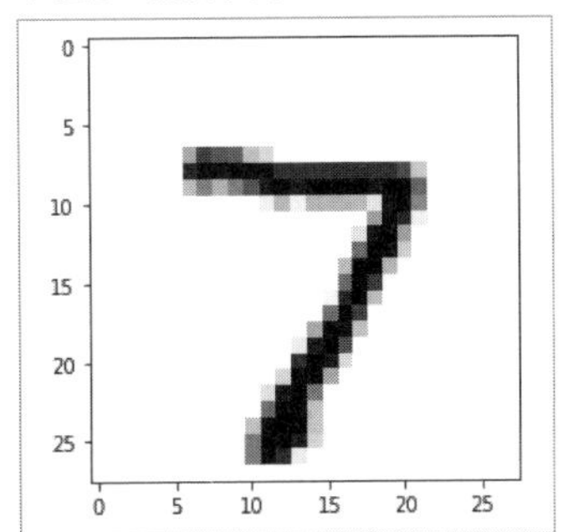

▼リスト1　機械学習の動作をJupyter Notebookで試す

```
01: #（1）学習済みモデルの読み込み
02: from tensorflow.keras.models import load_model
03: model = load_model('cnn.h5')
04:
05: #（2）MNIST テスト画像の読み込み
06: from tensorflow.keras.datasets import mnist
07: (train_images, train_labels), (test_images, test_labels) = mnist.load_data()
08: test_images = test_images.astype('float32') / 255
09:
10: #（3）予測する画像を表示
11: %matplotlib inline
12: import matplotlib.pyplot as plt
13: plt.imshow(test_images[0], cmap='gray_r')
14:
15: #（4）機械学習モデルによる予測
16: import numpy as np
17: pred = model.predict(test_images[0].reshape(1, 28, 28, 1))
18: print(pred)
19: #=> [[3.7120734e-10 1.6580731e-09 1.3752964e-09 1.5528318e-08 1.7704593e-08
20: #     1.3159364e-09 2.7699693e-16 9.9999976e-01 7.1111175e-09 2.3287579e-07]]
21: print(np.argmax(pred)) #=> 7
```

注3）URL https://www.tensorflow.org/
注4）URL http://yann.lecun.com/exdb/mnist/
注5）URL https://matplotlib.org/

機械学習モデルは入力画像がどの数字であるかを予測しますが、model.predictで得られる値は各数字に対する予測の確信度になります。それらの値に対して、np.argmaxを実行することで、最も確信度の高い数字を最終的な予測結果として表示します(21行目)。

正しく数字の7を認識できることが確認できたでしょうか。以上が機械学習モデルに数字を認識させる基本的な流れになります。次節では、自分で描いた数字を機械学習モデルに認識させるようにしてみます。

数字認識アプリの簡易版を作ってみよう

ここまでで、機械学習モデルに数字を認識させる方法が確認できました。**図1**の数字認識アプリを作るためには、さらに、マウスで数字を描くしくみを作り、そこで描かれた画像を機械学習モデルに予測させる必要があります。さて、これはどのように実現できるでしょうか。**リスト1**に続けて**リスト2**、**3**を実行しながら、ノートブック上で数字認識アプリの簡易版を作って確認していきましょう。

▼図4　Canvas上で数字を描いているところ

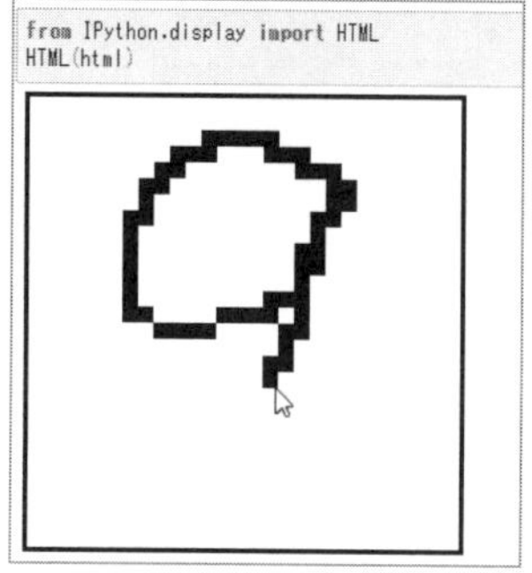

まず、**リスト2**の(1)はマウスで数字を描くしくみのためのHTMLです。HTMLのCanvas要素を用いて、Canvas上でクリックしながらマウスを動かすことで数字が描けるようにしています。

(2)は、(1)のHTMLをノートブック上で実行するための部分です。実行すると**図4**のように、クリックしながらマウスを動かすことで、数字を描けるようになります。

リスト3では、**リスト2**で描かれた数字画像を機械学習モデルにより予測します。**リスト3**の2行目のimageには、数字を描き終えたときに、**リスト2**の16行目の処理によって数字画像が格納されています。さらに、機械学習モデ

▼リスト2　Jupyter Notebookで数字を手書きするUIを作成

```
01: # (1) Canvasを表示するHTML
02: html = """
03: <canvas width="280" height="280" style="border:solid"></canvas>
04: <script type="text/javascript">
05:   var pixels = [];
06:   for (var i = 0; i < 28 * 28; i++) pixels[i] = 0;
07:   var canvas = document.querySelector("canvas");
08:   var drawing = false;
09:
10:   canvas.addEventListener("mousedown", function() {
11:     drawing = true;
12:   });
13:
14:   canvas.addEventListener("mouseup", function() {
15:     drawing = false;
16:     IPython.notebook.kernel.execute("image = [" + pixels + "]");
17:   });
18:
19:   canvas.addEventListener("mousemove", function(e) {
20:     if (drawing) {
21:       var x = Math.floor(e.offsetX / 10);
22:       var y = Math.floor(e.offsetY / 10);
23:       if (0 <= x && x <= 27 && 0 <= y && y <= 27) {
24:         canvas.getContext("2d").fillRect(x*10, y*10, 10, 10);
25:         pixels[x+y*28] = 1;
26:       }
27:     }
28:   });
29: </script>
30: """
31:
32: # (2) HTMLの実行
33: from IPython.display import HTML
34: HTML(html)
```

ルに入力するために、NumPy配列へと変換します。NumPy注6は行列演算を効率よく行うためのライブラリです。それ以降の処理は、**リスト1**の(4)と同じです。**リスト2**で描いた数字画像に対する予測結果が出力されます。さて、正しく認識されたでしょうか注7。

ここまでくると、**図1**の数字認識アプリの完成まではもうすぐです。マウスを使って数字を描いて、機械学習モデルに認識させるというアプリの中心部分はすでにできています。次節では、いよいよAPI化をしてアプリを完成させます。

▼リスト3　手書き数字を予測するロジック部分

```
01: # 機械学習モデルによる予測
02: img = np.array(image, dtype=np.float32)
03: pred = model.predict(img.reshape(1, 28, 28, 1))
04: print(np.argmax(pred)) #=> 9
```

数字認識アプリを完成させよう

ここからは、ノートブックから離れて、Webアプリケーションとしてこれらの機能を実行できるようにしていきます。**図5**がこれから作成する数字認識アプリの構成です。マウスを使って数字を描く部分はHTMLファイルとして作成し、ブラウザで実行します(index.html)。一方、機械学習モデルに数字を認識させる部分はAPIとして呼び出します(app.py)。具体的には、数字画像を送信すると、その認識結果が返ってくるようにします。このリクエストを受け付けて、レスポンスを返すAPIは、FlaskというWebア

▼図5　数字認識アプリの構成

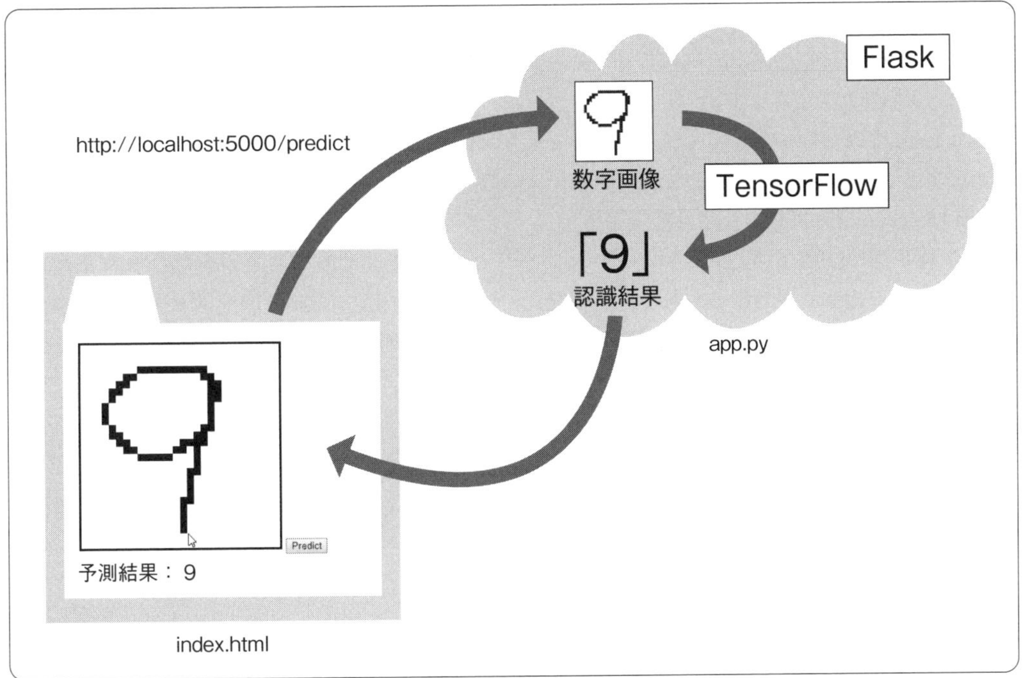

注6）URL https://numpy.org/

注7）もしかしたら、誤った予測が返ってきたかもしれません。実は、今回学習に用いたMNISTの数字画像とCanvas上で描かれる数字画像には少し違いがあります。このように機械学習モデルの間違いの原因を分析し、それを改善していく作業が、機械学習エンジニアの腕の見せどころになります。

プリケーションフレームワークで実装します。また、数字画像を機械学習モデルに予測させる部分はこれまでと同様にTensorFlowを用います。

それでは、まずはAPI部分から作っていきましょう。**リスト4**が数字認識を行うAPIのコードです。**リスト4**をapp.pyという名前のファイルでcnn.h5と同じディレクトリに保存し、コマンドラインから`python app.py`と実行します。実行するとサーバが起動し、http://localhost:5000でリクエストを受け付けるようになります。サーバを停止するときは、Ctrl＋Cを押します。Flaskを用いることによって、シンプルなコードでAPIサーバを構築することができます。

▼リスト4　app.py

```
01: import numpy as np
02: from tensorflow.keras.models import load_model
03: from flask import Flask, request
04: from flask_cors import CORS
05:
06: app = Flask(__name__)
07: CORS(app)
08: model = load_model('cnn.h5')
09:
10: @app.route('/predict', methods=['POST'])
11: def predict():
12:     req = [int(i) for i in request.form['image'].split(',')]
13:     img = np.array(req, dtype=np.float32).reshape(1, 28, 28, 1)
14:     result = np.argmax(model.predict(img))
15:     return str(result)
16:
17: if __name__ == '__main__':
18:     app.run(host='0.0.0.0')
```

リスト4の10行目から15行目が機械学習モデルによる予測を行う部分です。http://localhost:5000/predictに対して数字画像を送ると、この部分が呼び出されます。ノートブック上で行ったときと同様に、受け取った数字画像を機械学習モデルにより予測し、その予測結果を返します。

次に、このAPIを呼び出すHTMLファイルを作成します。**リスト5**がAPIを呼び出すHTMLファイルです。**リスト5**をindex.htmlという名前のHTMLファイルとして保存し、ブラウザで開いてみましょう。ノートブック上で作った簡易版と同様にマウスを使って数字を描くことができるCanvasが出てきます。クリックしながらマウスを動かして数字を描いたあとに[Predict]ボタンを押すと、数字画像がAPIサーバに送られ、その結果が「予測結果：」の個所に表示されます。**リスト5**を見ると、ノートブック上で作った簡易版とほとんど同じですが、38行目から47行目に[Predict]ボタンが押されたときの処理が追加されています。

以上で、数字認識アプリケーションの完成です。ノートブック上で試しながら徐々に作っていったので、それほど難しくなかったのではないでしょうか。Pythonには便利なライブラリがあるため、それらを組み合わせることで、簡単に実装できることが実感できたかと思います。また、Flaskに関するより詳しい説明は、https://flask.palletsprojects.com/などを参考にしてください。

おわりに

本稿では、数字認識を題材に機械学習による予測からアプリ化までを体験していただきました。機械学習の理論よりも、まずは気軽に使ってみることで、機械学習への入門を果たすことを目標にしました。本稿を通して、機械学習が少しでも身近に感じられたら幸いです。SD

▼リスト5　index.html

```
<!DOCTYPE html>
<html>
  <head>
    <meta charset="utf-8">
    <title>数字認識アプリ</title>
    <script src="https://ajax.googleapis.com/ajax/libs/jquery/3.4.1/jquery.min.js"></script>
  </head>
  <body>
    <canvas width="280" height="280" style="border:solid"></canvas>
    <button id="predict">Predict</button>
    <p>予測結果： <span id="result"></span></p>

    <script type="text/javascript">
      var pixels = [];
      for (var i = 0; i < 28 * 28; i++) pixels[i] = 0;
      var canvas = document.querySelector("canvas");
      var drawing = false;

      canvas.addEventListener("mousedown", function() {
        drawing = true;
      });

      canvas.addEventListener("mouseup", function() {
        drawing = false;
      });

      canvas.addEventListener("mousemove", function(e) {
        if (drawing) {
          var x = Math.floor(e.offsetX / 10);
          var y = Math.floor(e.offsetY / 10);
          if (0 <= x && x <= 27 && 0 <= y && y <= 27) {
            canvas.getContext("2d").fillRect(x*10, y*10, 10, 10);
            pixels[x+y*28] = 1;
          }
        }
      });

      $("#predict").click(function() {
        $.ajax({
          url: "http://localhost:5000/predict",
          type: "POST",
          data: {"image": pixels.join(",")},
          success: function(result) {
            document.getElementById("result").innerHTML = result;
          }
        })
      });
    </script>
  </body>
</html>
```

COLUMN

数字認識モデルの学習

ここでは、本編でダウンロードして用いた機械学習モデル「cnn.h5」の作り方を紹介します。cnn.h5には、畳み込みニューラルネットワークという機械学習の手法を用いて、数字を認識できるように学習されたモデルが格納されています。MNISTの数字画像のデータセットで学習を行い、学習後のモデルを保存するまでを実行してみます。**図A**が学習の概要です。それでは、順に見ていきましょう。

まず、**リストA**ではデータを読み込みます。今回用いるMNISTデータセットには、モデルの学習用に60,000枚の数字画像と対応する正解ラベル、学習後のテスト用に10,000枚の数字画像と対応する正解ラベルが用意されています。学習用の60,000枚を用いてモデルのパラメータを調整した後に、テスト用の10,000枚でモデルの精度を測定します。

次に、**リストB**では畳み込みニューラルネットワークの構造を定義しています。畳み込みニューラルネットワークは、畳み込み層とプーリング層という画像認識と相性の良い特殊な層をもつことが特徴です。**リストB**では、畳み込み層(Conv2D)とプーリング層(MaxPooling2D)のペアを2回繰り返した後に、全結合層(Dense)を2層つなげた構造を定義しています。詳しくは参考文献[1]などを参照してください。

リストCでは、学習、テスト、モデルの保存を行います。**リストC**の(1)(2)(3)は、**図A**中の(1)(2)(3)に対応します。(1)学習では、学習用の60,000枚を用いてモデルの予測が正解ラベルと一致するようにモデルのパラメータを調整します。(2)テストでは、学習には用いなかったデータを用いてモデルの精度を測ります。今回の例では、分類精度が99%を超える値が得られます。(3)モデルの保存では、学習後のモデルをcnn.h5というファイルに保存します。このcnn.h5が本編で用いたモデルです[注8]。本編でみたように、load_modelを用いてファイルから読み込んで利用することができます。

参考文献

[1] Francois Chollet、株式会社クイープ(翻訳)、巣籠悠輔(監訳)。『PythonとKerasによるディープラーニング』。マイナビ出版、2018。

▼図A　数字認識モデルの学習の概要

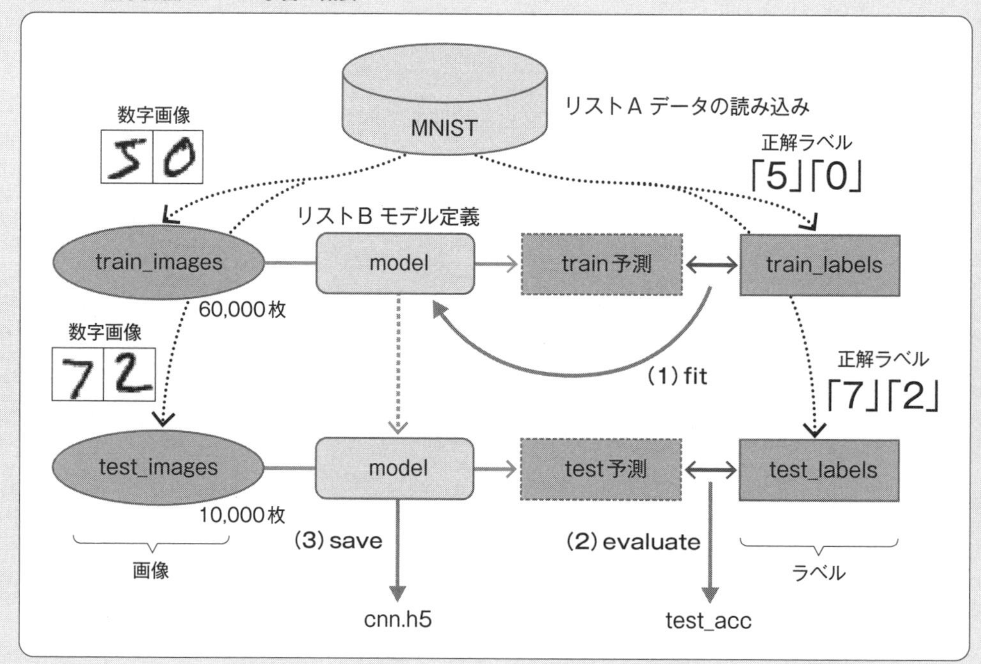

注8) 学習の進み方にはランダムな要素があるため、まったく同じ結果にはなりません。

▼リストA　MNISTのデータを学習用とテスト用に分けてセット

```
from tensorflow.keras.datasets import mnist
from tensorflow.keras.utils import to_categorical

(train_images, train_labels), (test_images, test_labels) = mnist.load_data()

train_images = train_images.reshape((60000, 28, 28, 1))
train_images = train_images.astype('float32') / 255

test_images = test_images.reshape((10000, 28, 28, 1))
test_images = test_images.astype('float32') / 255

train_labels = to_categorical(train_labels)
test_labels = to_categorical(test_labels)
```

▼リストB　畳み込みニューラルネットワークの構造の定義

```
from tensorflow.keras.models import Sequential
from tensorflow.keras.layers import Conv2D, MaxPooling2D, Flatten, Dense

model = Sequential()
model.add(Conv2D(32, (5, 5), activation='relu', input_shape=(28, 28, 1)))
model.add(MaxPooling2D((2, 2)))
model.add(Conv2D(64, (5, 5), activation='relu'))
model.add(MaxPooling2D((2, 2)))
model.add(Flatten())
model.add(Dense(128, activation='relu'))
model.add(Dense(10, activation='softmax'))

model.compile(optimizer='adam', loss='categorical_crossentropy', metrics=['accuracy'])
```

▼リストC　学習とテストの実行と出来上がったモデルの保存

```
# (1) 学習
model.fit(train_images, train_labels, epochs=10, batch_size=128)

# (2) テスト
test_loss, test_acc = model.evaluate(test_images, test_labels)
print('Test accuracy:', test_acc) #=> Test accuracy: 0.9915

# (3) モデルの保存
model.save('cnn.h5')
```

第3章

そのPythonライブラリ、どうして必要なんですか？

「使う」から「使える」ようになる
データ分析の定番

Pythonはデータ分析や機械学習のライブラリが充実しています。たくさんのWeb記事や書籍を教材に学んでいる方も多いでしょう。しかし、そのライブラリ、言われるがままに入れているだけではないですか？　開発環境の整理はできていますか？

本章で、ライブラリの管理のしくみを知り、自分でライブラリを作って構造を理解することで、開発環境を自身で整理できるようになりましょう。また、pandasとMatplotlibの基本を実践し、データ分析のライブラリを使えるようになるための第一歩を踏み出しましょう。

3-1 パッケージ管理の基礎を知ろう
効率的な開発のための前準備

Author 石本 敦夫　P.46

3-2 Pythonの基礎力を高めよう
ライブラリの使い方と作り方
Author くーむ　P.55

3-3 データ分析の前処理をさくっと終わらせよう
定時に帰るためのpandas入門

Author @driller　P.65

3-4 イメージどおりにデータを可視化しよう
データに隠された意味を見つけるMatplotlib入門
Author 片柳 薫子　P.78

3-1 パッケージ管理の基礎を知ろう

効率的な開発のための前準備

Author 石本 敦夫（いしもと あつお）
フリープログラマ
Twitter @atsuoishimoto

Pythonには、言語自体のバージョンや利用パッケージを切り替えながら開発を行うためのツールが充実しています。そういったツールの変遷と、モジュールインストールのしくみについて紹介したあとは、現在主流となっているpip・venv、そしてpipenvの使い方を解説します。

第3章のはじめに

プログラミング言語Pythonの人気の源泉には、豊富な標準ライブラリと、数多くのサードパーティ・ライブラリがあります。本章では、Pythonのライブラリを支えるしくみと、Pythonライブラリの中でも人気のあるライブラリの実践的な利用方法を紹介します。

また、しくみやサンプルコードの解説を通じて、「なぜ使われているのか」「なぜこのような使い方をするのか」という考え方も紹介しています。

このような「考え方」の理解がなければ、いくらプログラミング言語の知識があっても、人まねばかりのコピペプログラマにしかなれません。本章を通じて、プログラミングの入門者であっても、自分なりのコードが書ける一人前のプログラマへ、ステップアップしていただければと思います。

Pythonパッケージング小史

Pythonにおいて、サードパーティ製のライブラリやアプリケーションのパッケージ配布方法がどのように発展してきたのか、その過程を簡単にひも解いてみましょう。現在は専用のパッケージ管理ツールが用意され、いろいろなライブラリを手軽に利用できるようになりましたが、そこにたどり着くまでにはさまざまな歴史がありました。

暗黒時代

最初期のPythonには、パッケージを配布するための標準的な方法が用意されていませんでした。ライブラリやアプリケーションの開発者は、それぞれインストール方法を検討して、独自にインストールスクリプトを作成したり、ドキュメントにインストール方法を記述したりしていました。

ライブラリやアプリケーションを利用するユーザは、それぞれのパッケージごとのドキュメントをよく読んで、ファイルをインストールする必要がありました。

当時は「手動でファイルをコピーしてください」というパッケージも多く、ユーザはtar.gzファイルを展開しては、指定されたファイルをPythonのライブラリディレクトリにコピーしたものです。

このころは、現在のpypi.python.orgのような、パッケージを登録できる公式なWebサイトも存在しませんでした。ただ「Vaults of Parnassus」という個人運営のサイトがあり、各種Pythonパッケージの概要と、配布サイトのリンクを公開していました。このサイトは幅広く使われていましたが、管理人さんが手動でデータを編集していたため更新はあまり頻繁ではなく、また

あくまでリンク集を載せているだけですので、パッケージそのものはサイトには保管されていませんでした。

当時、すでにPerl言語にはCPAN（Comprehensive Perl Archive Network）によるパッケージの配布が行われており、Pythonにも同じようなサイトの開設が望まれていました。

黎明期

Pythonのパッケージングは、2000年にリリースされたPython 1.6/2.0で標準ライブラリに加わったdistutilsから始まりました。distutilsによって、PythonモジュールやC言語による拡張モジュールをパッケージ化することで、ビルド・インストールの手順を共通化できるようになりました。

distutilsにはソースファイル一式を圧縮した「ソース配布アーカイブ」を作成する機能があり、利用者はアーカイブをダウンロードして`python setup.py install`という決まったコマンドを実行するだけで、ライブラリやアプリケーションをインストールできるようになったのです。また、rpmファイルやWindows用のインストーラを作成する機能もあり、拡張モジュールのコンパイル済みバイナリファイルも、手軽に配布できるようになってきました。

distutilsの利用が広がり、標準的な形式でPythonパッケージを作成できるようになると、CPANのような、パッケージを登録・配布できる公式サービスの需要がより高まってきました。そこで、2002年ごろから開発者が自由に自分のパッケージを登録できる、cheeseshop.python.orgという、現在のpypi.python.orgに相当するサービスの運用が開始されました。

ユーザはcheeseshop.python.orgのWebインターフェースでパッケージを検索し、ドキュメントを読んだりパッケージをダウンロードしたりできるようになりました。

発展期

2005年ごろには、PEAK（Python Enterprise Application Kit）という、企業アプリケーションの開発基盤となるライブラリを開発するプロジェクトが、setuptoolsパッケージを公開しました。

setuptoolsはdistutilsを拡張するライブラリで、コンパイル済みバイナリファイルを独自形式で配布することなどができるようになりました。またWebブラウザを使わずに、pipy.python.orgなどからパッケージをダウンロードする`easy_install`コマンドが提供され、パッケージの依存関係を解決して必要なパッケージを自動的にインストールできるようになりました。

またこのころから、Pythonパッケージを独立した仮想環境にインストールし、プロジェクトごとにパッケージ環境を切り替えながら開発を進めるスタイルが定着し始めました。

混乱期

setuptoolsはパッケージングツールのデファクトスタンダードとして広く使われてきましたが、徐々に開発が停滞し始め、さまざまな問題が発生するようになってきました。

この状況を解決するために、setuptoolsパッケージをベースとして、distributeパッケージの開発が新たに表明されましたが、その後、元のsetuptoolsに再度合流したり、Python公式パッケージとしてdistribute2パッケージの開発が計画されて中断したりと、利用者が混乱するような状況となってきました。

また、`easy_install`に代わって`pip`コマンドが、パッケージのインストールに利用されるようになってきましたが、pipはeasy_installを完全に置き換えられるようにはなっておらず、これも利用者の混乱を招きました。

安定期

Python Packaging Authority（PyPA）とい

う開発プロジェクトが立ち上がり、pipなどのパッケージ関連ツールの開発は、徐々にPyPA配下のリポジトリに集約されるようになってきました。

またPython 3.4からは、pipコマンドとsetuptoolsがPythonと同時にインストールされるようになり、ユーザが「何を使うべきか」を悩む必要がなくなりました。

PyPAは着実にPythonのパッケージング環境の整備を進め、各種ツールの使い方についても、丁寧かつ正確な情報を提供しています。このため、現在ではパッケージングツールについて頭を悩ませる必要はほぼなくなったのではないかと思います。

Pythonライブラリのディレクトリ構成

Pythonには標準で多数のモジュールがインストールされており、また、いろいろなモジュールをユーザが独自にインストールできるようになっています。ここでは、Pythonのモジュールがどのようなディレクトリ構成で格納されているのかを解説します。

Pythonのライブラリとパッケージ

ディレクトリ構成の説明の前に、用語を整理します。

Pythonでは、「ライブラリ」とは単にPythonのモジュールとパッケージを、機能や目的などに応じて集めたもので、特別に「ライブラリファイル」などの機能が存在するわけではありません。Pythonに標準で付属するモジュールやパッケージは、一般に「標準ライブラリ」と呼びますが、デフォルトでインストールされるモジュールとパッケージの集まりでしかありません。機能的には、ユーザが作成したサードパーティ製のモジュールと同じです。

「パッケージ」は、Pythonの用語としては「モジュールを階層的に管理するディレクトリ」を意味しますが、一般的なソフトウェア用語としては「アプリケーションやライブラリを配布用にまとめたもの」という意味合いでも使われます。

ライブラリの格納ディレクトリ

Pythonのライブラリは、大きく分けて3種類のディレクトリに格納されます。

標準ライブラリディレクトリ

Pythonの標準ライブラリが格納されるディレクトリです。PythonによるモジュールとC言語による拡張モジュールは、別々のディレクトリに格納されます。ただし、標準ライブラリの__builtins__モジュールは特殊なモジュールで、Pythonインタプリタ本体に埋め込まれており、どのディレクトリにもインストールされません。このディレクトリには、ユーザが独自にパッケージをインストールすることはありません。

site-packagesディレクトリ

サードパーティ製のモジュールを格納します。システムの全利用者が利用するパッケージをインストールするディレクトリで、通常はシステムの管理者がインストールやアップデートなどを管理します。pipコマンドでパッケージをインストールするときには、`pip install` **パッケージ名**を実行すると、このディレクトリにインストールされます。

ユーザ別site-packagesディレクトリ

サードパーティ製のモジュールを格納するディレクトリですが、システム全体にインストールするのではなく、各ユーザが自由にインストールできるディレクトリです。Unix系OSでは、管理者権限がなくとも書き込めるディレクトリが使われます。pipコマンドでパッケージをインストールするときには、`pip install --user` **パッケージ名**を実行すると、このディレクトリにインストールされます。

◆ ◆ ◆

これらの実際のディレクトリ名は、プラット

フォームやLinuxディストリビューションによって異なりますが、おおむね**表1**のようなディレクトリが使われます。

binディレクトリ

アプリケーションパッケージなどでは、実行可能なコマンドファイルをインストールする場合があります。たとえば、pipパッケージはpipコマンドをインストールします。

パッケージをsite-packagesディレクトリにインストールすると、コマンドファイルもシステム全体から利用できるディレクトリにインストールされます。この場合、Unix系OSでは/usr/local/bin、WindowsではC:¥Users¥USER¥AppData¥Local¥Programs¥Python¥Python36¥Scriptsなどになります。

また、ユーザ別site-packagesディレクトリにインストールした場合、Unix系OSでは~/.local/bin、macOSでは/Users/USER/Library/Python/3.6/bin/、WindowsではC:¥Users¥USER¥AppData¥Roaming¥Python¥Python36¥Scriptsなどにインストールされます。

Pythonによるコマンドを利用する場合は、これらディレクトリも環境変数PATHに登録し、簡単に実行できるようにしておくと便利です。

モジュール検索パス

Pythonがimport文でモジュールをインポートするとき、sysモジュールのpath変数に指定したディレクトリを検索します。sys.pathはモジュールを格納するディレクトリ名やzipファイル名のリストで、デフォルトでは、前述の標準ライブラリディレクトリや、site-packagesディレクトリのディレクトリ名などを格納しています(**図1**)。

sys.pathに指定するディレクトリ名は、python mydir/spam.pyのようにスクリプトファイルを指定して実行した場合は、スクリプトファイルの格納ディレクトリ(mydir/など)からの相対パスとなります。スクリプトファイルを指定していない場合は、カレントディレクトリからの相対パスとなります。

sys.pathの値が**図1**のようになっている場合、たとえばimport FOOを実行するとFOOモジュールを、sys.pathに登録されている順、この例ではカレントディレクトリ→/usr/local/

▼表1　インストール先ディレクトリの例(Python 3.6の場合)

種類	Unix系OS	Windows
標準ライブラリディレクトリ	/usr/local/lib/python3.6	C:¥Users¥USER¥AppData¥Local¥Programs¥Python¥Python36¥lib
site-packagesディレクトリ	/usr/local/lib/python3.6/site-packages	C:¥Users¥USER¥AppData¥Local¥Programs¥Python¥Python36¥lib¥site-packages
ユーザ別site-packagesディレクトリ	/home/USER/.local/lib/python3.6/site-packages (macOS)/Users/USER/Library/Python/3.6/lib/python/site-packages	C:¥Users¥USER¥AppData¥Roaming¥Python¥Python36¥site-packages

▼図1　sys.pathの値を確認(Pythonインタプリタ)

```
$ python
Python 3.6.2 (default, Nov  2 2017, 17:37:57)
[GCC 6.3.0 20170406] on linux
Type "help", "copyright", "credits" or "license" for more information.
>>> import sys
>>> sys.path
['', '/usr/local/lib/python36.zip', '/usr/local/lib/python3.6', '/usr/local/lib/python3.6/ ⏎
lib-dynload', '/home/USER/.local/lib/python3.6/site-packages', '/usr/local/lib/python3.6/ ⏎
site-packages']
```

lib/python36.zip → /usr/local/lib/python3.6……と検索します。

sys.pathは、変更可能な通常のリストオブジェクトですので、自由に項目を追加・削除できます。独自のディレクトリからモジュールをインポートできるようにする場合は、

```
import sys
sys.path.append('my-own-module-dir')
```

とします。

パス設定ファイル

sys.pathに指定されたsite-packagesなどのディレクトリに、拡張子が「.pth」のファイルがあれば、そのファイルはパス設定ファイルとして読み込まれ、その内容がsys.pathに登録されます。

パス設定ファイルには、1行に1つ、sys.pathに追加するディレクトリ名を指定します。ディレクトリ名が相対パス名の場合、パス設定ファイルのディレクトリからの相対位置としてディレクトリを登録します。先頭の文字が「#」の行はコメントとして無視されます。また、importで始まる行は、Pythonスクリプトとしてそのまま実行されます。

たとえばsite-packagesディレクトリに、

```
# パス設定ファイル spam.pth の例
/usr/local/ham/lib
import egg
```

のようなspam.pthファイルがあると、

①sys.pathに/usr/local/ham/libを追加
②import eggを実行

と動作します。

仮想環境

Pythonで開発を行うときには、プロジェクトごとに独立した「仮想環境」を作成して、専用の環境として進めるのが一般的です。仮想環境を作成するツールにはvirtualenvや、次節で解説するvenvなどがあります。

プロジェクトで使用するサードパーティのライブラリは、前述のsite-packages、ユーザ別site-packagesディレクトリにはインストールせず、専用の仮想環境にインストールして使用します。仮想環境からpipコマンドを使ってパッケージをインストールすると、仮想環境の専用ディレクトリに書き込まれます。

これにより、複数のプロジェクトを同時に開発する場合でも、お互いに影響を与えず、それぞれのプロジェクトで必要なライブラリだけを使った環境を構築できます。プロジェクトが不要になれば、仮想環境ごと削除するのも簡単です。

仮想環境には利用するPython自体も含まれるため、異なるバージョンのPythonを、プロジェクトごとに切り替えて使用する用途にも利用できます。

Python開発の必須ツール

ここからは、Pythonの定番パッケージ管理ツールであるpipと仮想環境管理ツールのvenvを紹介します。また、最近注目を集めている新しいパッケージ・仮想環境管理ツールpipenvも紹介します[注1]。

pip

pipはPython 2.7.9/3.4以降に標準でバンドルされているパッケージ管理ツールで、Pythonパッケージのインストール・アンインストールなどを行うコマンドラインユーティリティです。

pipは、Python 2用のパッケージを管理する場合はpipコマンド、Python 3用のパッケージを管理する場合はpip3コマンドを実行します。

注1) データサイエンス向けに作成されたPythonディストリビューション「Anaconda」で構築したPython環境では、本節で紹介するツールを実行した際、エラーが発生する場合があります。Anaconda環境では、専用環境設定ツールのcondaコマンドを利用してください。

パッケージのインストール

パッケージのインストールは、pip3 installコマンドで行います。

```
$ pip3 install パッケージ名
```

パッケージ名には、Pythonの公式パッケージリポジトリであるpypi.python.org（PyPI）注2に登録されているパッケージの名称などを指定します。たとえばPyPIサーバからtwineパッケージをインストールするには、

```
$ pip3 install twine
```

とします。

パッケージのアンインストール

pip3 uninstallは、指定したインストール済みのパッケージをアンインストールします。

```
$ pip3 uninstall twine
```

venv

前述のとおり、Pythonで研究や開発を行うときには、プロジェクトごとに独立した仮想環境を作成して、専用の環境として開発を進めるのが一般的です。ここでは、Python 3.3で標準ライブラリに加わったvenvモジュールによる仮想環境の利用方法を解説します。

なおUbuntu環境では、標準ではvenvがインストールされていません。次のコマンドで、venvをインストールしてください。

```
$ sudo apt-get install python3-venv
```

仮想環境の作成

仮想環境は、次のコマンドで作成します。

```
$ python3 -m venv ディレクトリ名
```

ディレクトリ名には仮想環境を作成するディレクトリを指定します。次のコマンドは、./test_env/にPython 3.6用の仮想環境を作成します。

```
$ python3.6 -m venv ./test_env
```

仮想環境の切り替え

仮想環境の利用開始は、環境によって方法が異なります。

・LinuxやmacOSなどのUnix系環境の場合

仮想環境のbin/activateを、sourceコマンドで実行します。

```
$ source ./test_env/bin/activate
(test_env) $
```

・Windowsでコマンドプロンプトを使用する場合

仮想環境のScripts¥activate.batを実行します。

```
C:¥Users¥user1> test_env¥Scripts¥ ⏎
activate.bat
(test_env) C:¥Users¥user1>
```

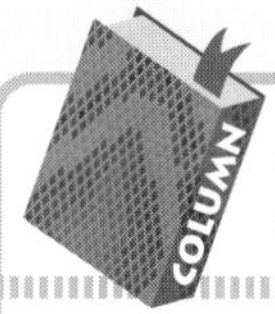

パッケージインストールの注意点

Pythonは Unix系OSでは主要な開発言語としてプリインストールされ、OSが提供するツールも多くがPythonで開発されています。このため、開発者が自分でアプリケーションやライブラリを開発するために、前述のsite-packegesディレクトリなどにパッケージをインストールすると、OS提供のツールの動作やバージョンアップなどに問題が発生する可能性があります。

基本的に、/usrディレクトリなどの内容はOSが提供するパッケージ管理ツールで管理することが多いため、手動でファイルの更新などを行うのはあまり勧められることではありません。できるだけ仮想環境を作成して作業を行うか、ユーザ別site-packagesにインストールして利用するように心がけましょう。

注2） URL https://pypi.python.org/pypi

・WindowsでPowerShellを使用する場合

PowerShellでは、仮想環境を切り替えるスクリプトファイルを実行できるように、設定を変更する必要があります。切り替えを行う前に一度だけ次のコマンドを実行して、ユーザごとの実行設定を変更しておきます。

```
PS C:¥> Set-ExecutionPolicy ⏎
RemoteSigned -Scope CurrentUser
```

そして仮想環境のScripts¥Activate.ps1を実行して、環境設定を切り替えます。

```
C:¥Users¥user1> test_env¥Scripts¥ ⏎
Activate.ps1
(test_env) C:¥Users¥user1>
```

仮想環境に切り替わると(test_env)と表示され、仮想環境が設定されたことを示します。

仮想環境での操作

仮想環境中では、pipコマンドでパッケージをインストールすると、仮想環境内にインストールされます。インストールしたパッケージは仮想環境内にのみ書き込まれ、元のPython環境やほかの仮想環境からは利用できません。

pythonコマンドを実行すると、その仮想環境に設定されたPythonが実行されます。モジュール検索パスsys.pathには、仮想環境のライブラリディレクトリが追加されます(図2)。

仮想環境の終了

仮想環境の使用を終え、通常の状態に復帰するときは、deactivateコマンドを実行します。

```
(test_env) $ deactivate
$
```

pipenv

pipenvは現在活発に開発が進められている、新しいパッケージ管理ツールです。pipenvは前述のvenvとpipの両方の機能を持つユーティリティで、仮想環境の管理と、パッケージのインストールを行います。pipenvはプロジェクトごとにPipfileというファイルを作成して利用するパッケージを登録し、専用の仮想環境を自動的に作成してインストールします。

まだ新しいツールですので不具合もあるようですが、今後は主流のPythonパッケージングツールになると期待されています。

pipenvのインストール

pipコマンドで、pipenvをインストールします。--userオプションを指定して、ユーザ別ディレクトリにインストールしましょう。

```
$ pip3 install --user pipenv
```

プロジェクトの作成

プロジェクト用のディレクトリとして、proj1ディレクトリを作成しましょう。

```
$ mkdir proj1
$ cd proj1
```

次に、作成したディレクトリでpipenv installを実行し、プロジェクトのパッケージ管理を開始します。

▼図2　Pythonインタプリタでsys.pathの値を確認(venv仮想環境内)

```
(test_env) $ python
Python 3.6.3 (default, Oct  4 2017, 06:09:15)
……(略)……
>>> import sys
>>> sys.path
['', '/usr/local/..., '/home/USER/test_env/lib/python3.6/site-packages']
```

```
$ pipenv install
Creating a virtualenv for this project…
Using /usr/local/bin/python3 to create ⏎
virtualenv…
……（略）……
```

proj1ディレクトリには、パッケージ管理ファイルPipfileが作成され、専用の仮想環境が作成されます。

パッケージのインストール

pipenv installコマンドで、プロジェクトにパッケージを登録できます。

```
$ pipenv install dateutils
pipenv install dateutils
……（略）……
```

インストールしたパッケージは、**リスト1**のようにPipfileに記録されます。

テスト用のツールなど、開発環境でのみ利用するパッケージは、--devオプションを指定して、開発用パッケージとしてインストールします。

```
$ pipenv install pytest --dev
Installing pytest…
……（略）……
```

インストールしたパッケージは、pipenv updateコマンドで最新版に更新できます。

```
$ pipenv update
Updating all dependencies from Pipfile…
Found 3 installed package(s), purging…
……（略）……
```

editableインストール

パッケージをインストールすると通常、パッケージを構成するソースファイルはPythonのモジュール格納ディレクトリにコピーされます。

サードパーティのライブラリをインストールするだけならファイルのコピーで問題ありませんが、独自のアプリケーションやライブラリを開発しているときには、ソースファイルを編集するたびにいちいちファイルをインストールするのは面倒です。

そこで、プロジェクトのパッケージを特殊な形式でインストールし、開発作業を行っているプロジェクトディレクトリのモジュールを、そのままパッケージとしてインポートできるようなしくみが用意されています。

この特殊なインストール方法を、editableインストールと言います。editableインストールを行うためには、setup.pyファイルを作成して、プロジェクトのパッケージ情報を指定する必要があります。必要最低限のsetup.pyファイルの例を次に示します。

```
from setuptools import setup
setup(name="test")
```

setup.pyファイルを作成すれば、次のコマンドでeditableインストールを行えます。

```
$ pipenv install -e . --dev
```

ここでは、devオプションを指定して、開発環境でのみeditableインストールを行うようにしています。

▼リスト1　Pipfile

```
[[source]]
url = "https://pypi.python.org/simple"
verify_ssl = true
name = "pypi"

[packages]
dateutils = "*"

[dev-packages]
```

仮想環境の使用

プロジェクト用に作成した仮想環境は、pipenv shellコマンドで切り替えられます。

```
$ pipenv shell
Spawning environment shell (/bin/zsh). ⏎
Use 'exit' to leave.
……（略）……
(x-_6g_5evm) $
```

仮想環境に切り替えると、コマンドプロンプトに（**仮想環境名**）が表示されます。この状態で実行するPythonでは、仮想環境にインス

▼図3 Pythonインタプリタでsys.pathの値を確認（pipenv仮想環境内）

```
(x-_6g_5evm) $ python
Python 3.6.3 (default, Oct  4 2017, 06:09:15)
……（略）……
>>> import sys
>>> sys.path
['', '/usr/local/..., '/home/USER/x-_6g_5evm/lib/python3.6/site-packages']
>>>
```

トールしたパッケージをインポートできます。

pythonコマンドを実行すると、その仮想環境に設定されたPythonが実行されます。モジュール検索パスsys.pathには、仮想環境のライブラリディレクトリが追加されます（図3）。

仮想環境を抜けるときには、exitコマンドを実行します。

pipenv runコマンドを使うと、仮想環境に切り変えなくとも、仮想環境内でコマンドを実行できます。

```
$ pipenv run python
Python 3.6.3 (default, Oct  4 2017, ⏎
06:09:15)
……（略）……
>>>
```

仮想環境内で使用するPythonのバージョンは、pipenv install --pythonコマンドで変更できます（図4）。

もっと細かくPythonのバージョンを指定する場合は、--python 3.5.1のように指定できます。指定したバージョンのPythonがインストールされていない場合、Pythonのインストールを行うpyenv[注3]コマンドがインストールされている環境であれば、自動的にダウンロードしてインストールします。

▼図4 Python 2.7に変更して、実行

```
$ pipenv install --python 2.7
Virtualenv already exists!
Removing existing virtualenv…
……（略）……
$ pipenv run python
Python 2.7.13 (default, Apr  4 2017, 08:47:57)
……（略）……
```

Pipfileで依存パッケージ管理

pipenvで生成したPipfileファイルとPipfile.lockファイルは、プロジェクトのソースファイルの一部として、gitなどのソースファイル管理システムに登録します。

プロジェクトをほかの開発マシンで開発する場合や、異なるディレクトリで並列に開発を行う場合は、ソースファイルをコピーし、コピー先のディレクトリでpipenv installコマンドを実行します。すると、新しい開発ディレクトリで使用する仮想環境が作成され、Pipfileに登録されたパッケージをインストールし、元のプロジェクト開発ディレクトリと同じパッケージが利用できるように設定されます。

コピー先ディレクトリの仮想環境は、コピー元ディレクトリの仮想環境とは独立しており、お互いに影響を与えることなく開発を進められます。図5では、proj1ディレクトリをproj1_newディレクトリにコピーし、pipenv installコマンドを実行して、新しい仮想環境を作成しています。新しく作成した仮想環境には、元のproj1ディレクトリで使用していたパッケージが同様にインストールされます。SD

▼図5 開発ディレクトリをコピーし、パッケージの環境を揃える

```
$ cp -r proj1 proj1_new
$ cd proj1_new
$ pipenv install
Creating a virtualenv for this project…
Using /usr/local/bin/python3.6m to create virtualenv
…
……（略）……
```

注3） URL https://github.com/pyenv/pyenv

Pythonの基礎力を高めよう

ライブラリの使い方と作り方

データ分析においては必須の作業――ファイル操作、日付・時間データ操作、辞書の作成、Webスクレイピング――も、Pythonではライブラリを使うことで簡単に行えます。本稿ではそれらライブラリの基本的な使い方を解説し、そのまとめとして、国民の祝日情報を提供するライブラリを実際に作ってみます。

Author くーむ
データ分析エンジニア
Twitter @cocodrips

覚えておきたい便利なライブラリの使い方

本稿では、Pythonの文法を一通り学んだ方々が実践に移る前にぜひ覚えおいてほしい便利なライブラリについて紹介していきます。

優雅にファイル操作をする

プログラムを書く中で、ファイルパスを指定したいときがあります。その際、次のようにファイルパスを直接書いてしまっていることはないでしょうか？

```
file_path = '../data/csv/hoge.csv'
```

このように書くとfile_pathをプログラムが参照しようとしたときに、実行ディレクトリが想定とずれていると、パスが見つからないという問題が起こります。こういった問題を解決するために使うのが、標準ライブラリのpathlibです。

Python 3.5以前では、pathlibよりもos.pathモジュールが多く使われていました。しかし、3.6でpathlibが大幅に使いやすくなったため、これからはos.pathよりもpathlibの利用をお勧めします。現在os.pathを使っている方も、一緒にpathlibを使ったパスの指定方法を見ていきましょう。

▼リスト1　pathlibでのパスの指定方法

```
import pathlib
# スクリプトのディレクトリの絶対パスを取得
root = pathlib.Path(__file__)
abs_root = root.resolve()
parent = abs_root.parent

# / でファイルパスをつなぐ
csv_path = parent / '..' / 'data'
file_path = csv_path / 'hoge.csv'
```

ファイルパスの指定方法

リスト1では、pathlib.Path(__file__)で実行しているスクリプトのファイル名のPathオブジェクトを作成し、resolve関数で絶対パスに変換、parentプロパティでスクリプトファイルのディレクトリを取得しています。このように書くことで、どこで実行してもこのスクリプトのあるディレクトリのパスを取得できます。

またPathオブジェクトは5、6行目のように、/でPathオブジェクトや文字列と連結できます。

このように、パスを指定する際は実行する環境に依存しない実装を心がけましょう。

ファイルの探索

データファイルがたくさんあるディレクトリにあるファイルを、Pythonで探索する方法を見ていきます。ディレクトリは次のような構造と想定します。

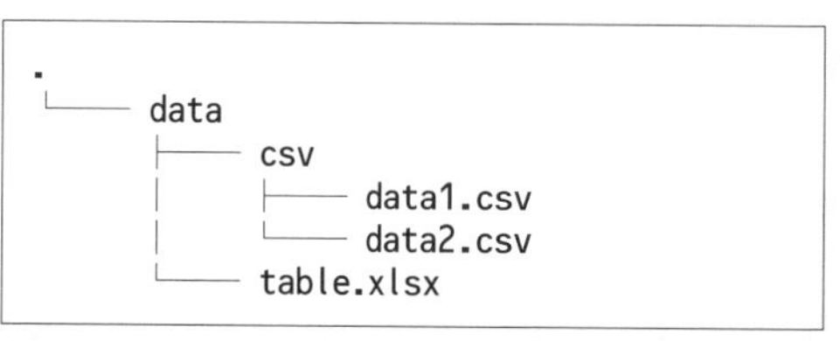

```
.
└── data
    ├── csv
    │   ├── data1.csv
    │   └── data2.csv
    └── table.xlsx
```

次のように、Path.iterdir()でPathのディレクトリにあるファイル一覧を取得できます。

```
>>> import pathlib
>>> data_path = pathlib.Path('data')
>>> for file_path in data_path.iterdir():
...     print(file_path)
...
data/csv
data/table.xlsx
```

ディレクトリを再帰的に検索したい場合や、ファイル名に特定のパターンを持ったファイルのみを取得したい場合にはPath.glob()を使います。たとえば、dataディレクトリ以下の、拡張子がcsvのファイルをすべて取得するコードは次のようになります。

```
>>> data_path = pathlib.Path('data')
>>> for csv_path in data_path.glob ⏎
('**/*.csv'):
...     print(csv_path)
...
data/csv/data1.csv
data/csv/data2.csv
```

パターン**を用いることで、パスのディレクトリおよびすべてのサブディレクトリを再帰的に走査し、*.csvの部分で拡張子がcsvであるファイルのみを指定して取得しています。

よく使うファイルに関する関数

これまで紹介したもの以外にも、pathlibにはさまざまなファイル操作をする機能があります。その中でもとくによく用いる関数を**表1**に示します。

高度なファイル操作

pathlibモジュールでは、空でないディレクトリを削除したり、ファイルをコピーをしたりするなどの高水準なファイル操作はできません。そういった操作をするには、標準ライブラリのshutilsモジュールを使います。よく使う関数を**表2**に示します。

時間を扱う

データを扱ううえでは、さまざまな日付や時間のフォーマットに出会うことがあります。この項ではそういった日時情報をうまく扱うために、標準ライブラリのdatetimeモジュールについて紹介していきます。以降ではdatetimeをimportしていることを前提とします。

```
>>> import datetime
```

現在時刻を取得する

はじめに、日時情報を扱うdatetime.date

▼表1 pathlib(pathlib.Path)のよく使う機能

関数名	引数	説明
resolve(strict=False)	strict:Trueにするとファイルが存在しない場合にFileNotFoundErrorを返す	パスを絶対パスにし、シンボリックリンクを解決
write_text(text, ⏎ encoding=None)	text:ファイルに出力したい文字列 encoding:エンコーディング	引数textの文字列をパスが指すファイルに出力
glob(pattern)	pattern:Unix形式のパス名のパターン	パスが指すディレクトリ内でpatternにマッチしたファイル名のイテレータを返す
exists()		パスが指すファイル、またはディレクトリがあるかどうかを返す
mkdir(mode, ⏎ parents, exist_ok)	parents:親ディレクトリまで作成するか exist_ok:ディレクトリが存在してもエラーにしないか	パスが指すディレクトリを作成
chmod(mode)	mode:例)0o755	パスが指すファイル、またはディレクトリのアクセス権限を変更

▼表2 shutilsのよく使う機能

関数名	引数	説明
copyfile(src, dst, ...)	src：コピー元のファイル dst：コピー先のファイル	srcのファイルをdstにコピー
copytree(src, dst, ...)	src：コピー元のディレクトリ dst：コピー先のディレクトリ	src以下のディレクトリツリーをdstにコピー
rmtree(path, ...)	path：削除するディレクトリツリーのルート	ディレクトリツリー全体を削除

timeオブジェクトを取得しましょう。datetime.datetimeから現在時刻を取得するnow関数を実行します。

```
>>> now = datetime.datetime.now()
>>> now
datetime.datetime(2018, 2, 1, 12, 34, ⏎
56, 789000)
```

作成したdatetime.datetimeオブジェクトからは、次のようにさまざまな日時情報を取り出せます。必要に応じて好きな情報を利用していきましょう。

```
>>> now.year, now.month, now.day
(2018, 2, 1)
>>> now.date()
datetime.date(2018, 2, 1)
>>> now.hour, now.minute, now.second
(12, 34, 56)
>>> now.time()
datetime.time(12, 34, 56, 789000)
```

また、timestamp関数でunixtimeに変換できます。

```
>>> now.timestamp()
1517456096.789
```

文字列をdatetime.datetimeオブジェクトに変換

さまざまなフォーマットからdatetime.datetimeオブジェクトを作るのに使うのが、datetime.datetime.strptime関数です（**図1**）。このstrptimeを覚えておけば、どのようなフォーマットの日付情報にも対応できます。

フォーマットとして使える書式化コード（%Yなど）は、Python公式ドキュメント「8.1. datetime - 基本的な日付型および時間型 - Python 3.6.3 ドキュメント」をご覧ください[注1]。

▼図1 strptimeで変換

```
>>> date_time = '2018-02-01 12:34'
>>> datetime.datetime.strptime(date_time, '%Y-%m-%d %H:%M')
datetime.datetime(2018, 2, 1, 12, 34)
>>> date_time = '02/01/2018 12:34:56'
>>> datetime.datetime.strptime(date_time, '%m/%d/%Y %H:%M:%S')
datetime.datetime(2018, 2, 1, 12, 34, 56)
```

datetime.datetimeオブジェクトから文字列に変換

次は逆に、datetime.datetimeオブジェクトを文字列に変換してみましょう。datetime.datetime.strftimeを使うと、datetime.datetimeオブジェクトから好きなフォーマットの文字列を取得できます。さきほど用意したnowを使います。

```
>>> now.strftime('%Y-%m-%d')
'2018-02-01'
>>> now.strftime('%m/%d/%Y %H:%M')
'02/01/2018 12:34'
```

時間を足し引きする

何日後や何時間前といったように、日時の加算減算を行うにはdatetime.timedeltaオブジェクトを使います。timedeltaオブジェクトは、さまざまな単位の時間の差分を保持できます（**リスト2**）。

nowから3日前と3日後の日付の計算をしてみましょう（**図2**）。

注1） URL https://docs.python.jp/3/library/datetime.html

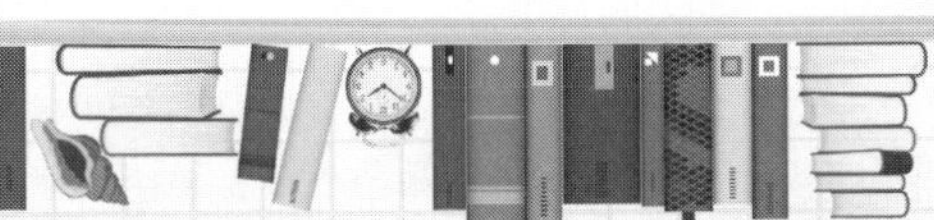

▼リスト2　timedeltaオブジェクトのとれる引数

```
datetime.timedelta(days=0, seconds=0,
         microseconds=0, milliseconds=0,
         minutes=0, hours=0, weeks=0)
```

timezoneを指定したdatetime.datetimeオブジェクトを作る

先ほど作ったnowにはtimezone情報が入っていません。timezone情報を持ったdatetime.datetimeオブジェクトも作成してみましょう(図3)。

datetime.timezone.utcを指定することで、UTC基準のtimezone情報を持ったdatetime.datetimeオブジェクトが作成できます。

プラットフォームのローカルのタイムゾーンの時間に変更するときには、astimezone関数を使います(図4)。また、timezone情報を持ったdatetime.datetimeオブジェクトと、持たないdatetime.datetimeでは比較や演算ができないので注意してください(図5)。

辞書を拡張して便利に使う

Pythonの標準にcollectionsという便利なデータ型が入ったライブラリがあります。本項ではcollectionsの中の便利な機能を紹介します。以降はcollectionsをimportしていることを前提としていきます。

```
>>> import collections
```

データの集計をするCounter

「Beautiful is better than ugly.」という文字列の中に、各文字が何回ずつ出現するのかをカウントし、出現回数の多い文字を調べる機能を実装してみましょう。はじめに、カウント用の辞書counterを作成します。キーがなければ0で値を初期化し、1文字ずつカウントアップをしていきます。図6のように実装できました。

しかしこの実装は、"Pythonista"にとっては冗長です。collectionsのCounterというクラスを使って、もっとスマートに実装しなおしてみましょう。

```
>>> counter = collections.Counter(data)
>>> counter
Counter({'t': 4, ' ': 4, 'e': 3,……(略)……})
```

辞書を使ったときには5行だった実装が、1行になりました。

▼図2　現在時刻(now)から3日前と3日後を計算

```
>>> delta_3days = datetime.timedelta(days=3)
>>> (now + delta_3days).strftime('%Y/%m/%d %H:%M')
'2018/02/04 12:34'
>>> (now - delta_3days).strftime('%Y/%m/%d %H:%M')
'2018/01/29 12:34'
```

▼図3　timezone情報を含めたdatetime.datetimeオブジェクトを作成

```
>>> aware_now = datetime.datetime.now(datetime.timezone.utc)
>>> aware_now
datetime.datetime(2018, 2, 1, 3, 34, 56, 789000, tzinfo=datetime.timezone.utc)
```

▼図4　ローカルのタイムゾーンの時間に変更

```
>>> aware_now.astimezone()
datetime.datetime(2018, 2, 1, 12, 34, 56, 789000, tzinfo=datetime.timezone(datetime. ⏎
timedelta(0, 32400), 'JST'))
```

▼図5　aware_nowとnowは比較・演算ができず、エラーに

```
>>> aware_now - now
Traceback (most recent call last):
  File "<input>", line 1, in <module>
    aware_now - now
TypeError: can't subtract offset-naive and offset-aware datetimes
```

さらに、Counterクラスはカウントが多い順にデータを返すmost_commonという関数を備えています。引数を指定すると、要素数がトップn個のデータを抽出できます。

```
>>> counter.most_common()
[('t', 4), (' ', 4), ('e', 3), ……(略)……]
>>> counter.most_common(3)
[('t', 4), (' ', 4), ('e', 3)]
```

Counterオブジェクトはdictのサブクラスですので、辞書と同じように使えます。割り当てのないキーが指定された場合は0を返します。

```
>>> # キーの値をカウントアップさせる
>>> counter['t'] += 10
>>> counter['t']
14
>>> # 割り当てのないキーにアクセスする
>>> counter['A']
0
```

このように、要素をカウントアップする目的においてCounterクラスは非常に便利ですので、ぜひ覚えておきましょう。

好きなデータ構造で値を初期化できるdefaultdict

次のような人の名前とその人の所属するチーム番号を持ったmemberというデータがあります。

```
member = [
    ('Alice', 1),
    ('Guido', 3),
    ('Monty', 2),
    ('Tim', 3)
]
```

このデータから、チーム番号をキーとしたメンバーリストを作ってみましょう。まずは普通の辞書を使います。**図7**のように実装できましたが、もっとシンプルでPythonらしい実装を見てみましょう。

collectionsモジュールにはdefaultdictという、存在しないキーが参照されると新しいキーと値を自動的に生成するクラスがあります。引数にlistを指定することで、**図7**のコードから、キーがないときに空のリストを挿入する部分を省けます。かなりコードがスッキリしました(**図8**)。この挙動はdict.setdefault関数でも再現できますが(**図9**)、defaultdictを使った実装のほうが高速です。

defaultdictはlist以

▼図6　カウント用辞書counterの実装

```
>>> data = 'Beautiful is better than ugly.'
>>> counter = {}
>>> for c in data:
...     if c not in counter:
...         counter[c] = 0
...     counter[c] += 1
...
>>> sorted(counter.items(), key=lambda x: x[1], reverse=True)
[('t', 4), (' ', 4), ('e', 3),……(略)……]
```

▼図7　メンバーリストteam_membersの実装

```
>>> team_members = {}
>>> for name, team in member:
...     if team not in team_members:
...         team_members[team] = []
...     team_members[team].append(name)
...
>>> team_members
{1: ['Alice'], 3: ['Guido', 'Tim'], 2: ['Monty']}
```

▼図8　図7をdefaultdictでリファクタリング

```
>>> team_members = collections.defaultdict(list)
>>> for name, team in member:
...     team_members[team].append(name)
...
>>> team_members
defaultdict(<class 'list'>, {1: ['Alice'], 3: ['Guido', 'Tim'], 2: ['Monty']})
```

▼図9　図8と同機能をdict.setdefaultで実装

```
>>> team_members = {}
>>> for name, team in member:
...     team_members.setdefault(team, []).append(name)
...
>>> team_members
{1: ['Alice'], 3: ['Guido', 'Tim'], 2: ['Monty']}
```

▼図10　Webページからステータスコード、ヘッダ情報、コンテンツを取得

```
>>> import requests
>>> response = requests.get('https://www.python.jp/')
>>> response.status_code
200
>>> response.headers['content-type']
'text/html'
>>> response.content
b'<!DOCTYPE html>\n<html lang="ja">\n<head>\n  \n  \n    <meta charset="utf-8">……(略)……
```

▼図11　図10で作ったresponseからタイトルをパース

```
>>> from bs4 import BeautifulSoup
>>> soup = BeautifulSoup(response.content, 'html.parser')
>>> soup.title
<title>Top - python.jp</title>
```

外に、intやdictを引数にして作成することでさらに辞書を柔軟に扱えます。ぜひ覚えておきましょう。

Webページから情報を抽出する

Webページから情報を抽出する「Webスクレイピング」は、データ分析に関わる際にはぜひ取得しておきたいスキルです。Webページの内容をダウンロードして、ほしい情報を抜き出すまでの過程を見ていきましょう。

Webページをダウンロードする

はじめに、Webページのデータをダウンロードします。ここで使うのがrequestsというライブラリです。

Pythonにはurllibという URL を扱う標準ライブラリのモジュールがありますが、requestsがより扱いやすく設計されており、人気を集めています。requestsは次のように、pipでインストールできます。

```
$ pip install requests
```

まずはhttps://www.python.jpにアクセスしてみましょう。図10のように、requests.getの1行でWebページからさまざまな情報を取得できます。

HTMLファイルをパースする

HTMLやXMLのパースに便利なのが、BeautifulSoupというライブラリです。BeautifulSoupはpipでインストールできます。

```
$ pip install beautifulsoup4
```

HTMLのデータをBeautifulSoupに渡すことで、パースしたオブジェクトを取得できます（図11）。ここで作ったsoupを使って、どのようにデータを選んで取得していくかを見ていきます。

指定したタグを持つオブジェクトを取得する

soupからタグ名にアクセスすると、一番最初のTagオブジェクトが取得できます（図12）。

Tagオブジェクトからは、さまざまなタグ情報が取得できます。

nameプロパティはTagオブジェクトのタグ

▼図12　図11で作ったsoupから<a>要素を取得

```
>>> soup.a
<a class="menulink" href="index.html">
<img src="static/images/pyjug.png"/>
</a>
>>> type(soup.a)
<class 'bs4.element.Tag'>
```

名を返します。

```
>>> soup.h2.name
'h2'
```

textプロパティは、Tagオブジェクトからテキスト部分を抽出して返します。

```
>>> soup.h2.text
'書籍「Python言語によるプログラミングイントロダクション第2版」'
```

classやstyleなどの属性は、次のように抽出できます。

```
>>> soup.h2.attrs
{'class': ['entry-title', 'articles_title']}
>>> soup.h2['class']
['entry-title', 'articles_title']
```

ページ内のすべてのリンクを取得する

取得したいタグが複数あるときは、タグをすべて取得できるfind_allが便利です（図13）。

また、find_allのキーワード引数に属性を指定することで、その属性を持ったタグだけを取得できます注2（図14）。

ライブラリを自作してみよう

Pythonの便利なライブラリについて学んだところで、次は実際に簡単なライブラリを自分で作成してみましょう。今回は、これまで紹介してきたライブラリを使いながら国民の祝日情報を提供するライブラリを作成し、ほかのスクリプトからそのライブラリを呼び出すところまでを見ていきます。

作業ディレクトリにnational_holidayというディレクトリを作成したら、次へ進みましょう。

祝日判定をするクラスを作る

まずはじめに、Pythonのインタプリタを使って日本の祝日の情報注3を取ってきます。

national_holiday以下にholiday_dataというディレクトリを作成し、Pythonインタプリタで図15を実行します。

jp.ymlには次のような1970〜2050年までの祝日データが入っていることを確認しましょう。

注2）classはpythonの予約語ですので、キーワード引数で渡すときにはclass_となっています（図14の1行目）。

注3）URL https://github.com/holiday-jp/holiday_jp/

▼図13　soupからリンクをすべて取得

```
>>> for link in soup.find_all('a'):
...     print(link['href'])
...
index.html
index.html
news/index.html
……（略）……
```

▼図14　soupのすべてのリンクからbtn属性を持ったリンクを取得

```
>>> for link in soup.find_all('a', class_='btn'):
...     print(link['href'], link['class'])
...
news/2017-08-30.html ['btn', 'btn-info', 'btn-sm']
news/news-20170809.html ['btn', 'btn-info', 'btn-sm']
……（略）……
```

▼図15　祝日データをjp.ymlに書き出す

```
>>> import requests
>>> import pathlib
>>> res = requests.get('https://raw.githubusercontent.com/holiday-jp/holiday_jp/master/holidays.yml')
>>> pathlib.Path('national_holiday/holiday_data/jp.yml').write_text(res.text)
22923
```

```
1970-01-01: 元日
1970-01-15: 成人の日
1970-02-11: 建国記念の日
……(略)……
```

データが取得できたので、さっそく日本の祝日判定クラスを実装していきます(**リスト3**)。いずれ海外の祝日判定も実装することを想定して、モジュール名(=ファイル名)は「jp」にしておきましょう。

ここまでで、作業ディレクトリは次のような構造になっています。

```
.
└── national_holiday
    ├── holiday_data
    │   └── jp.yml
    └── jp.py
```

▼リスト3　national_holiday/jp.py

```
import pathlib
import datetime

class NationalHoliday():
    def __init__(self):
        self._holidays = None

    @property
    def holidays(self):
        '''holiday情報がself._holidaysに入ってなければ
           load_holidaysを読み込んでデータを挿入し、self._holidaysを返す'''
        if self._holidays is None:
            self._holidays = self.load_holidays()
        return self._holidays

    def load_holidays(self):
        ''' 祝日情報を返す'''
        holiday_dict = {}

        current_dir = pathlib.Path(__file__).resolve().parent
        holiday_file = current_dir / 'holiday_data' / 'jp.yml'

        with open(holiday_file, 'r') as f:
            for line in f:
                day, holiday_name = line.split(': ')
                datetime_ = datetime.datetime.strptime(day, '%Y-%m-%d')
                date = datetime_.date()
                holiday_dict[date] = holiday_name

        return holiday_dict

    def is_holiday(self, date):
        ''' 引数の日にちが休日・祝日かどうかを返す'''
        return date in self.holidays
```

▼図16　national_holidayをimportして実行してみるもエラーに

```
>>> import national_holiday
>>> dir(national_holiday)
['__doc__', '__loader__', '__name__', '__package__', '__path__', '__spec__']
>>> national_holiday.jp.NationalHoliday()
Traceback (most recent call last):
  File "<stdin>", line 1, in <module>
AttributeError: module 'national_holiday' has no attribute 'jp'
```

自作ライブラリのimport

Pythonインタプリタを使って、national_holidayをimportしてみましょう（図16）。2行目のdirはPythonの組み込み関数で、渡したオブジェクトがアクセスできるオブジェクトや関数の一覧を返します。national_holidayパッケージをimportしたときに、どうも中のjpモジュールが見えていないようです。

図17のように書くことで、national_holidayのjpフォルダ内のスクリプトを利用することができます。

また次の手順で、national_holidayパッケージをimportすると同時にjpモジュールをimportできるようになります。

まずはnational_holidayディレクトリに__init__.pyというファイルを作成し、次を記述します。

```
from . import jp
```

ディレクトリ構造は次のようになります。

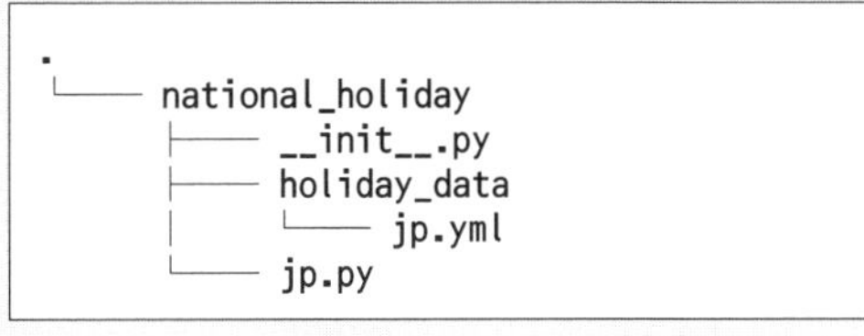

```
.
└── national_holiday
    ├── __init__.py
    ├── holiday_data
    │   └── jp.yml
    └── jp.py
```

__init__.pyに書かれたコードは、配置されたディレクトリがimportされたときに実行されます。これにより、national_holidayパッケージがimportされると、同ディレクトリにあるjpモジュールを読み込むようになりました。

もう一度Pythonインタプリタを開き、dirでnational_holidayの中身を確認してみましょう（図18）。これでnational_holidayパッケージをimportした時点でjpにアクセスできそうです。

さっそく使ってみましょう（図19）。national_holidayパッケージのjpモジュールが使えるようになりました。

別フォルダのスクリプトからパッケージを参照する

これまでに作ったnational_holidayパッケージと同じ階層に、helloというフォルダを作成し、

▼図17　national_holiday.jpとしてimport

```
>>> import national_holiday.jp
>>> dir(national_holiday.jp)
['NationalHoliday', '__builtins__', '__cached__', '__doc__', '__file__', '__loader__', ⏎
'__name__', '__package__', '__spec__', 'datetime', 'pathlib']
>>> national_holiday.jp.NationalHoliday()
<national_holiday.jp.NationalHoliday object at 0x1088c4438>
```

▼図18　national_holidayの中身を確認、jpが見えている

```
>>> import national_holiday
>>> dir(national_holiday)
['__builtins__', '__cached__', '__doc__', '__file__', '__loader__',
 '__name__', '__package__', '__path__', '__spec__', 'jp']
```

▼図19　2018年5月3日は祝日かどうか判定

```
>>> import national_holiday
>>> import datetime
>>> holiday = national_holiday.jp.NationalHoliday()
<national_holiday.jp.NationalHoliday object at 0x106d73278>
>>> d = datetime.datetime.strptime('2018-05-03', '%Y-%m-%d').date()
>>> holiday.is_holiday(d)
True
```

▼リスト4　hello/main.py

```
import national_holiday
import datetime

jp_holidays = national_holiday.jp.NationalHoliday()
d = datetime.datetime.strptime('2018-05-03', '%Y-%m-%d').date()
print(d, jp_holidays.is_holiday(d))
```

▼図20　hello/main.pyを実行

```
$ python hello/main.py
Traceback (most recent call last):
  File "hello/main.py", line 1, in <module>
    import national_holiday
ModuleNotFoundError: No module named 'national_holiday'
```

▼リスト5　setup.py

```
from setuptools import setup

setup(
    name='MyLibrary',
    version=1.0,
    # 使えるようにしたいパッケージを記載する
    packages=['national_holiday'],
    # パッケージが依存しているデータがあれば記載する
    package_data={
        'national_holiday': ['holiday_data/*'],
    },
)
```

main.pyというファイルを作ります(**リスト4**)。

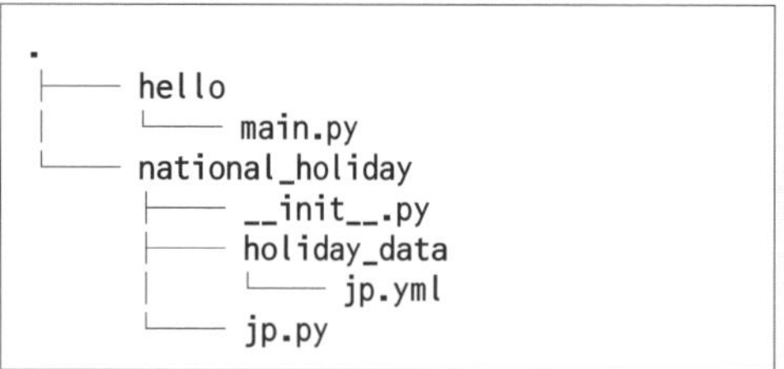

```
.
├── hello
│   └── main.py
└── national_holiday
    ├── __init__.py
    ├── holiday_data
    │   └── jp.yml
    └── jp.py
```

main.pyからnational_holidayのjpモジュールを使ってみましょう。

さっそく実行してみると、national_holidayがシステムから見えていません(**図20**)。実行時のディレクトリを移動すると、作成したモジュールがimportできないことがわかりました。

どの環境でも使えるように、national_holidayを環境にインストールしましょう。環境にインストールすると、Pythonパスが通った場所にスクリプトが配置され、どこで実行しても呼び出し可能になります。

インストールするための設定ファイルsetup.pyをhelloディレクトリと同じ一番上の階層に作成します(**リスト5**)。setup.pyが作成できたら、このパッケージをインストールします。

```
$ python setup.py install
```

これで、作成したパッケージが環境にインストールされ、どこからでもnational_holidayパッケージが使えるようになりました。

```
$ python hello/main.py
2018-05-03 True
```

このような手順で、簡単にPythonライブラリを自分で作成できます。よく使う機能があれば、ぜひライブラリ化してみましょう。**SD**

データ分析の前処理をさくっと終わらせよう

定時に帰るためのpandas入門

Author @driller（どりらん）
Twitter @patraqushe

Pythonでデータ分析を行う際に、まずはpandasとJupyterを使いこなすことからはじめてみましょう。本稿ではpandasを用いて効率的にデータの前処理をする方法を紹介します。

データサイエンスの世界ではデータ分析の工程のうち、データの前処理に要する作業が全体の8〜9割と言われます。前処理は地味な工程ですが、この作業を効率化すれば大きな利益が期待できます。pandasにはデータを処理するさまざまな機能が用意されています。本稿ではpandasのいくつかの機能を紹介しつつ、データの前処理事例を解説します。

サンプルデータについて

Kaggleは企業や研究者がデータを投稿し、世界中の統計家やデータ分析家がその最適モデルを競い合うプラットフォームです。

ここからは、サンプルデータとしてKaggle社が2017年にデータサイエンス業界に対して実施した調査の結果を用います。おもに機械学習やデータサイエンスについての調査で、16,000件以上の回答が得られています。サンプルデータのライセンスはOpen Database License（ODbL）[注1]です。

本稿では次に記すサイトから「multipleChoiceResponses.csv」および「conversionRates.csv」がダウンロードされており、カレントディレクトリにこのファイルが存在する前提で解説を進めていきます。サンプルデータのダウンロードにはKaggleにログインする必要があります。

Kaggle ML and Data Science Survey, 2017
https://www.kaggle.com/kaggle/kaggle-survey-2017/data

「multipleChoiceResponses.csv」ファイルの列タイトルが各調査の設問となっています。設問の詳細については同サイトの「schema.csv」を参照してください。

本稿のゴール

データの抽出・置換・型変換・集計・結合などを行い、分析ができるようなデータ形式に加工します。

たとえば、サンプルデータには米ドルや日本円など、通貨がまちまちな年俸のデータが用意されています。このデータを比較できるよう、米ドルに統一する処理を行います。

実行環境について

本稿の実行結果はJupyter上で実行した出力となっています。次のライブラリがインストールされていることを前提に進めていきます。

注1） URL https://opendatacommons.org/licenses/odbl/1.0/

- pandas[注2]
- Matplotlib
- Jupyter

上記ライブラリはpipでインストールできます。

```
$ pip install jupyter pandas matplotlib
```

なお本稿では、誌面を見やすくする都合上、通常では入れない個所にエスケープ文字(\)を入れて改行をしているコードがあります。コードを試す場合には不要な改行のため、適宜、エスケープ文字と改行を削除した状態で入力してください。

データの読み込み

まずはpandasのread_csv関数を用いてCSVファイルを読み込んでみましょう。

```
In [1]: import pandas as pd

        res_df = pd.read_csv(
            'multipleChoiceResponses.csv',
            encoding='ISO-8859-1',
            low_memory=False)
```

引数に読み込むファイルのパスを指定します。読み込むファイルのエンコードは、デフォルトではUTF-8です。異なるエンコードのファイルを読み込む場合は、キーワード引数encodingにエンコード名[注3]を指定します。

read_csv関数では読み込んだデータの型を自動的に判別します。読み込むファイルのサイズが大きくなると、この機能がメモリを消費することがあります。low_memory=Falseを指定することで混在する型がないことを保証し、型を精査する処理を省略しています。キーワード引数dtypeで型を個別に指定する方法もありますが、今回は列数が多いことから前者の方法を指定しています。

注2) 本稿ではバージョン1.3.4にて動作確認をしています。

注3) URL https://docs.python.org/3/library/codecs.html#standard-encodings

読み込まれたデータは行と列で構成される2次元のデータで、DataFrameと呼ばれます。データの大きさを確認してみましょう。shape属性を参照することでDataFrameの次元ごとの要素数を確認できます。

```
In [2]:  res_df.shape
Out[2]:  (16716, 228)
```

今回のデータでは回答数(行数)が16,716、設問数(列数)が228となっていることが確認できました。

データの抽出

「res_df」は大きなテーブルデータのため、部分的にデータを取り出して内容を確認してみましょう。headメソッドを用いて先頭の5行を出力する方法がよく使われますが、今回は列数も多いことから、行数と列数を指定します。ilocインデクサで、データの位置を指定して取り出します。次のコードでは先頭の3行と先頭の3列をスライスして出力しています。

```
In [3]:  res_df.iloc[:3, :3]
```

Out[3]:

	GenderSelect	Country	Age
0	Non-binary, genderqueer, or gender non-conforming	NaN	NaN
1	Female	United States	30.0
2	Male	Canada	28.0

「Age」列は回答者の年齢を示しています。この列のみを取り出す場合には次のコードのように[]に列名を指定します。2次元のDataFrameから取り出された1次元のデータはSeriesと呼ばれます。

今後のコードでは出力結果を抑制する理由で、headメソッドやilocを用いることがあります。

```
In [4]:  res_df['Age'].head()
Out[4]:  0     NaN
         1    30.0
         2    28.0
         3    56.0
         4    38.0
         Name: Age, dtype: float64
```

複数列を取り出す場合には取り出す列名のリストを渡します。次のコードのように順番の指定ができます。

```
In [5]: res_df[['Age', 'Country']].head()
```

Out[5]:

	Age	Country
0	NaN	NaN
1	30.0	United States
2	28.0	Canada
3	56.0	United States
4	38.0	Taiwan

locインデクサを用いるとラベルを指定したデータの抽出ができます。DataFrameの行のラベルをindex、列のラベルをcolumnsと呼びます。次のコードでは行のラベルが「10」、列のラベルが「Country」であるデータを抽出しています。次のデータでは行のラベルと並び順が同一となっているため、行に対してのilocとlocが同じ結果を返しますが、locにはラベルを指定することに留意してください。

```
In [6]: res_df.loc[10, 'Country']

Out[6]: 'Russia'
```

locでは次のコードのように、ラベルでスライスやリストによる複数の要素を指定できます。リストやタプルのスライスと異なり、locのスライスは指定した開始位置と終了位置が含まれます。

```
In [7]: res_df.loc[10:12,
                   ['Country', 'Age']]
```

Out[7]:

	Country	Age
10	Russia	20.0
11	India	27.0
12	Brazil	26.0

locまたはilocですべてのデータを指定する場合は行または列の要素に「:」を指定します。次のコードでは5行目（0から数えると4行目）のすべての列を抽出しています。

```
In [8]: res_df.iloc[4, :].head()

Out[8]: GenderSelect                         Male
        Country                            Taiwan
        Age                                    38
        EmploymentStatus      Employed full-time
        StudentStatus                         NaN
        Name: 4, dtype: object
```

locやilocでは次のコードのように行や列に真理値を指定し、Trueと指定しているデータのみを抽出できます。

```
In [9]: res_df.iloc[:3, :3].loc[[True, False, ➡
        True], [False, True, True]]
```

Out[9]:

	Country	Age
0	NaN	NaN
1	Canada	28.0

一見すると使いみちがなさそうですが、SeriesやDataFrameに対して比較演算を行うと真理値が返ります。次のコードでは年齢が50を超える値に対してTrueを返しています。

```
In [10]: (res_df['Age'] > 50).head()

Out[10]: 0    False
         1    False
         2    False
         3     True
         4    False
         Name: Age, dtype: bool
```

上記の真理値を利用してデータの抽出ができます。この手法はよく使われるため、覚えておくとよいでしょう。

```
In [11]: res_df.loc[res_df['Age'] > 50]. \
             iloc[:5, :3]
```

Out[11]:

	GenderSelect	Country	Age
3	Male	United States	56.0
13	Male	Netherlands	54.0
15	Male	United States	58.0
16	Male	Italy	58.0
26	Male	Netherlands	51.0

別な方法として、whereメソッドを用いた真理値の抽出があります。locで指定した場合と異なり、Falesのデータは欠損値（NaN）となります。データ数をそろえたい場合などに便利です。whereメソッドの活用例については後述します。

```
In [12]: res_df.where(res_df['Age'] > 50). \
             iloc[:5, :3]
```

Out[12]:

	GenderSelect	Country	Age
0	NaN	NaN	NaN
1	NaN	NaN	NaN
2	NaN	NaN	NaN
3	Male	United States	56.0
4	NaN	NaN	NaN

データ処理の実務例

特定の列を集約し、上位のデータを抽出する

「Country」列は回答者の現居住国を示しています。国名ごとにデータを集約してみましょう。groupbyメソッドは、引数に指定した列を集約し、DataFrameGroupByオブジェクトを返します。

```
In [13]: groupby_country = res_df. \
             groupby('Country')

         groupby_country

Out[13]: <pandas.core.groupby.DataFrameGroupBy
         object at 0x7fd73bf3fb00>
```

DataFrameGroupByクラスにはデータを集約するさまざまなメソッドが用意されています。countメソッドは欠損値であるNaN以外の値の個数を返します。

```
In [14]: groupby_country.count().iloc[:3, :3]
```

Out[14]:

	Gender Select	Age	Employment Status
Country			
Argentina	92	92	92
Australia	421	409	421
Belarus	54	54	54

国名ごとのデータ数を算出してみましょう。countメソッドでは欠損値のデータはカウント対象とならないため、欠損値のデータも対象とする場合には、欠損値を置き換える方法があります。

欠損値の穴埋めにはさまざまな方法がありますが、今回はfillnaメソッドを用いて欠損値を平均値で補完します。次のコードでは例として「Age」列のデータをmeanメソッドを用いて平均値で埋めています。

```
In [15]: # 欠損値の補完前
         res_df['Age'].head()

Out[15]: 0     NaN
         1    30.0
         2    28.0
         3    56.0
         4    38.0
         Name: Age, dtype: float64
```

```
In [16]: res_df['Age']. \
             fillna(res_df['Age'].mean()).head()

Out[16]: 0    32.372841
         1    30.000000
         2    28.000000
         3    56.000000
         4    38.000000
         Name: Age, dtype: float64
```

「Age」列の欠損値が補完されました。再度「Country」列で集約し、補完した「Age」列でカウントしてみましょう。必要な「Country」列と「Age」列を抜き出し、コピーしたDataFrameを集計します。DataFrameには列名を指定して値を代入できます。

データの代入には次の1.または2.の要件を満たす必要があります。

1. **DataFrameのデータ数と代入するデータ数が合致していること**
2. **代入するデータがSeriesである場合、SeriesのindexがDataFrameのindexに存在し、かつ代入するSeriesのindexに重複がないこと**

図1に、DataFrameに代入ができる場合、できない場合の例を示します。

```
In [17]: count_df = \
             res_df[['Country', 'Age']].copy()

         count_df['Age'] = count_df['Age']. \
             fillna(count_df['Age'].mean())

         groupby_country = count_df. \
             groupby('Country')

         groupby_country_count = \
             groupby_country.count()
```

```
In [18]: groupby_country_count.head()
```

Out[18]:

	Age
Country	
Argentina	92
Australia	421
Belarus	54
Belgium	91
Brazil	465

国名ごとのデータ数が集計できました。ここから扱うデータはデータ数が多い上位の国を対象としてみましょう。データを並び替えることで上位のデータを抽出できます。sort_valuesメソッドは引数に指定した列をソート

▼図1　DataFrameに代入ができる場合、できない場合の例

df1
(DataFrame)

	col1	col2
A	1	10
B	2	20
A	1	10
A	1	10

○

data1
(Series)

A	1
B	2

data2
(Series)

A	10
B	20
C	30

data1、data2はdf1に代入できる

リストやタプルなどは代入先のDataFrameのindexと要素数がそろっていれば代入できる

df1['col3']=[1, 2, 3, 4]
df1['col3']=numpy.array([1, 2, 3, 4])

×

data3
(Series)

A	1
B	2
A	3

data3はindexに重複があるため、df1に代入できない

代入先のDataFrameのindexと要素数がそろっていないリストやタプルなどでは代入できない

df1['col3']=[1, 2, 3]
df1['col3']=numpy.array([1, 2, 3])

したデータを返します。デフォルトは昇順ですが、ascending=Falseを指定すると降順にソートします。

ほかの手段として、nlargestメソッドで上位のデータを取り出す方法があります。

```
In [19]: groupby_country_count. \
             sort_values('Age',
                         ascending=False).head()
```

Out[19]:

	Age
Country	
United States	4197
India	2704
Other	1023
Russia	578
United Kingdom	535

国名に「Other」という値がありましたが、これは除外してよさそうです。「Other」を除外した上位12ヵ国のデータを抽出してみましょう。dropメソッドは引数に指定したラベルのデータを除外します。必要なのは国名だけのため、index属性を参照して、indexのみを取り出します。

```
In [20]: drop_other = \
             groupby_country_count.drop('Other')

         top12_countries = \
             drop_other. \
             sort_values('Age', ascending=False) \
             .index[:12]

In [21]: top12_countries

Out[21]: Index(['United States', 'India',
         'Russia', 'United Kingdom'
         'People 's Republic of China', 'Brazil',
         'Germany', 'France', 'Canada',
         'Australia', 'Spain', 'Japan'],
         dtype='object', name='Country')
```

元のデータ「res_df」から上記12ヵ国を抽出してみましょう。さまざまな方法がありますが、「Country」列をindexとし、このラベルを指定する方法を実施します(**図2**)。set_indexメソッドを用いると、引数に指定した列名がindexとなります。また、inplace=Trueを指定すると元のデータを破壊的に変更します。

「Country」列がindexになりました。このindexから12ヵ国のデータを抽出してみましょう。指定した条件を抽出する方法と指定した条

▼図2　res_dfから上記12ヵ国を抽出

```
In [22]: res_df.set_index('Country', inplace=True)

In [23]: res_df.iloc[:3, :3]
```

Out[23]:

	GenderSelect	Age	EmploymentStatus
Country			
NaN	Non-binary, genderqueer, or gender non-conforming	NaN	Employed full-time
United States	Female	30.0	Not employed, but looking for work
Canada	Male	28.0	Not employed, but looking for work

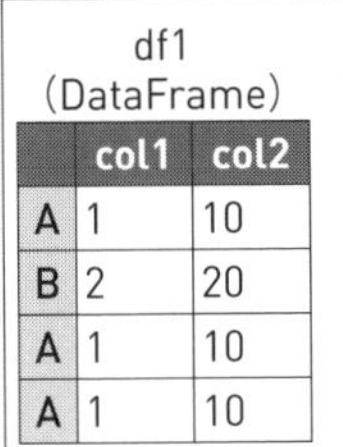
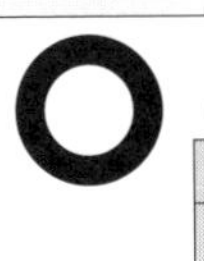
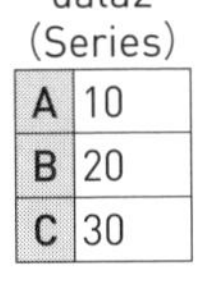

件を除外する方法がありますが、今回は後者の方法を実施します。DataFrameやSeriesのindexオブジェクトは集合演算を扱うメソッドが用意されています。differenceメソッドを用いてindexと「top12_countries」の差集合を算出することで除外するデータを作成します。

```
In [24]: drop_countries = \
           res_df.index. \
           difference(top12_countries)
```

```
In [25]: # 数が多いため先頭の5つのみ出力
         drop_countries[:5]

Out[25]: Index([nan, 'Argentina', 'Belarus',
         'Belgium', 'Chile'],dtype='object',
         name='Country')
```

dropメソッドを用いてデータを除外します。引数には除外対象のindexを指定します。inplace=Trueを指定し、元のデータを書き換えます。

```
In [26]: res_df.drop(drop_countries,
                     inplace=True)
```

これで上位12ヵ国のデータが作成されました。本当にデータが限定されたのでしょうか。DataFrameの要素数を確認してみましょう。

```
In [27]: res_df.shape

Out[27]: (11310, 227)
```

元の行数16,716から11,310に削減されました。次にindexを確認してみましょう。uniqueメソッドで一意のデータを抜き出します。

```
In [28]: res_df.index.unique()

Out[28]: Index(['United States', 'Canada',
         'Brazil', 'India', 'Australia',
         'Russia', 'United Kingdom', 'Germany',
         'People 's Republic of China', 'Japan',
         'France', 'Spain'],
         dtype='object', name='Country')
```

文字列が含まれているデータを数値に変換する

データサイエンティストがどの程度の報酬を受け取っているか、興味深いところです。「CompensationAmount」列は回答者の年俸、「CompensationCurrency」列は報酬を受け取っている通貨を示しています。これらの列を抜き出してデータを確認してみましょう(**図3**)。dropnaメソッドは欠損値(NaN)を除外したデータを返します。

図3の結果から、課題が2つあることがわかります。

1. **カンマなどの文字が入力されているため、数値として扱えない**
2. **通貨が異なるため、比較ができない**

まずは1番目の課題に対処しましょう。「CompensationAmount」列には「,」と「-」の余分な文字列が含まれているため、これを除外します。SeriesにはPythonのstr型と同じような文字列を操作するメソッドが用意されています。replaceメソッドを用いて不要な文字列を除外します。

```
In [30]: compensation_amount =  \
             res_df['CompensationAmount']

         compensation_amount = \
             compensation_amount. \
             str.replace(',', '')

         compensation_amount = \
             compensation_amount. \
             str.replace('-', 'nan')
```

```
In [31]: compensation_amount.head()

Out[31]: Country
         United States       NaN
         Canada              NaN
         United States    250000
         Brazil              NaN
         United States       NaN
         Name: CompensationAmount, dtype: object
```

「,」などの文字列が除外されましたが、データ型がobjectのままです。astypeメソッドで指定した型に変換します。型はdtype属性で確認できます。

```
In [32]: compensation_amount = \
             compensation_amount.astype(float)
```

複数のデータを結合する

これで1番目の課題が解決しました。2番目の問題は通貨を統一することで解決できます。「conversionRates.csv」ファイルは米ドルを1と

▼図3　年俸データの抽出

```
In [29]: res_df[['CompensationAmount',
                 'CompensationCurrency']] \
             .dropna().head()
```

Out[29]:

	Compensation Amount	Compensation Currency
Country		
United States	250,000	USD
Australia	80000	AUD
Russia	1200000	RUB
India	95,000	INR
United States	20000	USD

した為替レートのデータが格納されています。これをread_csv関数を用いてDataFrameにしましょう。index_col='originCountry'を指定し、「originCountry」列をindexとして読み込みます。

```
In [34]: rates_df = \
             pd.read_csv('conversionRates.csv',
                 index_col='originCountry')
```

```
In [35]: rates_df.head()
```

Out[35]:

	Unnamed: 0	exchangeRate
originCountry		
USD	1	1.000000
EUR	2	1.195826
INR	3	0.015620
GBP	4	1.324188
BRL	5	0.321350

「res_df」の「CompensationCurrency」列と「rates_df」のindexをキーとして結合し、先ほど処理した「compensation_amount」と「rates_df」の「exchangeRate」を掛け合わせることで、年俸のデータを米ドルに統一できます。

さまざまな方法がありますが、今回は集計用のDataFrameを作成してみます。まずは「compensation_amount」を値とし、「res_df」の「CompensationCurrency」をindexとしたDataFrameを作成します（**図4**）。

キーワード引数indexで行のラベル、キーワード引数columnsで列のラベルとなるデータを指定できます。indexとcolumnsにはリストやSeriesなどのデータを渡せます。前述のとおりキーワード引数indexには「res_df」の「CompensationCurrency」列を指定します。

データ部分である「compensation_amount」はSeriesのデータでindexがついていますが、今回は「CompensationCurrency」をindexにすることが決まっています。indexが重複してしまうことから、「compensation_amount」の値のみを取り出します。values属性を参照すると値部分（numpy.ndarray型）のみを取り出せます。

作成された「compensation_amount_df」に新規に列を追加し、「rates_df」の「exchangeRate」の値を代入します（**図5**）。双方のデータにindexがつけられていることから、indexに対応したデータが代入されます。

それぞれの年俸データについて為替レートを得ることができました。DataFrameやSeriesは算術演算ができます。「CompensationAmount」列と「exchangeRate」列を掛け合わせることで米ドルに変換した年俸を算出します。

▼図4　年俸データの作成

```
In [36]: compensation_amount_df = \
             pd.DataFrame(compensation_amount.values,
                          index=res_df['CompensationCurrency'],
                          columns=['CompensationAmount'])
```

```
In [37]: compensation_amount_df.head()
```

Out[37]:

	CompensationAmount
NaN	NaN
NaN	NaN
USD	250000.0
NaN	NaN
NaN	NaN

▼図5 年俸データに為替レートを付与

```
In [38]: compensation_amount_df['exchangeRate'] = \
             rates_df['exchangeRate']

In [39]: compensation_amount_df.dropna().head()

Out[39]:
```

CompensationCurrency	CompensationAmount	exchangeRate
USD	250000.0	1.000000
AUD	80000.0	0.802310
RUB	1200000.0	0.017402
INR	95000.0	0.015620
USD	20000.0	1.000000

```
In [40]: compensation_amount_usd = \
             compensation_amount_ ➡
         df['CompensationAmount'] * \
             compensation_amount_ ➡
         df['exchangeRate']
```

```
In [41]: compensation_amount_usd.dropna().head()

Out[41]: CompensationCurrency
         USD     250000.0
         AUD      64184.8
         RUB      20882.4
         INR       1483.9
         USD      20000.0
         dtype: float64
```

データの概要を把握し、外れ値を除外する

年俸のデータはどのような特徴をもっているでしょうか。describeメソッドで基本統計量が確認できます(出力項目の意味については表1を参照)。

```
In [42]: compensation_amount_usd.describe()

Out[42]: count    2.970000e+03
         mean     9.681715e+06
         std      5.192516e+08
         min      0.000000e+00
         25%      2.892150e+04
         50%      6.500000e+04
         75%      1.100000e+05
         max      2.829740e+10
         dtype: float64
```

▼表1 基本統計量の項目の意味

項目	説明
count	欠損していないデータの個数
mean	平均値
std	標準偏差
min	最小値
25%、50%、75%	パーセンタイル値(50%が中央値)
max	最大値

75%値から最大値までかなりの開きがあることがわかります。平均値と中央値(50%値)にも開きがあり、分布に偏りがありそうです。さらにデータを可視化してみましょう。箱ひげ図を用いるとデータのばらつきが確認できます。DataFrameからplot.boxメソッドを実行することで、Matplotlibを用いた箱ひげ図が描画できます。

```
In [43]: %matplotlib inline

         compensation_amount_usd.plot.box()

Out[43]: <matplotlib.axes._subplots.AxesSubplot
         at 0x7fd50518b7f0>
```

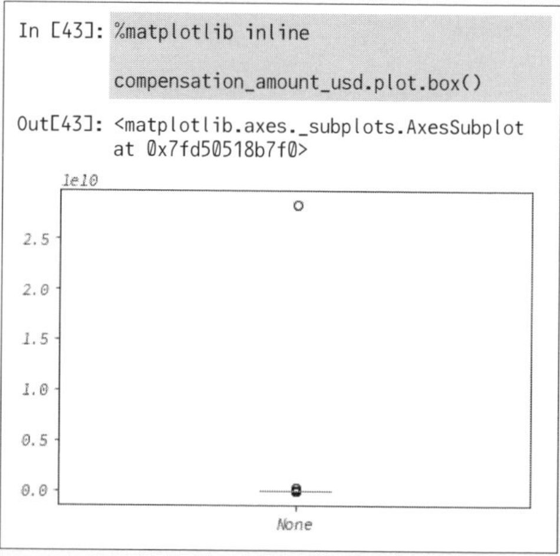

非常に突出している値があることがわかりました。280億ドルと法外な報酬を得ている人がいるため、データの概要を把握できません。四分位数を用いて外れ値を除外してみましょう。四分位数と箱ひげ図の詳細については3-4で解説します。ここでは「res_df」と要素数をそろえるため、whereメソッドで抽出しています。

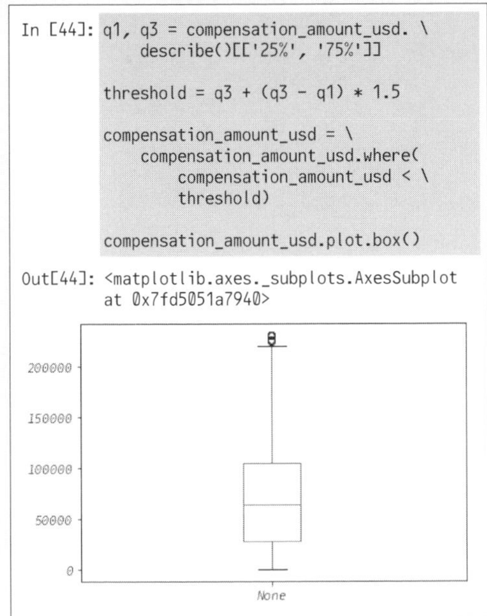

```
In [44]: q1, q3 = compensation_amount_usd. \
             describe()[['25%', '75%']]

         threshold = q3 + (q3 - q1) * 1.5

         compensation_amount_usd = \
             compensation_amount_usd.where(
                 compensation_amount_usd < \
                 threshold)

         compensation_amount_usd.plot.box()

Out[44]: <matplotlib.axes._subplots.AxesSubplot
         at 0x7fd5051a7940>
```


データのばらつきが確認しやすくなりました。このデータを米ドル換算の年俸として、「res_df」に追加してみましょう（**図6**）。DataFrameの最後列に「CompensationAmountUSD」列が追加されます。

 データを加工して分析する

このデータではいくつかにカテゴライズできる調査項目があります。職場における各ツールの使用頻度の調査項目を抜き出してみましょう。列名が「WorkToolsFrequency」で始まるデータが対象となります。

startswithメソッドを用いて列名が「WorkToolsFrequency」で始まる列のデータのみを抽出します（**図7**）。元のデータである「res_df」を改変しないよう、copyメソッドを用いて新規に「wt_freq_df」というDataFrameを作成しています。

このDataFrameの列名にはすべて先頭に「WorkToolsFrequency」がついています。可読性をよくするために、この文字列は除外しても問題なさそうです。

Seriese、index属性、columns属性にはmapメソッドがあり、これを用いることで任意の関数をすべてのデータに適用できます。

DataFrameのcolumns属性には列名が格納されていますが、要素数が同じであれば、この属性に代入することで列名を変更できます。

▼図6　米ドル換算の年俸データをres_dfに追加

```
In [45]: res_df['CompensationAmountUSD'] = compensation_amount_usd.values

In [46]: res_df.iloc[6:8, -3:]

Out[46]:
```

	JobFactorDiversity	JobFactorPublishingOpportunity	CompensationAmountUSD
Country			
Australia	NaN	NaN	64184.8
Russia	NaN	NaN	20882.4

▼図7　各ツールの使用頻度を抽出

```
In [47]: wt_freq_df = res_df.loc[:, res_df.columns.str.startswith(
             'WorkToolsFrequency')].copy()

In [48]: wt_freq_df.iloc[:3, :3]

Out[48]:
```

	WorkToolsFrequencyAmazonML	WorkToolsFrequencyAWS	WorkToolsFrequencyAngoss
Country			
United States	NaN	NaN	NaN
Canada	NaN	NaN	NaN
United States	Rarely	Often	NaN

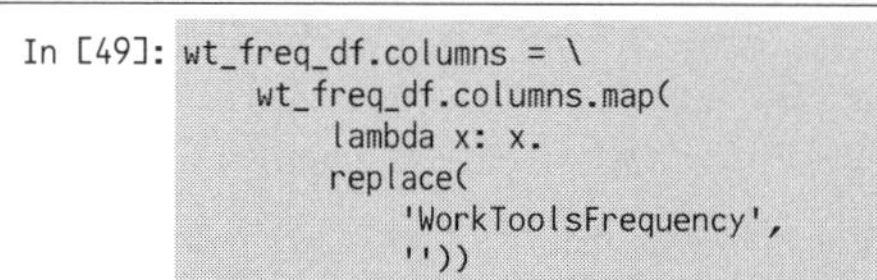

```
In [49]: wt_freq_df.columns = \
             wt_freq_df.columns.map(
                 lambda x: x.
                 replace(
                     'WorkToolsFrequency',
                     ''))
```

```
In [50]: wt_freq_df.iloc[:3, :3]
```

Out[50]:

	AmazonML	AWS	Angoss
Country			
United States	NaN	NaN	NaN
Canada	NaN	NaN	NaN
United States	Rarely	Often	NaN

具体的にどのような回答があるのか確認します。

```
In [51]: wt_freq_df.iloc[:, 0].dropna().head()

Out[51]: Country
         United States         Rarely
         Japan                 Rarely
         United States      Sometimes
         United States      Sometimes
         United Kingdom         Often
         Name: AmazonML, dtype: object
```

先頭の列（AmazonML列）を確認してみましたが、重複するデータが多く、目視で回答内容を確認するのはたいへんそうです。uniqueメソッドを用いて重複のないデータを抜き出します。

```
In [52]: freqs = wt_freq_df.iloc[:, 0].unique()
         freqs

Out[52]: array([nan, 'Rarely', 'Sometimes',
         'Often', 'Most of the time'],
         dtype=object)
```

無回答（NaN）のほか、4つの回答があることがわかりました。回答ごとに集計をしてみましょう（**図8**）。新規にDataFrameを作成し、回答ごとの個数をカウントします。「True==1」であることから合計を算出することでデータ数がカウントできます。

どのツールがよく使われているのでしょうか。sumメソッドを用いて各回答数を合計してみましょう。axis=1を指定することで各行の合計値が算出されます。得られた合計値を「total」を列として追加します。

```
In [56]: wt_freq_count_df['total'] = \
             wt_freq_count_df.sum(axis=1)
```

「total」を、列を降順にソートし、元のデータを書き換えます。

▼図8　回答ごとの集計

```
In [53]: wt_freq_count_df = \
             pd.DataFrame([],
                     index=wt_freq_df.columns)

In [54]: for freq in freqs[1:]:
             wt_freq_count_df[freq] = \
                 (wt_freq_df == freq).sum()

In [55]: wt_freq_count_df.head()
```

Out[55]:

	Rarely	Sometimes	Often	Most of the time
AmazonML	112	96	52	17
AWS	247	368	382	394
Angoss	6	5	2	2
C	248	331	215	203
Cloudera	59	90	83	76

```
In [57]: wt_freq_count_df. \
             sort_values('total',
                         ascending=False,
                         inplace=True)
```

ツールの使用頻度を可視化して確認してみましょう。DataFrameからplot.barメソッドを実行することで、Matplotlibを用いた棒グラフが描画できます（**図9**）。stacked=Trueは棒グラフを積み上げ、figsize=(10, 4)はグラフのサイズを指定しています。

プログラミング言語では「Python」や「R」がよく使われていることがわかりました。「SQL」や「Jupyter」などのツールもデータ分析には必須のツールと言えそうです。気になる年俸のデータを確認してみましょう。「wt_freq_df」を、年俸を集計するDataFrameとしてコピーします。

```
In [59]: tools_salary_df = wt_freq_df.copy()
```

「Most of the time」と「Often」の回答のみを抜き出します。複数の条件を組み合わせる場合は&演算子（And条件）、|演算子（Or条件）を用います。

```
In [60]: tools_salary_df = \
             (tools_salary_df == \
             'Most of the time') | \
             (tools_salary_df == 'Often')
```

tools_salary_dfの各列に対して、Trueとなっているデータに先ほど処理したドル換算の年俸

▼図9　ツールの使用頻度をグラフで可視化

```
In [58]: wt_freq_count_df.iloc[:, :-1].plot.bar(stacked=True, figsize=(10, 4))
Out[58]: <matplotlib.axes._subplots.AxesSubplot at 0x7fd536f0d6a0>
```

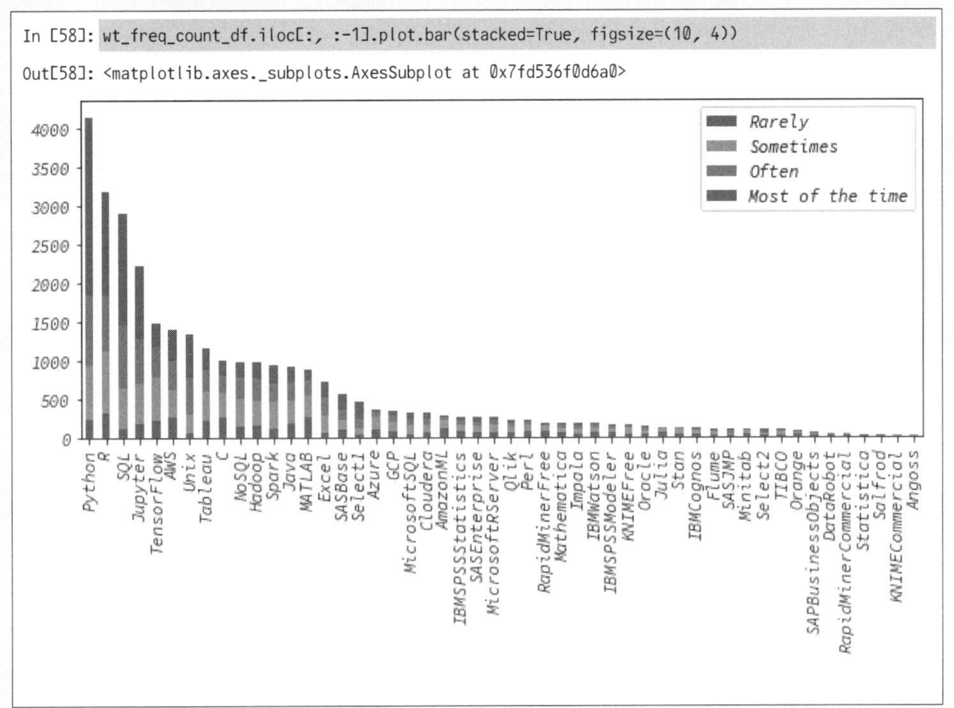

(「res_df」の「CompensationAmountUSD」列)を代入します。

```
In [61]: for tool in tools_salary_df.columns:
             tools_salary_df[tool] = \
             res_df['CompensationAmountUSD']. \
             where(tools_salary_df[tool])
```

よく使われているツールごとのユーザの年俸を得ることができました。このデータを収入の大きい順にソートしてみましょう。箱ひげ図の内容からデータの分布が非対称であることがわかりました。並び替える基準として平均値を用いず、中央値を用います。

```
In [62]: sort_by_median = \
             tools_salary_df.median(). \
             sort_values(ascending=False).index
```

```
In [63]: sort_by_median[:5]
Out[63]: Index(['DataRobot', 'SASJMP',
         'MicrosoftRServer', 'AWS',
         'IBMSPSSModeler'], dtype='object')
```

元の「tools_salary_df」を上記の順番にします。

```
In [64]: tools_salary_df = \
             tools_salary_df. \
             loc[:, sort_by_median]
```

データのばらつき度合いを箱ひげ図にして可視化してみましょう(**図10**)。

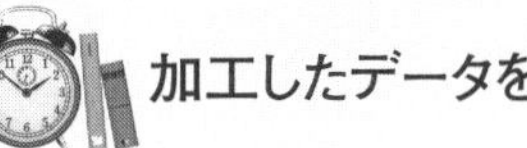

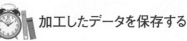

加工したデータを保存する

ここまで加工したデータはプログラム(Notebook)を終了すると消えてしまいます。いったん作業を中止し、後ほど加工したデータを使いたい場合にはファイルに保存します。

扱ったデータは3-4でも使います。データを直列化して保存しましょう。DataFrameはCSVやJSONなどの形式に保存できますが、今回はpickle形式に保存します。`to_pickle`メソッドの引数にファイルのパスを指定することで、DataFrameのデータをバイト列に変換し、指定したパスに保存します。

▼図10　ツールと年俸の関係を箱ひげ図で可視化

```
In [65]: tools_salary_df.plot.box(figsize=(10, 4), rot=90)
Out[65]: <matplotlib.axes._subplots.AxesSubplot at 0x7fd502fd6b00>
```

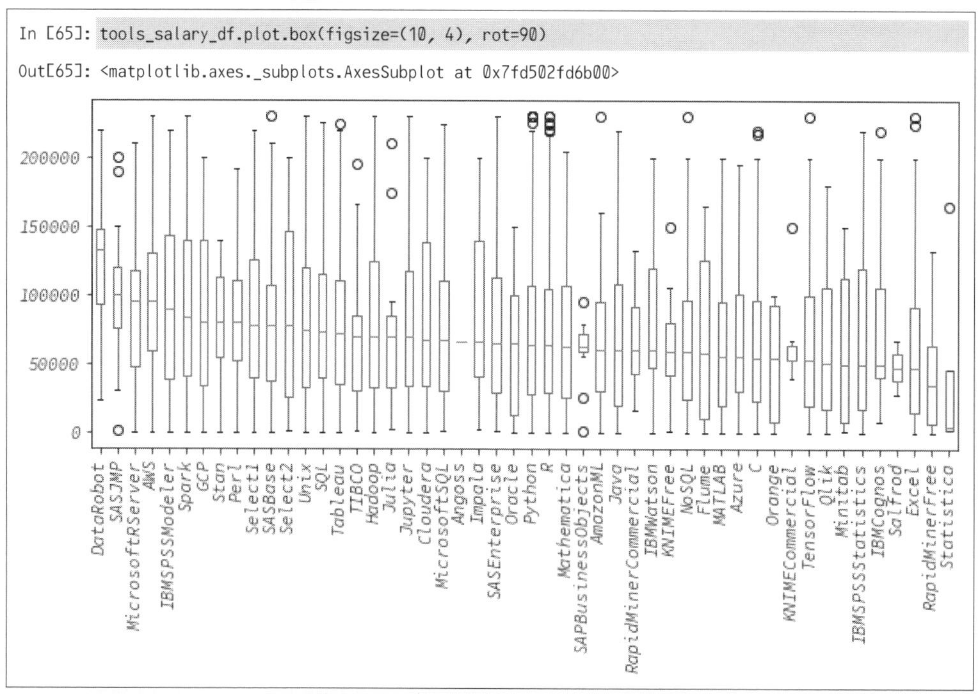

```
In [66]: res_df.to_pickle('res_df.pickle')

         wt_freq_count_df.to_pickle(
             'wt_freq_count_df.pickle')

         tools_salary_df.to_pickle(
             'tools_salary_df.pickle')
```

pickle形式のバイト列に変換すると、次の利点があります。

- バイナリデータのため、読み込み・書き込みが高速
- 読み込み時にデータ型やindexの再指定が不要

今回扱ったデータは比較的整然としたデータですが、それでもデータ分析へ入るまでの工程が多いと感じたのではないでしょうか。冒頭に述べたとおり、データの前処理は作業量が多く泥臭い作業であると言えます。手短に済ませたい工程であるからこそ、pandasやJupyterなどのツールを活用して効率よく処理したいところです。もっと知りたいという方は、公式ドキュメント注4や『改訂版　Pythonユーザのための Jupyter［実践］入門注5』などを参考にしてみてください。SD

注4）URL http://pandas.pydata.org/pandas-docs/stable/

注5）URL https://gihyo.jp/book/2020/978-4-297-11568-5

COLUMN pandasを可視化ツールとして活用する

pandasを用いることで容易にデータの可視化ができます。データが1つのDataFrameやSeriesにまとまっている場合には、まずは本稿で紹介したような方法でデータの概要をつかんでみることをお勧めします。

グラフに関して、図のサイズや線の色など、pandasから設定できるパラメータはいくつかありますが、より詳細な設定をする場合にはMatplotlibの使い方を理解する必要があります。3-4ではMatplotlibを用いたデータの可視化や分析の事例を紹介します。より詳細なグラフの設定例などは3-4を参照してください。

Jupyer

Jupyterとは

Jupyterはプログラムのコードと実行結果を記録しながら、データ分析などの作業をブラウザ上で行うツールです（図A）。従来のインタープリタでは実現できなかった機能が実装されています。

- Markdown方式によるメモや注釈の記述
- MathJaxによる数式のレンダリング
- コードの実行結果の保存
- HTMLの埋め込み表示
- 画像や動画の埋め込み表示
- UIによる対話的操作の実装

3-3、3-4で紹介したpandasやMatplotlibなどのライブラリと相性がよく、データ分析には欠かせないツールです。データ分析業務のほか、機械学習や論文の作成など、さまざまな用途に使われています。

Jupyterのはじまり

JupyterはもともとはIPython Notebookという名前のツールでした。名前のとおり、Python環境に特化したツールでしたが、利便性・汎用性の高さなどからさまざまな言語のカーネルがサポートされ、「Julia」「Python」「R」の言語名を文字って「Jupyter」と名付けられたプロジェクトが誕生しました。執筆時現在では「Ruby」や「Haskell」「Scala」など、40以上のプログラミング言語のカーネルが動作します。

Notebookの共有

ファイルの配布

Jupyterのファイル形式はipynb形式と呼ばれ、中身はJSONファイルです。このファイルを送付することで、受け取り側は実行環境さえあればNotebookの内容の再現や改変ができます。

リポジトリサービスを活用

GitHubやGitLabなどのリポジトリを管理するサービスにipynbファイルを登録することで、容易に実行結果の共有ができます。リポジトリ管理ツールがipynbファイルを自動的にHTML形式にレンダリングします。閲覧者はブラウザがあればNotebookの内容が実行結果つきで閲覧できます。

Notebookの一部にはJavaScriptで記述されたデータが含まれる場合がありますが、前述したリポジトリを管理するサービスではこの種のデータがレンダリングされません。nbviewer[注1]を用いることでJupyterを起動した状態と同等の出力をブラウザ上から閲覧できます。

Binder[注2]を用いると、GitHubのリポジトリにあるNotebookの実行環境を再現できます。Binderからアクセスすることで、ユーザはブラウザだけでNotebookのコードを実行できます。

クラウド環境

GPUを利用する機械学習のライブラリなどを扱う場合はクラウド環境の分析基盤を利用することで、手軽にデータ分析が行えます。次はJupyter互換のクラウドサービスの一例です。

- Deepnote
- Colaboratory
- Azure Machine Learning
- SageMaker Studio Lab

注1） URL https://nbviewer.jupyter.org
注2） URL https://mybinder.org

▼図A　Jupyterのサンプル

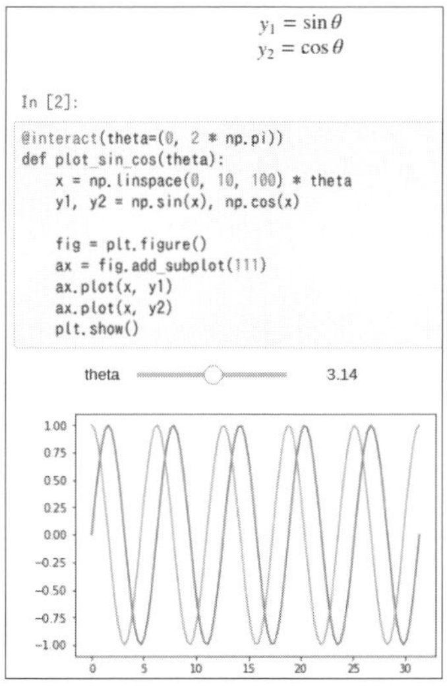

3-4 イメージどおりにデータを可視化しよう

データに隠された意味を見つけるMatplotlib入門

Author 片柳 薫子（かたやなぎ のぶこ）
Twitter @nobolis_

数値データから何らかの関係を見出すには、グラフとして表すのが定石です。本稿ではグラフ描画のための定番ライブラリMatplotlibを使い、描画手法の基本を解説します。3-3で整理したデータを使い、分析によく使うグラフの描き方を実践してみましょう。

Matplotlibとは

Matplotlibは現在もっとも広く使われているPythonの可視化ライブラリです。人気の理由として、動作するオペレーティングシステムを選ばないこと、詳細な描画設定ができること、多様な出力形式に対応していることなどが挙げられます。また、有償の数値解析ソフトウェアMATLAB[注1]（マトラボ）のユーザが移行しやすいようにMATLAB的な記述をサポートしていることも、普及を後押ししてきました。

近年は、seaborn[注2]やHoloViews[注3]など、より手軽に美しく可視化できるライブラリの人気が高まっています。また、3-3で紹介したpandasも簡易な描画機能を備えており、解析結果を手軽に可視化できます。しかし、seabornやpandasはMatplotlibをベースに動作しており、また、HoloViewsもバックエンドとしてMatplotlibを選択できることから、いまなお、Matplotlibを理解することは多くの可視化ライブラリを理解するうえで重要であるといえます。

Matplotlibを使って思いどおりのグラフを描くのは少々手間がかかります。しかし、描画のルールを理解すれば、思いどおりのグラフを手早く描けるようになります。本稿では基本的な描画方法を紹介したうえで、3-3のデータを用いて実践的に描画する方法を紹介します[注4]。

なお本稿では、誌面を見やすくする都合上、通常では入れない個所にエスケープ文字（\）を入れて改行をしているコードがあります。コードを試す場合には不要な改行のため、適宜、エスケープ文字と改行を削除した状態で入力してください。

Matplotlibによる描画の基本

グラフ描画の準備

Matplotlibでグラフを描画するためにはmatplotlib.pyplotモジュールのインポートが必要です。ここではエイリアス名を「plt」に指定してインポートしています。この方法は広く使われており、Matplotlib公式ページ[注5]でも採用されています。

Jupyter Notebookを使用する場合は、1行目にマジックコマンド`%matplotlib inline`を書いておくと、描画の際にshow関数（`plt.show()`）を書かなくてもコードセルの下に図

注1） URL https://jp.mathworks.com/products/matlab.html
注2） URL https://seaborn.pydata.org/
注3） URL http://holoviews.org/

注4） Matplotlibはバージョン3.5.0で動作確認をしています。
注5） URL https://matplotlib.org/

が描画されますが、本稿では明示的にshow関数を書きます。

```
In [1]:  %matplotlib inline
         import matplotlib.pyplot as plt
```

 フィギュアとサブプロット

Matplotlibではまず図の描画領域となるフィギュア(Figure)を作成し、そこにグラフを描画する領域(ここでは「サブプロット(Subplot)」と呼びます)や図形、文字列を描画していきます(**図1**)。グラフを描画するためには最低でも1つのサブプロットを作成する必要があります。

 サブプロットの配置

フィギュアにサブプロットを追加する方法は複数ありますが、ここでは基本的な手法であるadd_subplotメソッドを使った方法を紹介します。次のコードを実行すると、サブプロットが3つ描画されます。サブプロットの数と描画位置は2〜4行目の「2, 2, 1」「2, 2, 2」「2, 2, 3」で指定しています。値は左が「総行数」、中央が「総列数」、右が「サブプロット番号」となります。この例では総行数2行、総列数2列の1、2、3番目のサブプロットを描画していることになります。サブプロットは左上角が1番目で、そこから行方向(右方向)に番号が振られ、行末まで来たら次の列の左端から番号が振られます。

```
In [2]:  fig = plt.figure()

         ax1 = fig.add_subplot(2, 2, 1)
         ax2 = fig.add_subplot(2, 2, 2)
         ax3 = fig.add_subplot(2, 2, 3)

         plt.show()
```

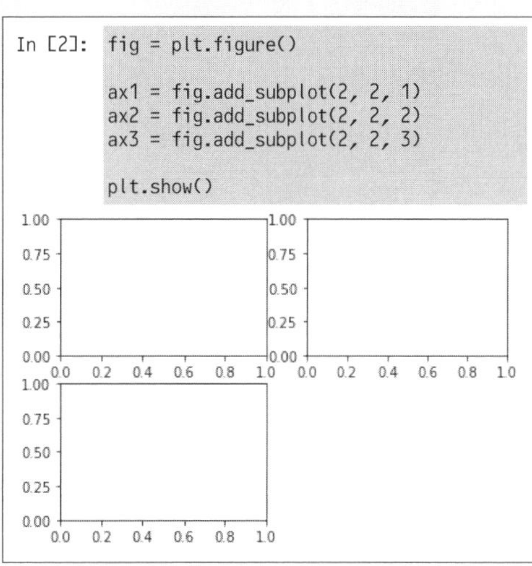

行数、列数、サブプロット番号が1桁の場合は「221」のような区切り文字がない記法で記述できますが、いずれかが2桁以上になる場合や、数列などを用いて複数のフィギュアを生成する場合は、値を個別の引数として指定します。例として**図2**のコードを挙げます。**図2**のコードでは数列を用いて2行3列で合計6個のサブプロットを描画しています。デフォルトの設定では、サブプロットと隣接するサブプロットの軸ラベルが重なってしまうため、fig.subplots_adjust(wspace=0.3, hspace=0.3)でサブプロット間のスペースを調整しています。ここでは行方向と列方向に隣り合うサブプロット間の余白を設定する項目、wspaceとhspaceを設定していますが、ほかにも左右上下の余白が設定できます(**表1**)。

subplots_adjust関数はサブプロットの大きさを変えることによって余白を調整します。つまり、subplots_adjust関数を使って余白を大きくとると、サブプロットのサイズは小さくなります。サブプロットの大きさを維持して余白を広くとるためには、フィギュア自体の大きさをfigure関数の引数figsizeを用いて調整します。

▼図1 フィギュアとサブプロットのイメージ図

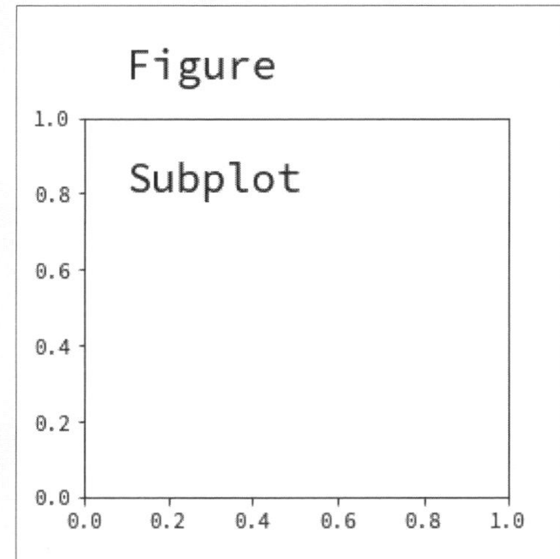

▼図2 2行3列のサブプロットを描画

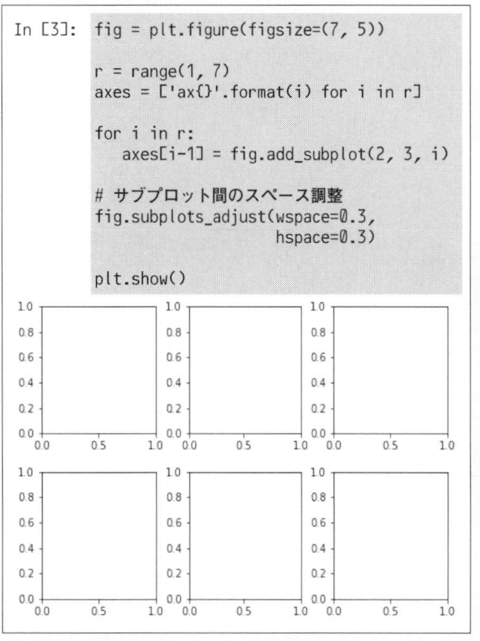

```
In [3]: fig = plt.figure(figsize=(7, 5))

        r = range(1, 7)
        axes = ['ax{}'.format(i) for i in r]

        for i in r:
            axes[i-1] = fig.add_subplot(2, 3, i)

        # サブプロット間のスペース調整
        fig.subplots_adjust(wspace=0.3,
                            hspace=0.3)

        plt.show()
```

なお、デフォルトのfigureサイズは幅6.4インチ(=約16.3センチ)、高さ4.8インチ(=約12.2センチ)であり、その値はmatplotlibrcファイルのfigure.figsizeに格納されています。

グラフの体裁を整える

実際のデータを使ってグラフを描画する場合、凡例を表示したり、軸タイトルを描画したりすることにより、グラフの解釈が容易になります。また、複数グラフを比較するために軸範囲や目盛りをそろえることも重要です。軸、目盛り、目盛りラベル、軸タイトル、凡例などの設定はいずれも短いコードで簡潔に記述できます。ここでは簡単な折れ線グラフを描画したうえで、グラフの体裁を整える方法を示します。

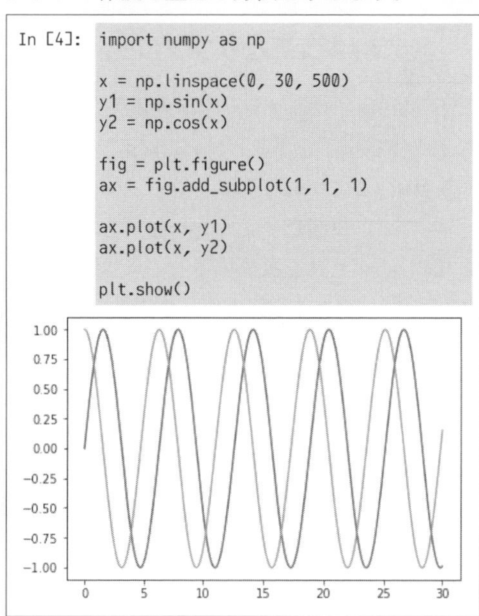

```
In [4]: import numpy as np

        x = np.linspace(0, 30, 500)
        y1 = np.sin(x)
        y2 = np.cos(x)

        fig = plt.figure()
        ax = fig.add_subplot(1, 1, 1)

        ax.plot(x, y1)
        ax.plot(x, y2)

        plt.show()
```

ここではNumpyを利用して、0から30を等分して生成した500個の値をX値(x)、X値とsin関数、cos関数を使って生成した値をY値(y1およびy2)として、Axes.plotメソッドで折れ線グラフを描画しています。

軸の範囲、描画する主目盛りの位置、主目盛りラベル、軸ラベルは**表2**に示すメソッドで設

▼表1 subplots_adjust関数の引数

引数	余白を設定する位置	設定値
wspace	サブプロット間の幅(左右)	サブプロットのX軸幅の平均値を1とした場合の割合
hspace	サブプロット間の幅(上下)	サブプロットのY軸高さの平均値を1とした場合の割合
left、right	サブプロット左側(left)・右側(right)	フィギュアの幅を1とした場合の割合
top、bottom	サブプロット上側(top)・下側(bottom)	フィギュアの高さを1とした場合の割合

▼表2 軸と目盛り、目盛ラベル設定のメソッド

項目	X軸	Y軸	設定可能な値
軸の範囲	set_xlim	set_ylim	軸の左端と右端(X軸)もしくは下端と上端(Y軸)の値(数値もしくは真理値)
主目盛りの位置	set_xticks	set_yticks	任意の要素数のリスト(数値もしくは真理値)
主目盛りラベル	set_xticklabels	set_yticklabels	主目盛りと同じ要素数のリスト(数値、真理値、文字列)
軸ラベル	set_xlabel	set_ylabel	文字列

定できます。また、凡例はAxes.legendメソッドで、サブプロットのタイトルはAxes.set_titleメソッドで、フィギュアのタイトルはFigure.suptitleメソッドで設定できます。

```
In [5]: fig = plt.figure()
        ax = fig.add_subplot(1, 1, 1)
        ax.plot(x, y1, label='sin')
        ax.plot(x, y2, label='cos')

        # 軸範囲の設定
        ax.set_xlim(10, 25)
        ax.set_ylim(-2, 2)

        # 主目盛りの設定
        ax.set_xticks(np.linspace(10, 25, 4))
        ax.set_yticks([-1, 0, 1])

        # 主目盛りラベルの設定
        font_d = {'fontsize': 14}
        ax.set_xticklabels(['Ten', 15, '', 25],
                           rotation=90,
                           fontdict=font_d)
        ax.set_yticklabels([-1, 'zero', 1])

        # 軸ラベルの設定
        ax.set_xlabel('X axis')
        ax.set_ylabel('Y axis')

        # 凡例の描画
        ax.legend()

        # サブプロットタイトルの描画
        ax.set_title('Subplot title')

        # 図のタイトルの描画
        fig.suptitle('Figure title')

        # ファイル出力
        fname = 'plotted_figure.png'
        plt.savefig(fname, format='png')

        plt.show()
```

軸ラベルや軸タイトル、フィギュアタイトル、サブプロットタイトルといった文字列を設定する項目は、テキストクラスがもつ引数を設定できます。前述のコードでは一例として引数rotationに角度を度数で、引数fontdictにフォントサイズを辞書型で設定しています。

描画した図の出力にはsavefig関数を使用します。show関数の前にsavefig関数を追加することにより、図を保存できます。savefig関数には引数としてファイル名を与えます。保存形式としてはPNG、PDF、PS、EPS、SVGを指定できますが、ファイル名に保存したい形式に応じた拡張子を付けておくと、引数formatに形式を指定しなくても保存形式が自動判別されます。

Matplotlibを用いたデータの可視化

ここからは3-3で作成したデータセット、wt_freq_count_df、tools_salary_dfを用いて、グラフを描画していきます。まずはじめに3-3で作成したpickleファイルをそれぞれdf1、df2に読み込みます。

```
In [6]: import pandas as pd
```

```
In [7]: df1 = pd.read_pickle\
              ('wt_freq_count_df.pickle')
        df2 = pd.read_pickle\
              ('tools_salary_df.pickle')
```

全体量とその内訳、割合を把握する

Work Tools Frequency（ツールの使用頻度）に関する質問の回答について、3-3では言語別に合計値を可視化しましたが、同様のグラフをMatplotlibで描こうとすると少々手間がかかります。例として3-3と同様、wt_freq_count_dfのデータ（ここではdf1に格納）を使って積み上げ棒グラフを描いてみます。

Matplotlibを用いて積み上げ棒グラフを描画するためには、引数bottomを設定し、2番目に描画するグループを1番目のグループの上に積み上げる方法があります。しかし、bottomオプションを用いた方法では2グループの積み重ねしかできません。そのため、DataFrameのデータを用いて複数グループのデータを積み重ねた棒グラフを描画する際は、DataFrameの

ilocとsum関数を利用して複数列(グループ)の積算値を算出し、積算するグループを1つずつ減らしながら、棒グラフを重ねて描画していきます(**図3**)。

この方法では列を左から順に指定しながら、最終列(この場合はTotal列を除いた最後から2列目)までの合計を算出して描画しています。

グループ棒グラフを描く場合も工夫が必要です。グループ棒グラフを描く場合は、棒の幅分X値をずらしながら描画します(**図4**)。

以上の2つのグラフでは上位4つのツールにおいて、「Most of the time」と回答した割合がほかの回答に対して多い傾向がうかがえます。

その傾向を確認するために、今度は各ツールにおける使用頻度の割合を円グラフで描画してみます。「Sometimes」「Most of the time」というカラム名が長いので、それぞれ「ST」「MoT」という略称に変更します。

```
In [10]: df1.columns = ['Rarely', 'ST', 'Often',
                        'MoT', 'total']
```

上位8ツールの各回答の割合を円グラフで可視化します(**図5**)。

Matplotlibの円グラフはデフォルトでは0度から時計回りに要素が描画されます。しかし、円グラフは90度から時計回りに描画するのが一般的であるため、ここでは引数startangleに90を設定しています。円グラフは**表3**に示す引数を用いて書式設定ができます。

上位4つのツールは「Most of the time」と回答している割合が「Often」と回答している割合の2倍前後なのに対し、5番目以降は両者の割

▼図3 積み上げ棒グラフの描画

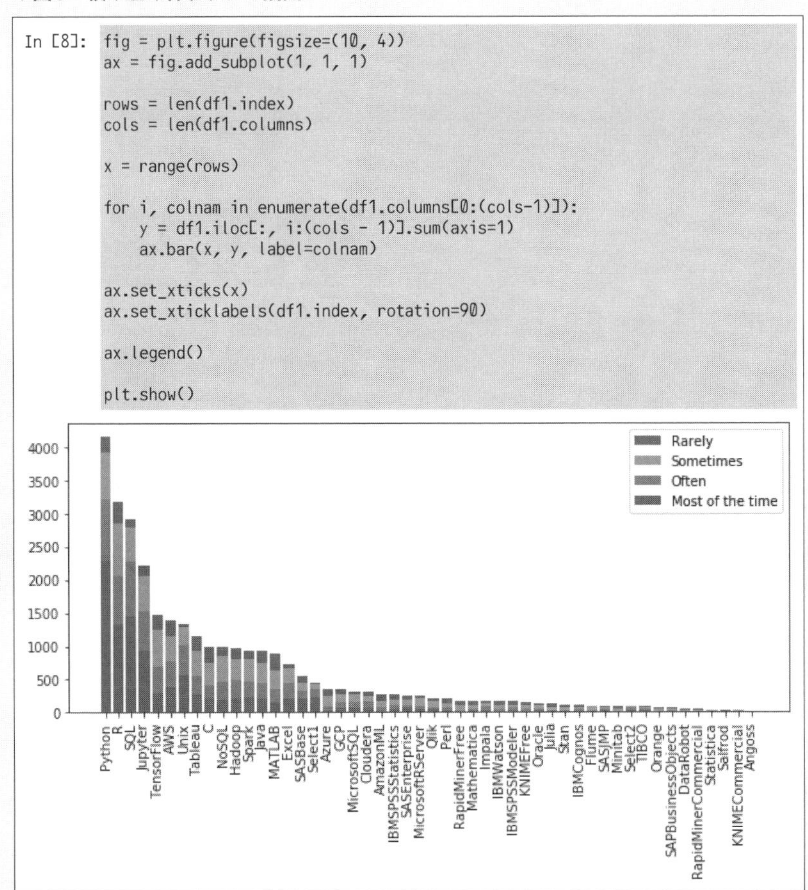

```
In [8]: fig = plt.figure(figsize=(10, 4))
        ax = fig.add_subplot(1, 1, 1)

        rows = len(df1.index)
        cols = len(df1.columns)

        x = range(rows)

        for i, colnam in enumerate(df1.columns[0:(cols-1)]):
            y = df1.iloc[:, i:(cols - 1)].sum(axis=1)
            ax.bar(x, y, label=colnam)

        ax.set_xticks(x)
        ax.set_xticklabels(df1.index, rotation=90)

        ax.legend()

        plt.show()
```

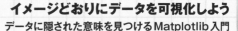

合が同程度という傾向が見て取れました。

ツールごとの年俸を比較する

次に3-3と同様、tools_salary_dfのデータ（ここではdf2に格納）を使ってツールごとの年俸について解析します。3-3では箱ひげ図でデータの分布を確認しましたが、より詳細にデータの分布型を確認するために、ヒストグラムを作成します。ヒストグラムはAxes.histメソッドで描画します。

ここでは、よく使われる上位8つのツールのヒストグラムを描画します（**図6**）。この例では引数rwidthを用いて棒の幅を指定しましたが、ヒストグラムにはほかにも書式設定のための引数が指定できます（**表4**）。**図6**を見ると、3-3ではずれ値を取り除いた影響もありますが、いずれのツールも値は正規分布しておらず、左側に偏る傾向がみられます。

続いてすべてのツールについて箱ひげ図を描画します。箱ひげ図の要素は**図7**、**表5**のとおりです。

図7、**表5**に示した以外に、平均値も加えて箱ひげ図を描画するコードが**図8**になります。箱ひげ図の要素の書式は辞書形式で指定できます。ここでは平均値と中央値の書式を設定しましたが、ほかにも**表6**にあるとおり、箱ひげ図の要素ごとに書式を設定できます。

箱ひげ図を見ると、いずれのツールにおいて

▼表3　円グラフの書式設定のための引数（一部抜粋）

引数	説明
labels	ラベルを表示。リスト型またはタプル型を指定
colors	各要素の色を設定。リスト型またはタプル型を指定
autopct	数値ラベルの書式設定。表示形式を文字列で指定
pctdistance	数値ラベルの位置を数値（各要素の中心からの距離）で設定
labeldistance	ラベルの位置を設定。数値（各要素の中心からの距離）で指定
counterclock	表示順を真理値で指定。True：時計回り（デフォルト）、False：反時計回り
wedgeprops	各要素の書式を辞書形式で設定
textprops	テキストの書式を辞書形式で設定

▼図4　グループ棒グラフの描画

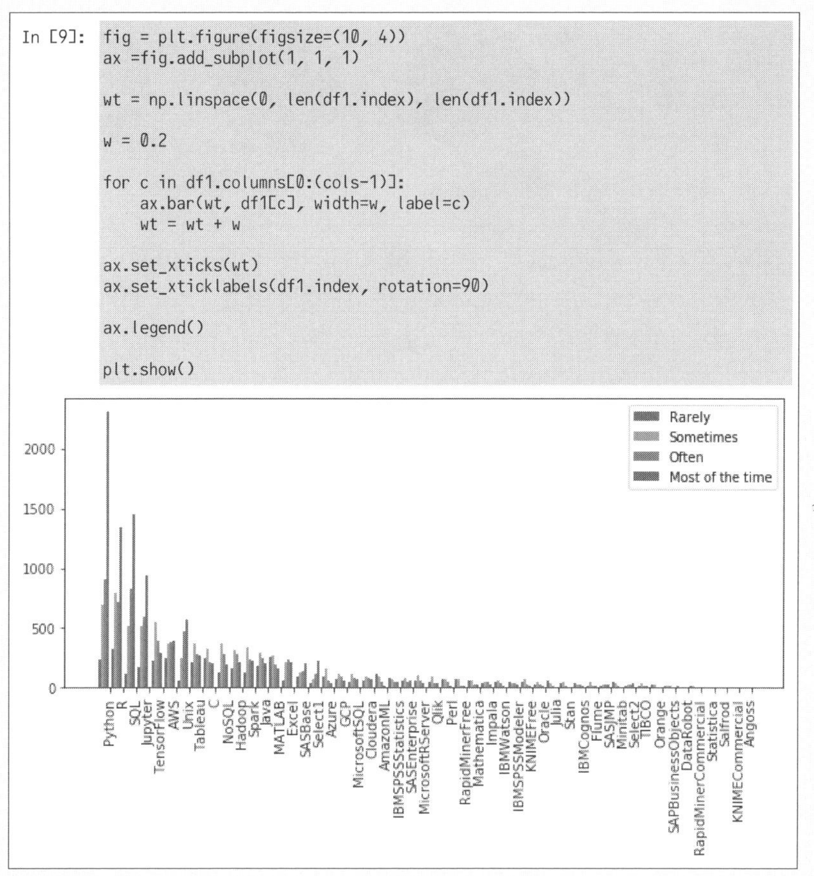

```
In [9]:  fig = plt.figure(figsize=(10, 4))
         ax =fig.add_subplot(1, 1, 1)

         wt = np.linspace(0, len(df1.index), len(df1.index))

         w = 0.2

         for c in df1.columns[0:(cols-1)]:
             ax.bar(wt, df1[c], width=w, label=c)
             wt = wt + w

         ax.set_xticks(wt)
         ax.set_xticklabels(df1.index, rotation=90)

         ax.legend()

         plt.show()
```

も平均値が中央値よりも高い傾向がみられます。数値が正規分布しない場合、平均値と中央値の間にはずれが生じます。今回の場合はいずれのツールにおいても中央値より平均値のほうが高いことから、分布が左側に偏っており、高い年俸値に平均値がひっぱられて高くなっていることがわかります。

▼図5 円グラフの描画

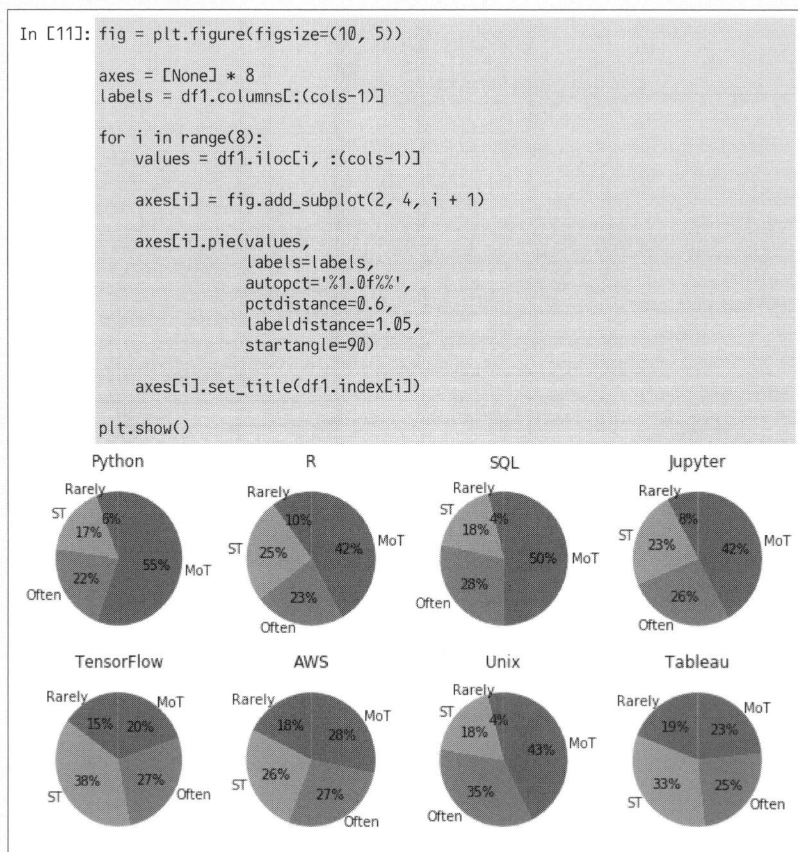

```
In [11]: fig = plt.figure(figsize=(10, 5))

         axes = [None] * 8
         labels = df1.columns[:(cols-1)]

         for i in range(8):
             values = df1.iloc[i, :(cols-1)]

             axes[i] = fig.add_subplot(2, 4, i + 1)

             axes[i].pie(values,
                         labels=labels,
                         autopct='%1.0f%%',
                         pctdistance=0.6,
                         labeldistance=1.05,
                         startangle=90)

             axes[i].set_title(df1.index[i])

         plt.show()
```


3-3の**図10**では給与の中央値が高い順にツールを並べた結果を示しました。この図で最も年俸の高かったDataRobot[注6]、最も年俸の安かったStatistica[注7]、そして、最も使われているツールであるPythonの年俸について、記述統計量を算出して比較してみます。

```
In [14]: df2[['Python', 'DataRobot',
              'Statistica']].\
         describe().round(0)
```

Out[14]:

	Python	DataRobot	Statistica
count	1776.0	10.0	4.0
mean	71882.0	121407.0	44269.0
std	53477.0	64702.0	80518.0
min	0.0	23000.0	1914.0
25%	28000.0	93310.0	2774.0
50%	63756.0	132500.0	5080.0
75%	107020.0	147500.0	46575.0
max	230000.0	220000.0	165000.0

平均値(mean)、中央値(50%)は、たしかにDataRobot、Python、Statisticaの順に小さくなっていますが、サンプル数(count)を見ると、Pythonが1,776なのに対し、DataRobotは10、Statisticaは4であり、サンプル数が極めて少ないことがわかります。

実際、サンプル数がツール別年俸の中央値に影響を与えているのでしょうか。散布図を作成して、両者の関係を可視化します。散布図は`Axes.scatter`メソッドにより描画します。また、どのツールがどこにプロットされているかをわかりやすくするために、annotateメソッドを使って各プロットにラベルを付けます(**図9**)。

散布図は**表7**に示す引数を用いて書式の設定ができます。**図9**のコードでは1番目の引数にX値、2番目の引数にY値を与え、それに加えて3番目の引数にマーカのサイズを設定してい

注6) URL https://www.datarobot.com/
注7) URL https://www.tibco.com/products/tibco-statistica

▼表4　ヒストグラムの引数（一部抜粋）

引数	説明
bins	ビン（棒）の数。整数値またはシーケンス型で指定
range	ヒストグラムの最小値と最大値。タプル型で指定。デフォルトは値の最小値と最大値
density	相対度数のヒストグラムを描画。真理値で指定
cumulative	累積ヒストグラムを描画。真理値で指定。デフォルトは'False'
histtype	ヒストグラムの形状を指定。'bar'は棒で描画、'barstacked'は積み上げの棒で描画、'step'は塗りつぶしのない線で描画、'stepfilled'は線で描画し面を塗りつぶし
orientation	'vertical'で縦向き（デフォルト）、'horizontal'で横向き
rwidth	棒の幅、スカラ値で指定
color	色の指定
label	ラベルの指定
stacked	複数グループを積み上げて描画。真理値で指定。デフォルトは'False'

▼表5　箱ひげ図の要素

要素	説明
第3四分位点	全データを下位から3/4で分割する値（＝Q3）、箱の上端
中央値	全データを下位から1/2で分割する値（＝第2四分位点）
第1四分位点	全データの下位から1/4で分割する値（＝Q1）、箱の下端
ひげの上端	Q3＋1.5×IQR
ひげの下端	Q1－1.5×IQR
IQR	四分位範囲（＝Q3－Q1）
はずれ値	ひげの下端～上端の範囲外にあるデータ

▼図6　ヒストグラムの描画

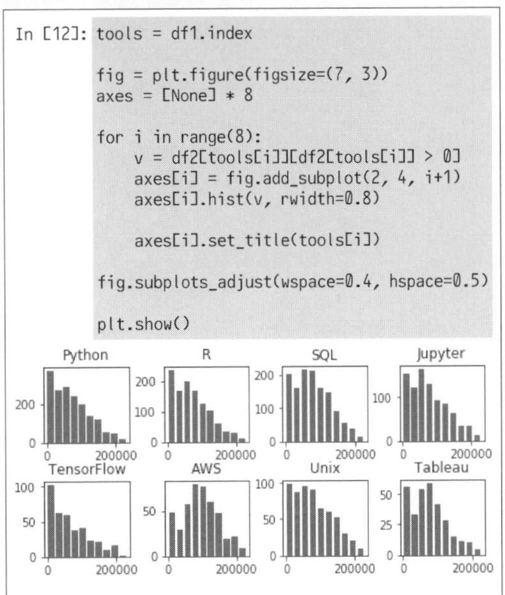

```
In [12]: tools = df1.index

         fig = plt.figure(figsize=(7, 3))
         axes = [None] * 8

         for i in range(8):
             v = df2[tools[i]][df2[tools[i]] > 0]
             axes[i] = fig.add_subplot(2, 4, i+1)
             axes[i].hist(v, rwidth=0.8)

             axes[i].set_title(tools[i])

         fig.subplots_adjust(wspace=0.4, hspace=0.5)

         plt.show()
```


▼図7　箱ひげ図の要素

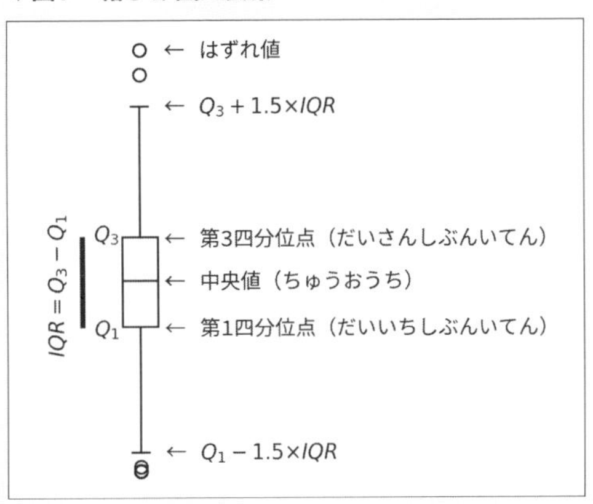

ます。また、キーワード引数でマーカの色（c）を黒（'k'）に、マーカの形状（marker）を円形（'o'）に、不透明度（alpha）を0.2に設定しています。

生成された図より、回答数が少ないほど年俸値の値の幅が大きい傾向が見られ、500サンプルを超えたあたりからは値がほぼ一定になっていることがわかります。この結果より、サンプル数がツール別年俸の中央値に影響を与えている可能性が示唆されました。

ここまで、Matplotlibの描画の基本と各グラフの描画法、書式設定法を示しましたが、これらはMatplotlibでできることのごく一部に過ぎません。公式ページ[注8]には豊富な描画事例が挙げられていますので、ぜひそちらも参考にしてください。SD

注8）URL https://matplotlib.org/stable/gallery/index.html

▼図8　箱ひげ図(平均値追加)の描画

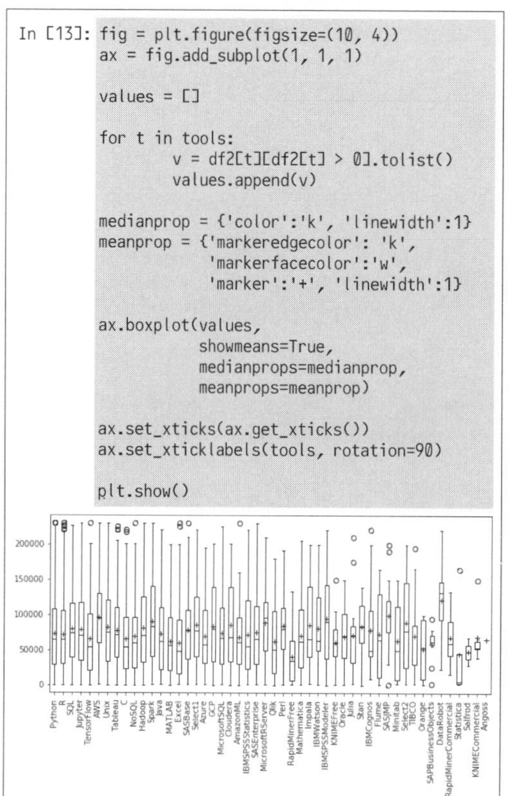

```
In [13]: fig = plt.figure(figsize=(10, 4))
         ax = fig.add_subplot(1, 1, 1)

         values = []

         for t in tools:
                 v = df2[t][df2[t] > 0].tolist()
                 values.append(v)

         medianprop = {'color':'k', 'linewidth':1}
         meanprop = {'markeredgecolor': 'k',
                     'markerfacecolor':'w',
                     'marker':'+', 'linewidth':1}

         ax.boxplot(values,
                    showmeans=True,
                    medianprops=medianprop,
                    meanprops=meanprop)

         ax.set_xticks(ax.get_xticks())
         ax.set_xticklabels(tools, rotation=90)

         plt.show()
```

▼図9　散布図の描画

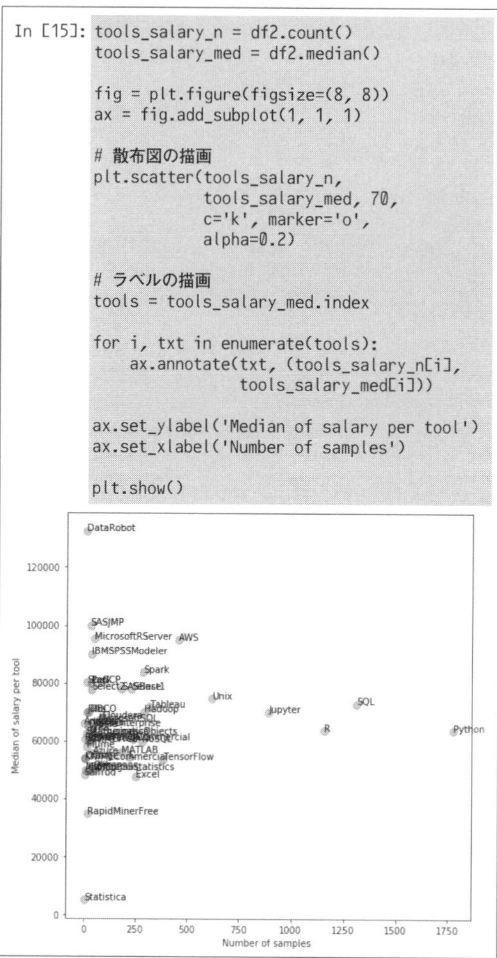

```
In [15]: tools_salary_n = df2.count()
         tools_salary_med = df2.median()

         fig = plt.figure(figsize=(8, 8))
         ax = fig.add_subplot(1, 1, 1)

         # 散布図の描画
         plt.scatter(tools_salary_n,
                     tools_salary_med, 70,
                     c='k', marker='o',
                     alpha=0.2)

         # ラベルの描画
         tools = tools_salary_med.index

         for i, txt in enumerate(tools):
             ax.annotate(txt, (tools_salary_n[i],
                               tools_salary_med[i]))

         ax.set_ylabel('Median of salary per tool')
         ax.set_xlabel('Number of samples')

         plt.show()
```


▼表6　箱ひげ図の書式を設定する引数

引数	要素
flierprops	はずれ値
boxprops	箱
whiskerprops	ヒゲ
capprops	ヒゲ末端キャップ
medianprops	中央値
meanprops	平均値

▼表7　散布図の書式を設定する引数(一部抜粋)

引数	内容
c	色の設定
marker	マーカの形状の設定。デフォルトは'o'(※)
alpha	不透明度(0で完全に透明、1で完全に不透明)
linewidth	マーカの枠線の太さ
edgecoloer	マーカの枠線の色

※マーカの形状を指定する文字列とその説明は、matplotlib.markersモジュールのページを参照してください(https://matplotlib.org/stable/api/markers_api.html)

日本語表示についての参考図書

Matplotlibはデフォルトの設定では日本語の表示ができません。日本語表示を可能にするための設定については、Matplotlibのより詳しい使い方とともに、『改訂版　Pythonユーザのための Jupyter［実践］入門』(技術評論社刊)に詳しく書いてありますので、そちらを参照してください。

第4章

エラー処理デザインパターン

トラブルに強く、信頼性が高いアプリの特徴とは?

Author 清水川 貴之(しみずかわ たかゆき)
Twitter @shimizukawa
Author 清原 弘貴(きよはら ひろき)
Twitter @hirokiky
Author tell-k
Twitter @tell_k
株式会社ビープラウド

システムを開発して公開すると、さまざまな理由でトラブルが発生します。運用中のシステムでは、こういったトラブルで発生するエラーを検出し、対処を行います。この、「エラー発生」と「エラー検出」がうまくいかないと、トラブルが発生しても気づけなかったり、対処に時間がかかったりしてしまいます。適切にエラー設計しているかどうかで、システムの保守性やトラブルシューティングにかかる時間が格段に変わってきます。不適切なエラー設計は、お金と時間を浪費する原因になるだけでなく、サービス自体の機会損失にもつながってしまいます。

とはいえ、「ログを出しましょう」「例外を発生させましょう」と言うだけでは、トラブルの解決に役立つ実装はできません。運用で困らないためにも、どのようなログを出力すればよいのか、どのような例外を発生させるべきなのかの設計が必要になります。

エラー処理を設計して、トラブルを解決しやすいアプリケーション実装を目指しましょう。

効率的にエラー検出・対処を行うための
ロギング設計 ―― 88

トラブルを早期に発見し解決に導く
例外処理 ―― 95

最速でトラブルに対処し、システムの保守性を高める
エラーの検出 ―― 105

4-1 効率的にエラー検出・対処を行うための ロギング設計

ログは、エラーの検出やその対処のために必要不可欠な手がかりです。正しく動くプログラムを書くことに注力し過ぎて、ログの設計や実装をおろそかにしてしまうと、システム運用時にエラー解析を行うことはほぼ不可能になるでしょう。本稿では、適切にシステムを運用するためのロギングに関するベストプラクティスを紹介します。

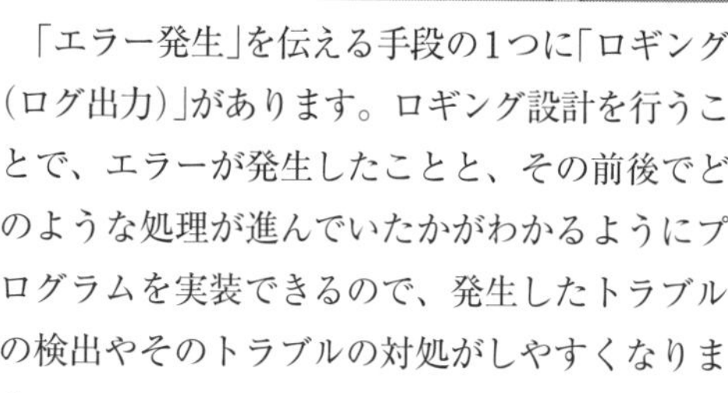

ロギングの目的

「エラー発生」を伝える手段の1つに「ロギング(ログ出力)」があります。ロギング設計を行うことで、エラーが発生したことと、その前後でどのような処理が進んでいたかがわかるようにプログラムを実装できるので、発生したトラブルの検出やそのトラブルの対処がしやすくなります。

ロギングとは、ログメッセージを出力し記録することです。ログには、ユーザーがアクセスした際の情報を記録する「アクセスログ」や、安全ではない想定外の状況を伝える「WARNINGログ」、すぐに対処が必要な「ERRORログ」などがあります。ロギングと言った場合、ログにどのようなメッセージを出力するか、どの種類のログなのか、どこに記録・通知するのか、という処理全般を指します。

十分な情報を出力する

情報が不足しているロギング

「ログ出力の実装」と言われて最初に思いつくのは、エラーが起きたときにログを出力することでしょう。しかし、エラーだけが記録されているログ出力(**図1**)では、前後の状況がわかりません。あるいは、処理状況がわかるように見えても、重要な情報が不足しているログ出力(**図2**)では困ります。

これらのログには各行の日時情報がなく、「誰がどの商品をいくつ購入しようとしているのか」といった購入処理フローの重要な値も出力されていません。「在庫引き当てNG」というログからは在庫不足のようにも見えますが、在庫確認API呼び出しでエラーが起きていてそのエラーが出力されていないのかもしれません。

このようにログ出力が不足していると、トラブルシューティングに苦しむことになります。とくに外部システムとの結合テストや本番リリース後の調査では、問題発生時にすばやく、正確に状況を把握することが重要です。エラー原因の可能性は無数にあるため、状況を把握できなければ対策もできません。

▼図1　エラーだけが記録されているログ

```
ERROR: 在庫引き当てNG
ERROR: 購入NG
```

▼図2　情報が不足しているログ

```
INFO: 購入処理開始
INFO: 在庫確認API呼び出し
ERROR: 在庫引き当てNG
INFO: 購入処理開始
INFO: 在庫確認API呼び出し
INFO: 在庫引き当てOK
INFO: 購入完了
```

トラブル解決に役立つロギング

問題発生時に状況を正確に把握できるロギングを実装するには、ログ出力の内容からプログラムの動作を把握できるようにすることが大事です。状況を正確に把握できれば、どうやって問題を解決するかに集中できます。また、根本解決に時間がかかるとしても暫定的な対策を検討できます。

図2では、「どの処理で」しかログ出力されていないため、ユーザーから「購入できない」という問い合わせがあっても、ログからは問題を解決するための情報は得られません。

処理が正常に進んでいる場合にも、「いつ」「誰が」「どの処理で」「何を」「いくつ」「どうしたのか」といった重要な情報をログ出力しましょう。「在庫引き当てNG」のようなエラーケースでは、「なぜNGなのか」「何をするべきか」も重要な情報です。こういった情報を出力しておくことで、ユーザーから問い合わせがあったときログから状況を正確に把握できるようになります。

図3のように十分な情報がログ出力されていれば、**図2**よりも状況が正確に把握できます。

ログには5W1Hを出力する

「ログに何を出力するべきか」は、ロギングにおいて一番難しく、一番大切なことです。「とりあえず」で実装されたログ(**リスト1**)にはどのような問題があるか考えてみましょう。

リスト1のロギングでは、実際にエラーが発生したときに原因の特定は難しいでしょう。ログが開始と終了しか残っておらず、処理全体でエラー処理がされているからです。

▼リスト1　とりあえず書かれたログ実装

```
def main():
    logger.info("取り込み開始")

    sales_data = load_sales_csv()
    logger.info("CSV読み込み済み")

    for code, sales_rows in sales_data:
        logger.info("取り込み中")
        try:
            for row in sales:
                # 1行1行、データを処理する
                (..略..)
        except:
            logger.error("エラー発生")

    logger.info("取り込み処理終了")
```

▼図3　十分に情報があるログ

```
[19/Jan/2020 07:38:41] INFO: user=1234 購入処理開始: 購入トランザクション=2345, 商品id ↵
111(1個),222(2個)
[19/Jun/2020 07:38:41] INFO: user=1234 在庫引き当てAPI: POST /inventory/allocate params=...
[19/Jun/2020 07:38:42] INFO: user=1234 在庫引き当てAPI: status=200, body=""
[19/Jun/2020 07:38:42] ERROR: user=1234 在庫システムAPIでエラーのため、担当者へ連絡してください
Traceback (most recent call last):
  File "/var/www/hanbai/apps/inventry/service.py", line 162, in allocate
    return r.json()
  ...
  File "/usr/lib64/python3.8/json/decoder.py", line 357, in raw_decode
    raise JSONDecodeError("Expecting value", s, err.value) from None
json.decoder.JSONDecodeError: Expecting value: line 1 column 1 (char 0)
[19/Jun/2020 07:38:42] INFO: user=1234 購入NG status=500
[19/Jun/2020 07:40:07] INFO: user=5432 購入処理開始: 購入トランザクション=2346, 商品id ↵
222(3個),333(1個)
[19/Jun/2020 07:40:07] INFO: user=5432 在庫引き当てAPI: POST /inventory/allocate params=...
[19/Jun/2020 07:40:08] INFO: user=5432 在庫引き当てAPI: status=200, body="{...}"
[19/Jun/2020 07:40:08] INFO: user=5432 在庫引き当てOK: 商品id 222(3個),333(1個)
[19/Jun/2020 07:40:09] INFO: user=5432 購入確定: 購入トランザクション=2346
[19/Jun/2020 07:40:10] INFO: user=5432 購入完了 status=200
```

運用時に必要な情報を洗い出す

とくに長時間実行されるコマンドや、夜間実行されるバッチ処理は細かめにログを残すべきです。**リスト2**のように、処理において重要な値も出力するように修正すれば、エラーがあった際に原因の特定がやりやすくなります。

リスト2では細かくログを残すように変更していますが、重要なバッチ処理であればこの程度は必要です。各店舗の処理ごとにINFOログを(店舗コード付きで)残したり、行単位のログをDEBUGログとして残したりするなどの工夫に注目してください。処理のトレーサビリティを常に意識しましょう。

ログメッセージに何を書けば良いかわからないときは、次のような5W1Hを意識しましょう。

- **What:どの処理を、何を対象に行っているのか**
  - 対象データはどれなのか(今回は店舗コード)
  - 何行めを処理しているのか、何行めで問題があったのか
- **Who:どのユーザーが対象なのか**
- **When:いつのログなのか**
  - ロガーの設定で日時を出力するよう設定しておくと良い
- **Where:どこまで処理が進んだのか、どこで発生しているログなのか、どの処理なのか**
  - バッチ処理がどこまで進んだのか
  - ロガー名をPythonモジュールのパスにして、どのモジュールで発生したログなのかがわかるようにする
  - ERRORログの文字列でどの処理かをわかるようにする(ログメッセージからコードの箇所が一意にわかるようにする)
- **Why:なぜ発生したログなのか**
  - ERRORログを残すときに、エラーのメッセージやexc_infoを残すようにする
  - exc_info=Trueを指定するとエラー時のトレースバックがログに出力される
- **How Much:どれくらいのデータ量なのか**
  - 店舗ごとの売上件数が何件なのか

たとえば「読み込み対象のデータ件数が0件」というログが続いていれば、読み込み処理に問題があると特定できます。コマンドやバッチ処理の場合は「今何が起こっているか」「何が起こっ

▼リスト2 十分に情報を出力しているログ実装

```
def main():
    try:
        logger.info("売上CSV取り込み処理開始")

        sales_data = load_sales_csv()
        logger.info("売上CSV読み込み済み")

        for code, sales_rows in sales_data:
            logger.info("取り込み開始 - 店舗コード: %s, データ件数: %s", code, len(sales_rows))
            try:
                for i, row in enumerate(sales_rows, start=1):
                    logger.debug("取り込み処理中 - 店舗(%s): %s行目", code, i)
                    (..略..)
            except Exception as exc:
                logger.warning("取り込み時エラー - 店舗(%s) %s行目: エラー %s", code, i,
                               exc, exc_info=True)
                continue
            logger.info("取り込み正常終了 - 店舗コード: %s", code)

        logger.info("売上CSV取り込み処理終了")
    except Exception as exc:
        logger.error("売上CSV取り込み処理で予期しないエラー発生: エラー %s", exc, exc_info=True)
```

ていたか」を、ログ以外で知ることはできません。

ログは開発時でなく運用時に重要

運用時にはなるべく早く問題の原因を特定し、リカバリーする必要があります。運用時ということはプログラムがお客様に何かしらのサービスを提供している状態のはずです。サービスが長時間停止すると、大きな損害が生まれたり、お客様に長時間ご迷惑をかけたりします。

ですので、運用時のことを考えて「どんな情報が必要か」を考えましょう。5W1Hを意識して、運用時に必要なログを想定します。どのような問題が発生する可能性があるのかを洗い出し、可能な限り、障害解決に役立つログを出力しましょう。たとえば、情報が少ないログ(**図4**)では、処理が行われたかどうかしかわかりません。それに対して、重要な値を含むログからは、「処理がどのように進んでいるか」が詳しくわかります(**図5**)。

処理プロセスごとに情報を並記する

Webアプリケーションなどの場合、複数のユーザーが同時に購入することがよくあります。そのような場合でも複数の操作が混ざってしまわないように注意が必要です(**図6**)。同時実行されていても判別可能にするためには、処理プロセスごとに見分けられる情報(この場合はユーザーID)を並記しましょう(**図7**)。

また、ログファイルをあとでgrepしたときに目的のログだけを取り出せるように意識しましょう。重要なバッチ処理であれば、処理ごとに「トランザクションID」を発行して、ログの先頭に常に付けると、あとで問題の追跡調査がしやすくなります(トランザクションIDはデータベースで管理せずとも、処理の開始時に発行したUUIDなどを常にログ出力するようにしても良いです)。

▼図4　情報が少ないログ

```
INFO: 購入処理開始
INFO: 購入完了
INFO: 購入処理開始
INFO: 購入完了
(..略..)
```

▼図5　重要な値を含むログ

```
INFO: 購入処理開始 user=1234
INFO: 在庫引き当てOK: 商品id 222(3個),333(1個)
INFO: 購入確定: 購入トランザクション=9999
INFO: 購入完了 status=200
```

▼図6　複数の操作が混ざって判別できないログ

```
INFO: 購入処理開始 user=1234
INFO: 購入処理開始 user=5432
INFO: 在庫引き当てOK: 商品id 222(3個),333(1個)
INFO: 購入確定: 購入トランザクション=9999
INFO: 在庫引き当てNG: 商品id 111(1個),222(2個)
INFO: 購入NG status=409
INFO: 購入完了 status=200
```

▼図7　同時実行を判別するためすべてのログにユーザー情報を並記

```
INFO: 売上CSV=20191105.csv user=1234 購入処理開始
INFO: 売上CSV=20180701.csv user=5432 購入処理開始
INFO: 売上CSV=20180701.csv user=5432 在庫引き当てOK: 商品id 222(3個),333(1個)
INFO: 売上CSV=20180701.csv user=5432 購入確定: 購入トランザクション=9999
INFO: 売上CSV=20191105.csv user=1234 在庫引き当てNG: 商品id 111(1個),222(2個)
INFO: 売上CSV=20191105.csv user=1234 購入NG status=409
INFO: 売上CSV=20180701.csv user=5432 購入完了 status=200
```

ログレベルを使い分ける

ログ出力にはレベルがあります。Pythonでは、logger.info()でINFOレベルの、logger.error()でERRORレベルのログを出力します。ログレベルを使い分けることでログの集約と通知がより効果的に行えます。おもなログレベルについて、レベルの低いほうから紹介します。

- DEBUG:ローカル環境で開発するときだけ使う情報
- INFO:プログラムの状況や変数の内容、処理するデータ数など、あとから挙動を把握しやすくするために残す情報
- WARNING:プログラムの処理は続いているが、何かしら良くないデータや通知すべきことについての情報
- ERROR:プログラム上の処理が中断したり、停止したりした場合の情報
- CRITICAL:システム全体や連携システムに影響する重大な問題が発生した場合の情報

ログレベルを分けて出すようにプログラムしておくことで、ログの設定で制御がしやすくなります。ERRORレベルの通知はチーム全員がすぐに気づけるように設定して、INFOレベルはファイルに残すだけ、などの制御をします。ログレベルの設定が良くないと「通知されるべきログが通知されない問題」や、「通知される必要のないログが大量に通知される問題」が起こります。

ではログレベルはどのように設定すべきでしょうか? たとえば**リスト3**は、商品のデータが不正な場合にlogger.infoでログ出力してしまっています。「ERRORレベルというほどではない」という理由でINFOレベルのログにすると、何かしらのアクションが必要な場合でも気づけないことが多いでしょう。このようにERRORレベルとも言い切れない場合は、logger.warningレベルを使いましょう(**リスト4**)。

WARNINGレベル以上は、運営側の「何かしらのアクション」が必要になります。ERRORレベル以上の場合は急ぎでの対応が必要です。と

▼リスト3 不適切なログレベル

```
import logging

logger = logging.getLogger(__name__)


def main():
    (..略..)
    for row in data:
        if not validate_product_data(...):
            logger.info("Skipped invalid sales data %r", row["id"])
        (..略..)
```

▼リスト4 logger.warning

```
import logging

logger = logging.getLogger(__name__)

def main():
    (..略..)
    for row in data:
        if not validate_product_data(...):
            logger.warning("Skipped invalid sales data %r", row["id"])
        (..略..)
```

くに、本番環境の場合はログの通知を適切に設定しておきましょう。ERRORレベル以上はすぐにアクションが必要ですので、チャット(Slack)に通知すると良いでしょう。WARNINGレベルの場合は、運営のアクションは必要なもののあまり通知されてもやっかいですので、エラートラッキングサービス(Sentry注1)に集約するだけにします。

- **ローカル環境：**
  - DEBUGレベル以上をコンソール(画面)に出力する
- **動作確認用サーバ：**
  - INFOレベル以上をファイルに出力する
- **本番サーバ：**
  - INFOレベル以上をファイル出力して、ファイルストレージなどに転送、圧縮して保存する
  - WARNINGレベルをSentryに集約する
  - ERRORレベル以上をSentryに集約し、Sentryからチャット(Slack)に通知する

またWARNINGレベル以上ではアクションが必要になるので、以下3点のポイントをおさえておきましょう。

- 通知によってすぐに気づけるようにする
- エラー発生時の対応方法をドキュメントにまとめておく
- エラーを定期的に確認、対応する業務フローを決めておく

注1) Sentryについては4-3で紹介します。

メッセージとパラメータを分けてロガーに渡す

Pythonでは、ログメッセージをフォーマットせずにロガーに渡しましょう。**リスト5**のように、ログメッセージをフォーマットしてからロガーに渡してはいけません。Pythonのf""を使って文字列をフォーマットするのは便利ですが、ロギングのときは使わないでください。

ログを出力するコードでは、**リスト6**のように、文字列をフォーマットせずに使いましょう。

フォーマットしてロガーに渡さない理由は、ログを運用する際にメッセージ単位で集約することがあるからです。たとえばSentryはログをメッセージ単位で集約して、同一の原因のログを集約、特定します。ここで事前にフォーマットしてしまうと、itemsの件数が異なるログは別々のログメッセージと判断されてしまいます。

Pythonのロギングは内部的に「メッセージ」と「引数」を分けて管理しているので、分けたままログに残すべきです。logger.infoやlogger.errorの第一引数がメッセージ、以降はメッセージに渡される値になります。

ログメッセージを読みやすく装飾したいときは、ロガーのFormatter注2に設定しましょう。Formatterのfmt引数にフォーマットを指定できます。

単にファイルに出力したり、画面に表示したりするだけなら事前にフォーマットしても問題

注2) https://docs.python.org/ja/3/library/logging.html#logging.Formatter

▼リスト5 フォーマット済みのログメッセージ

```
def main():
    items = load_items()
    logger.info(f"Number of Items: {len(items)}")
```

▼リスト6 未フォーマットのログメッセージ

```
def main():
    items = load_items()
    logger.info("Number of Items: %s", len(items))
```

はありません。ただし、あとでログを集約するしくみを導入するときにすべて修正する必要が出てきます。あとから置き換えるのはめんどうですので、最初から正しい使い方をしておいたほうが良いでしょう。flake8-logging-format注3という flake8のプラグインを使うと、ログメッセージをフォーマットしている場合に検出してくれます。

個別の名前でロガーを作らない

ロギングの設定が上手に書かれていないと、煩雑になりがちです。たとえば**リスト7**のようにロガー名を複数定義してしまっていることがあります。この場合、ロガーを1つ増やすたびにロギングの設定を追加する必要があり、設定が煩雑になります。また、ロガー名が増えた分だけ使い分けが難しくなっていきます。

注3) https://pypi.org/project/flake8-logging-format/

▼リスト7　煩雑なロガー名構成

```
logging.config.dictConfig({
    (..略..)
    "loggers": {
        "product_detail_view": {
            (..略..)# このロガーの設定
        },
        "product_edit_view": {...},
        "import_products_command": {...},
        "export_sales_command": {...},
        "sync_ma_events": {...},
        "sync_payment_events": {...},
        (..略..)
    }
})
```

ロガーの取得は、**リスト8**のように、モジュールパス `__name__` を使って取得しましょう。こうすると、**リスト9**のようにロギングの設定をまとめて書けるようになります。

▼リスト8　モジュールパスを使ってロガーを取得する

```
import logging

logger = logging.getLogger(__name__)
```

▼リスト9　シンプルなロガー設定

```
logging.config.dictConfig({
    (..略..)
    "loggers": {
        "product.views": {},
        "product.management.commands": {},
    }
})
```

Pythonでは「`.`」区切りで「上位」(左側)のロガーが適応されます。ロガーの名前が`product.views.api`のときは、`product.views.api`、`product.views`、`product`と順にログの設定を探して、設定があれば使われます。

Pythonは`__name__`で現在のモジュールパスが取得できるので、`product/views/api.py`というファイルでは`product.views.api`になります。ロガーすべてに毎度名前を付けていると、命名規則を考える必要も出てきますが、ロガー名をPythonのモジュール名にすることでロガーの命名規則を考える必要もなくなります。

上位のロガーに伝播(でんぱ)させたくない場合は、`propagate`を`False`にします(**リスト10**)。設定がない場合は常に上位のロガーにpropagate(伝播)していきます。

また全体のロガーに設定する場合は`root`ロガーに設定します(**リスト11**)。ログがロガーとハンドラーをどう流れるかを図示したLogging FlowがPython公式ドキュメントのLogging HOWTO注4にあるので参考にしてください。SD

注4) https://docs.python.org/ja/3/howto/logging.html#logging-flow

▼リスト10　上位ロガーに伝播させない

```
"loggers": {
    "product.views.api": {
        "propagate": False,
    }
}
```

▼リスト11　rootロガー

```
{
    "root": {
        "level": "INFO",
        (..略..)
    }
}
```

4-2 トラブルを早期に発見し解決に導く 例外処理

バグであれ外的な要因であれプログラムの実行途中にエラーが発生することは十分にあり得ます。そのときに、ユーザーにトラブルの発生を伝えて的確な対処を促せるかは例外処理の書き方にかかっています。ユーザーにやさしいシステムを作るためにも、起こり得る例外の種類を知り、適切な例外処理の書き方を学びましょう。

例外処理の目的

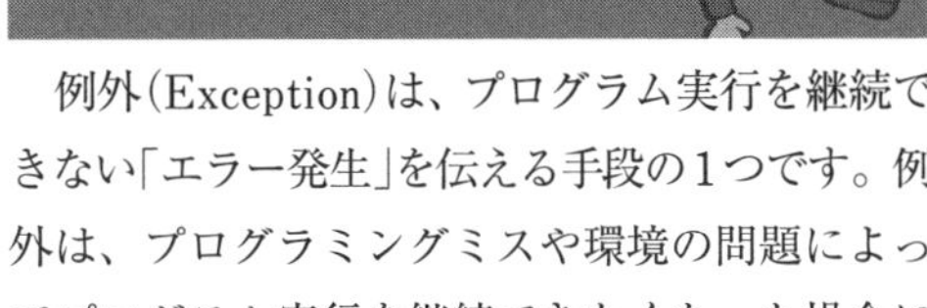

例外(Exception)は、プログラム実行を継続できない「エラー発生」を伝える手段の1つです。例外は、プログラミングミスや環境の問題によってプログラム実行を継続できなくなった場合に発生します。

たとえば、ユーザーが入力した年齢を文字列から数値に変換するにはage = int(user_input_age)というプログラムを書きますが、数値に変換できない文字が含まれているとValueError例外が発生します。多くの場合、この例外発生を想定して処理をtry節に書いたり、except節で例外発生時の対処を実装したりします(リスト1)。

このように「例外処理」では、プログラムを実行できる状態に回復させる処理や、回復できない状況をユーザーやシステム管理者にわかりやすく伝える処理を実装します。また例外処理を設計する際には、「どのように例外を処理するか」だけでなく、「例外をどこで処理するか」「意図的に例外を処理しない」「例外を発生させる」「専用の例外クラスを用意する」といったことも検討します。

例外から回復できない場合でも、例外が持つ情報をログやエラーメッセージとして伝えることでトラブルを早期に解決できます。また、例外処理を上手に実装しているプログラムはシンプルでわかりやすくなるため、プログラムコードが削減できます。その結果、バグが入る可能性が下がり、品質が向上します。

▼リスト1 例外処理の例

```
def input_age():
    while True:
        user_input_age = input('年齢を入力してください: ')
        try:
            return int(user_input_age)
        except ValueError:
            (1) ... ここで例外処理を実装する
```

ユーザーにトラブルをわかりやすく伝える

例外からの回復処理

リスト1の(1)で実装する例外処理はどのように設計するのが良いでしょうか？　不十分な例外処理を実装してしまうと、トラブル解決に時間がかかってしまいます。たとえば、(1)でreturn 0と実装して例外を隠蔽(いんぺい)してしまうと、入力エラー時に常に0歳になってしまいます。その場ではユーザーが再入力する手間もかからずプログラムの実行も継続できますが、ユーザーからの問い合わせ対応に追われたり、年齢を再登録する手順書を作成したりすることになりそうです。

そのようなひどい例外処理でなくても、(1)で「数値を入力してください」というメッセージを表示するだけではまだ不親切かもしれません。ユーザーは自分が入力した文字を確認するためにコンソール出力を遡る必要がありますし、入力した文字の問題に気づけないかもしれません。**リスト2**のようにエラーメッセージに入力文字を含めていれば、何かのはずみでスペースが入力されてしまった場合にも**図1**のように表示され、ユーザーが文字入力の問題に気づけます。

これで、余計な復旧手順書を作る必要がなくなりますし、そもそもユーザーからの問い合わせがなくなるでしょう。適切な例外処理によって、開発者がトラブルを解決しやすくするだけでなく、ユーザー自身でトラブルを解決できるようになります。

回復できない場合の例外処理

発生した例外から回復できない場合、例外処理で状況をユーザーやシステム管理者にわかりやすく伝えるように実装します。ユーザーが社内の利用者なのか、個人のお客さんなのかによっても伝える文面は変わってきます。ユーザーにわかりやすく伝えられない場合、「システム管理者に連絡してください」と伝える方法もあります。

システム管理者向けには、例外発生時の詳細な情報を把握できるように例外処理を実装します。Pythonの開発者にとって最もわかりやすいエラー出力は、例外によるトレースバックです。トレースバックがログ出力されるように、例外処理を実装しましょう。ここで、関連する変数の値や外部API呼び出しパラメータなど、プログラムがどのように動作したのか把握できる情報も出力しておくと、ログから多くのことが判断できるようになります。

リスト3は、システム管理者向けにトレースバックをログ出力し、ユーザー向けにはシンプルなメッセージを表示するようにUnrecoverableError例外を再送出しています。UnrecoverableErrorはこのプログラムで用意した専用の例外クラスで、この処理の呼び出し元でユーザー向けにわかりやすいメッセージを表示するように実装します。

▼リスト2　入力文字を表示して間違いを伝える例外処理

```
print(f'数値を入力してください。⏎
{user_input_age!r}は数値に変換できません')
```

▼図1　ユーザーが入力文字の問題に気づける例

```
年齢を入力してください: 10
数値を入力してください。'10 'は数値に変換できません
```

▼リスト3　トレースバックのログ出力と、ユーザー向けメッセージ

```
except SomeCriticalError as e:
    # 回復できない例外の場合
    logger.exception('E01234')
    # 呼び出し元でユーザー向けに次のようなメッセージを表示する:
    # 'エラー E01234: システム管理者に連絡してください <URL>'
    raise UnrecoverableError('E01234', root_exception=e)
```

想定外の例外を隠蔽しない

エラーの原因がわからなくなる

例外処理に慣れていないプログラマーは「関数の外に例外を送出してはいけない」と考え、発生する例外をキャッチしてNoneなどを返そうとしてしまいます。その結果、呼び出し元でも戻り値のNoneを考慮してプログラムを書くことが必要になり、コードが複雑化してしまいます。また「必要なファイルがない」といった理由で発生する例外を隠蔽してNoneを返してしまうと、期待どおりに動作しない原因がわかりにくくなってしまいます。

リスト4は、認証が必要なWeb APIにアクセスするコードですが、例外を隠蔽したために本当の原因がわかりづらくなっています。

get_secret_key()関数はシークレットキーが見つからない場合に例

外を発生させる仕様だとします。しかし、このコードでは実際に例外が発生してもmake_auth_header()関数内部で隠蔽しています。呼び出し元では、シークレットキーがあってもなくてもHTTPリクエストを実行するように実装されています。その結果、シークレットキーなしでHTTPリクエストを発行して、結局例外が発生してしまいます。ユーザーはWeb APIへの認証に失敗した、という例外を見ることになりますが、その原因がシークレットキーファイルを置き忘れたことによるものなのか、シークレットキーをファイルに書き間違えているのか、変数名の間違いによるものなのか判別できません。

make_auth_header()のように、失敗時にはNoneを返す関数を使う場合、呼び出し元でも戻り値の検査が必要となります。**リスト4**のコードはその処理も抜けていますが、そもそもheaders is Noneをチェックさせるようなmake_auth_header()を実装するべきではありません。

「ユーザーにやさしい」のは適切な情報を提供するシステム

想定外の例外を心配して隠蔽するのはやめましょう。エラーが起きたとき問題をユーザーから隠すのではなく、簡単に正しい状態に復帰しやすいように適切な情報を提供してくれるシステムのほうが「ユーザーにやさしいシステム」と言えます。想定される例外の処理は実装するべきですが、想定外のエラーを隠蔽してはいけません。

例外は大きく次の3つの種類に分類されます。例外と一括りにして扱わず、例外の種類にあわせて設計しましょう。

- **システム例外**
  システムが正常に動作する条件が整っていない状況で発生するため、発生時はシステム管理者による対処が必要となる。「必須の設定ファイルを開発者が置き忘れる」「外部サービスの呼び出しがエラーになる」など、通常起こり得ない例外
- **アプリケーション例外**
  アプリケーションを普通に使っているだけでも論理的に起こり得るため、ユーザーへ発生原因を伝える必要がある。「認証キーの設定間違い」など
- **プログラム例外**
  プログラミング間違いによって発生するため、早期に発見できるように実装する必要がある。「変数名間違い」や「APIパラメータ間違い」など

この視点で**リスト4**のコードを分析すると、「ユーザーにやさしい」つもりでシステム例外を隠蔽したために、ユーザーが「認証エラー(アプリケーション例外)」という異なる種類の例外に遭遇してしまい、エラーの原因が非常にわかりづらくなっています。さらに、安易にtry/exceptによる例外の隠蔽処理を実装したために、シス

▼リスト4　例外を隠蔽してNoneを返す

```
import requests

def make_auth_header():
    try:
        s = get_secret_key()  # シークレットキーをファイルから読み込み
    except:
        return None
    return {'Authorization': s}

def call_remote_api():
    headers = make_auth_header()
    res = requests.get('http://example.com/remote/api', headers=headers)
    res.raise_for_status()  # ファイルがない場合、ここで認証エラーの例外が発生する
    return res.body
```

テム例外、アプリケーション例外、プログラム例外をすべて隠蔽してしまっています。通常、「必須の設定ファイルを開発者が置き忘れる」ようなシステム例外を考慮する必要はありません。また、プログラム例外を隠蔽するべきではありません。

システム例外やプログラム例外が発生した場合は、即座にトレースバックを出力してプログラムをエラー終了させましょう。プロジェクトによっては、システム例外であっても「通信エラーやディスク書き込みエラーが頻発する環境でどうしても対処が必要」といった状況から自動的に回復させる必要があるかもしれません。そのような場合でも、アプリケーション例外などのほかの種類の例外とは分けて対処するように設計しましょう。

先ほどの**リスト4**を修正して、システム例外を処理しないコードに変更したのが**リスト5**です。

get_secret_key()でエラーが発生した場合、開発者やユーザーは、例外のtracebackから「どこでエラーが起こったのか正確に場所がわかる」ため、対処しやすくなります。また、make_auth_header()関数は必ず辞書オブジェクトを返す仕様となったため、呼び出し元は戻り値がNoneになる可能性を考慮せずに済みます。

臆さずにエラーを発生させる

関数に渡される値のさまざまなケースに対応して過剰実装してしまうと、実際にはあり得ない引数のためにコードが複雑化してしまいます。

リスト6はフレームワークが呼び出すvalidate関数を実装していますが、引数に渡される辞書オブジェクトの中身を心配し過ぎています。

辞書オブジェクトが「キーを持っているかどうかわからない」と考え、data.get('ids')というコードを書いたケースです。この予防措置によって、data.get('ids')でNoneが返される可能性が生まれてしまっています。もしNoneが返された場合、その2行後のfor id in idsで結局エラーになってしまうため、この予防措置には意味がありません。それどころか、data.

▼リスト5 システム例外を処理しない(例外を隠蔽しない)

```
import requests

def make_auth_header():
    s = get_secret_key()  # シークレットキーファイルがない場合、ここでFileNotFoundError例外が発生
    return {'Authorization': s}

def call_remote_api():
    headers = make_auth_header()
    res = requests.get('http://example.com/remote/api', headers=headers)
    res.raise_for_status()
    return res.body
```

▼リスト6 引数値の予防措置

```
def validate(data):
    """data['ids']を検査して、含まれる不正なidの一覧を返す
    """
    ids = data.get('ids')  # 予防措置
    err_ids = []
    for id in ids:
        if ...:  # idが不正かどうかをチェックする条件文
            err_ids.append(id)
    return err_ids
```

get('ids')と書いたために、Noneが返された場合にどうすれば良いかを心配しながらその先のコードを書かなければいけなくなってしまっています。

そこで、Noneの心配をしなくて良いようにdata.get('ids', [])というコードに修正しました(**リスト7**)。

この修正はさらにやっかいな問題を引き起こしてしまいました。validate()の使い方を間違えて'ids'をキーに持たない辞書を渡した場合、この関数は常にerr_ids = []を返してしまいます。このため、呼び出し元で値を検査しているつもりでも、実際には何も検査していないコードになってしまいます。

こういったコードは、例外が発生する可能性を気にし過ぎて例外を隠蔽してしまったため、バグに早く気づくことができません。臆病になり過ぎず、かつ問題の発生を見逃さないシンプルな方法があるでしょうか？

例外を隠すのではなく、わかりやすい例外を早く上げるコードを書きましょう。

辞書のキーがあってもなくても動作するコードを書くより、期待するデータが必ず渡される前提でコードを書くとシンプルになります(**リスト8**)。もし関数の呼び出し方を間違えた場合には、例外が発生するため問題に早く気づけます。

関数のdocstring[注1]には、期待するデータ形式の説明を書いておきましょう。

引数に想定外のデータを渡されることがどうしても心配なら、関数の先頭で宣言的にassert 'ids' in dataを書いて問題を検知することもできます。ほかにも、**リスト9**のようにtyping.TypedDict[注2]で型ヒントを指定する方法や、辞書の代わりにデータクラス[注3]を使う方法があります。

try節は短く書く

例外の処理を書き慣れていないと、とても長

注1） 関数などの最初の行に記述する文字列リテラル(""" で囲んだもの)はdocstringと呼ばれ、関数のドキュメント用の文字列として扱われます。https://docs.python.org/ja/3/tutorial/controlflow.html#tut-docstrings

注2） https://docs.python.org/ja/3/library/typing.html#typing.TypedDict

注3） https://docs.python.org/ja/3/library/dataclasses.html

▼リスト7　キーがなくても例外を出さずに動作させたい

```
def validate(data):
    """data['ids']を検査して、含まれる不正なidの一覧を返す
    """
    ids = data.get('ids', [])  # 2行後での例外を避けるため、idsがなかったら空のリストを返す
    err_ids = []
    for id in ids:
        if ...:  # idが不正かどうかをチェックする条件文
            err_ids.append(id)
    return err_ids
```

▼リスト8　例外を起こすシンプルな実装

```
def validate(data):
    """data['ids']を検査して、含まれる不正なidの一覧を返す

    dataの要素:
    * 'ids': intのリスト、必須
    """
    ids = data['ids']  # ここでエラーになるなら、validateを呼び出すコードに問題がある
    err_ids = []
    for id in ids:
        if ...:  # idが不正かどうかをチェックする条件文
            err_ids.append(id)
    return err_ids
```

いtry節を書いてしまいます。このとき、1つのexcept節ですべてのエラー処理をまとめてしまうと、どの行でどんなエラーが起きたかわからなくなってしまいます。

たとえば、**リスト10**はWebアプリケーションのフォームを処理するコードですが、エラーが発生した際に原因を切り分けられない問題があります。

このコードは、関数内のすべての処理をtry節に書き、except節ですべての例外を捕まえて、エラー処理をしています。ここで、Webアプリケーションの利用中に例外が発生しても、画面には「エラーが発生しました」とだけ表示されるため、ユーザーにも開発者にもエラーの原因はわかりません。エラーの原因の可能性として、ユーザーからのパラメータが想定外、ほかの処理でDBに保存したデータに問題がある、実装に変数名間違いなど単純なバグがある、ライブラリの更新で動作が変わった……など、多くの可能性があります。このため、開発者が原因を調べて不具合を解消するのにとても時間がかかってしまいます。

こういった状況を避けるため、try節のコードはできるだけ短く、1つの目的に絞って処理を実装しましょう。

try節に複数の処理を書いてしまうと、発生する例外の種類も比例して多くなっていき、except節でいろいろな例外処理が必要になってしまいます。**リスト11**は、try節の目的を絞ってそれぞれ個別の例外処理を行うことで、わかりやすいエラーメッセージをユーザーに伝えています。こうすることによって、ユーザーが正しい状態に復帰できるようにしています。

想定外の例外はexcept節で捕まえずに、その

▼リスト9　辞書の型ヒント

```
from typing import TypedDict, List

class IdListDict(TypedDict):
    ids: List[int]

def validate(data: IdsDictType):
    """data['ids']を検査して、含まれる不正なidの一覧を返す

    dataの要素:
    * 'ids': intのリスト、必須
    """
    (..略..)
```

▼リスト10　長いtry節

```
def purchase_form_view(request):
    try:
        product = get_product_by_id(int(request.POST['product_id']))
        purchase_count = request.POST['purchase_count']
        if purchase_count <= product.stock.count:
            product.stock.count -= int(request.POST['purchase_count'])
            product.stock.save()
            return render(request, 'purchase/result.html', {
                'purchase': create_purchase(
                    product=product,
                    count=int(purchase_count),
                    amount_price=purchase_count * product.price,
                )
            })
    except:
        return render(request, 'error.html')  # エラーが発生しました、と表示
```

まま関数の呼び出し元まで伝播(でんぱ)させましょう。そうすれば、ユーザー自身で正しい状態になおすことはできなくても、開発者に状況を伝えるのが簡単になります。

専用の例外クラスでエラー原因を明示する

エラー発生時や期待どおりに動作しないときなどに、ユーザーから問い合わせを受けて調査を行うことがあります。このとき、画面にユーザー向けの情報が不足していると、調査が難しくなります。

たとえば、画面やログに「メールを受信できません」と表示されたとき、何が原因でエラーになったのかわからない実装では困ります。**リスト12**のmail_service.get_newest_mail()はエラーが発生した場合に文字列を返してしまっています。処理中に異常があったことはわかりますが、何が起きても「メールを受信できません」と返しているため原因はわからず、トラブル

▼リスト11　目的を絞ったtry節

```
def purchase_form_view(request):
    # POSTパラメータ処理
    try:
        product_id = request.POST['product_id']
        purchase_count = request.POST['purchase_count']
    except KeyError as e:
        # 必要なデータがPOSTされていない
        return render(request, 'purchase/purchase.html',
                      {'error': f'{e.args[0]}は必須です'})

    try:
        purchase_count = int(purchase_count)
        if purchase_count <= 0:
            raise ValueError
    except ValueError:
        # POSTされたデータが不正
        return render(request, 'purchase/purchase.html',
                      {'error': 'purchase_countは不正な値です'})

    # 在庫確認
    try:
        product = get_product_by_id(product_id)
    except DoesNotExist:
        # 指定された商品が存在しない
        return render(request, 'purchase/purchase.html',
                      {'error': '指定された商品が見つかりません'})

    if purchase_count > product.stock.count:
        # 商品の在庫が不足
        return render(request, 'purchase/purchase.html',
                      {'error': '商品の在庫が不足しています'})

    # 購入の保存(実際にはトランザクション処理が必要)
    product.stock.count -= purchase_count
    product.stock.save()
    purchase = create_purchase(
        product=product,
        count=purchase_count,
        amount_price=purchase_count * product.price,
    )

    # 購入完了を表示
    return render(request, 'purchase/result.html', {'purchase': purchase})
```

COLUMN

POSTされたパラメータのバリデーション処理を分離する

リスト11の例は何らかのWebアプリケーションフレームワーク(WAF)を使っているコードですが、DjangoなどのWAFであれば、パラメータのバリデーションを行うしくみが提供されています。

リストAのコードは、フォーム画面からPOSTされたパラメータの検査をPurchaseFormに任せています。これによって雑多で定型的なパラメータの検査処理を実装する必要がなくなり、価値ある機能の実装に集中でき、コードレビューも短時間で終えられるでしょう。

PurchaseFormの検査処理は、django.forms.Formを使って**リストB**のように宣言的に実装できます。

このフォームクラスを使うことで、画面で入力された値が不正かどうかチェックし、適切な型へ変換します。また、適切なエラーメッセージもDjangoフレームワークが用意してくれるため、画面の実装も簡単になります。

この例ではdjango.forms.Formを使いましたが、django.forms.ModelFormを利用すればさらに多くの処理をフレームワークに任せることができ、機能を増やしつつ実装を減らし、バグを減らすことができます。こうしてView関数の処理がシンプルになってくると「在庫処理がViewにあって良いのか」という、これまで検査処理の陰に隠れてしまっていた、より本質的な議論ができるようになるでしょう。

▼リストA　DjangoのFormによるバリデーション処理

```
def purchase_form_view(request):
    # パラメータバリデーション
    form = PurchaseForm(request.POST)
    if not form.is_valid():
        # エラーメッセージはformオブジェクトが持っているものを使う
        return render(request, 'purchase/purchase.html', {'form': form})

    product = form.cleaned_data['product']
    purchase_count = form.cleaned_data['purchase_count']

    # 在庫確認
    if purchase_count > product.stock.count:
        # 商品の在庫が不足
        return render(request, 'purchase/purchase.html',
                      {'form': form, 'error': '商品の在庫が不足しています'})

    # 購入の保存(実際にはトランザクション処理が必要)
    product.stock.count -= purchase_count
    product.stock.save()
    purchase = create_purchase(
        product=product,
        count=purchase_count,
        amount_price=purchase_count * product.price,
    )

    # 購入完了を表示
    return render(request, 'purchase/result.html', {'purchase': purchase})
```

▼リストB　DjangoのFormによる宣言的な実装

```
class PurchaseForm(django.forms.Form):
    product = forms.IntegerField(label='商品')
    purchase_count = forms.IntegerField(label='個数', min_value=1, max_value=99)

    def clean_product(self):
        try:
            return Product.objects.get(pk=self.cleaned_data['product'])
        except Product.DoesNotExist:
            raise forms.ValidationError('指定された商品が見つかりません')
```

▼リスト12　エラー処理だとわからない実装

```
from . import service

def get_newest_mail(user):
    """
    ユーザーのメールアドレスに届いている1時間以内の最新のメールを取得する
    """
    mail_service = service.get_mail_service()
    if not mail_service.login(user.email, user.email_password):
        return 'ログインできません'
    mail = mail_service.get_newest_mail()  # エラー時には文字列で原因を返す実装
    if isinstance(mail, str):  # コードを見てもエラー処理だとわからない
        return mail  # 常に "メールを受信できません" を返してしまっている
    if mail.date < datetime.now() - timedelta(hours=1):
        return 'メールがありません'
    return mail

def newmail(request):
    mail = get_newest_mail(request.user)
    if isinstance(mail, str):
        return render(request, 'no-mail.html', context={'message': mail})
    context = {
        'from': mail.from_, 'to': mail.to,
        'date': mail.date, 'subject': mail.subject,
        'excerpt': mail.body[:100],
    }
    return render(request, 'new-mail.html', context=context)
```

解決には試行錯誤が必要になってしまいます。また、`if isinstance`で文字列かどうかを判定するコードを見てもこれがエラー処理だとわからないため、調査に時間がかかる原因になってしまいます。

処理中に異常があった場合は、例外を発生させましょう。Python標準やライブラリに適切な例外クラスがあればそれを使います。ちょうど良い例外クラスが見当たらない場合は、専用の例外クラスを実装して、具体的なエラーメッセージを提供しましょう。

▼リスト13　exceptions.pyに専用の例外クラスを定義

```
class MailReceivingError(Exception):
    pretext = ''
    def __init__(self, message, *args):
        if self.pretext:
            message = f"{self.pretext}: {message}"
        super().__init__(message, *args)

class MailConnectionError(MailReceivingError):
    pretext = '接続エラー'

class MailAuthError(MailReceivingError):
    pretext = '認証エラー'

class MailHeaderError(MailReceivingError):
    pretext = 'メールヘッダーエラー'
```

発生するエラーの種類ごとに専用の例外クラスを定義して、それぞれ異なるエラーメッセージを表示するように実装します。また、各例外の親クラスを定義しておけば、例外処理を行うコードで同系統の例外をまとめて捕まえられるため、簡潔でわかりやすい実装になります。**リスト12**のコード用に例外クラスを実装すると、**リスト13**のようになります。

このように実装した例外クラスは、**図2**のように動作します。

異常時には**リスト13**で定義した例外を上げるように`mail_service`のメソッドを実装しなおし、その前提で実装を修正したのが**リスト14**です。専用の例外クラスを用いることで改善できた箇所にコメントを並記しています。

`except exceptions.MailReceivingError as e:`では自作した例外の基底クラスでexceptしているため、継承している3つの例外

クラスをどれでも捕まえられます。これで、ユーザーの画面にはエラーの原因を推測しやすいメッセージを表示して、ログには例外発生時のトレースバックを記録できます。Sentryを利用していれば、Sentry上で例外発生時の変数の値を確認できるため、問題の切り分けもスムーズに進みます。コード上からは`if isinstance`のような分岐処理がなくなり、異常系の処理はexcept節に集約されたため、とてもわかりやすくなりました。SD

▼図2　カスタム例外の利用例

```
>>> e = MailHeaderError('Dateのフォーマットが不正です')
>>> str(e)
'メールヘッダーエラー: Dateのフォーマットが不正です'
>>> raise e
Traceback (most recent call last):
  File "<stdin>", line 1, in <module>
exceptions.MailHeaderError: メールヘッダーエラー: Dateのフォーマットが不正です
```

▼リスト14　views.py(リスト13の例外を上げるように修正)

```
from . import service
from . import exceptions

def get_newest_mail(user):
    """
    ユーザーのメールアドレスに届いている1時間以内の最新のメールを取得する。
    直近1時間のメールがない場合、Noneを返す。
    """
    mail_service = service.get_mail_service()

    # MailConnectionError, MailAuthError などが発生する可能性がある
    mail_service.login(user.email, user.email_password)

    # MailConnectionError, MailHeaderError などが発生する可能性がある
    mail = mail_service.get_newest_mail()

    if mail.date < datetime.now() - timedelta(hours=1):
        return None
    return mail

def newmail(request):
    try:
        mail = get_newest_mail(request.user)
    except exceptions.MailReceivingError as e:
        # ログにWARNINGレベルで例外発生時のトレースバックを出力
        logger.warning('Mail Receiving Error', exc_info=True)
        # 異常系専用のテンプレートを使って、発生したエラーのメッセージを画面表示
        return render(request, 'mail-receiving-error.html',
                      context={'message': str(e)})
    else:
        if mail is None:
            # 正常系のメッセージをわかりやすく表示
            return render(request, 'no-mail.html',
                          context={'message': '1時間以内のメールはありません'})

    context = {
        'from': mail.from_, 'to': mail.to,
        'date': mail.date, 'subject': mail.subject,
        'excerpt': mail.body[:100],
    }
    return render(request, 'new-mail.html', context=context)
```

4-3 最速でトラブルに対処し、システムの保守性を高める エラーの検出

適切なログの出し方や例外の発生のさせ方がわかっても、実際に発生しているトラブルに対処できなければ意味がありません。対処に時間がかかってしまえば、コストがかさむうえ、システムの保守性にも影響が出てしまいます。より早い対処を行うためにも、エラー検出のポイントをおさえておきましょう。

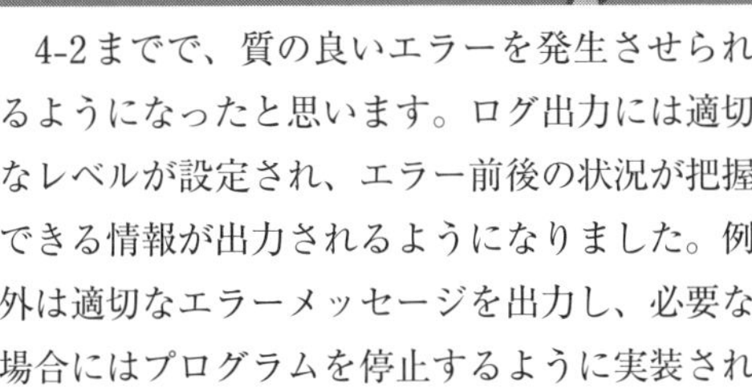

エラー検出の段取り

4-2までで、質の良いエラーを発生させられるようになったと思います。ログ出力には適切なレベルが設定され、エラー前後の状況が把握できる情報が出力されるようになりました。例外は適切なエラーメッセージを出力し、必要な場合にはプログラムを停止するように実装されました。ロギングと例外処理が適切であれば、エラーの検出と対処が容易になります。

エラーの検出にはログ出力とエラートラッキングサービスを併用します。

エラー発生時にすばやく状況を把握するためには、そもそもログがどこに出力されるのかを確認しておきましょう。とくに、本番環境と開発環境では出力されるログレベルが異なっている場合があるため、本番環境で調査に必要なログが出ているか確認しましょう。

また、ユーザーからの問い合わせがなくても問題発生を検知できるようになっていれば、よりすばやく対策を開始できます。エラートラッキングサービスを利用すれば、ログに含まれるエラーや、発生した例外を検知できます。問い合わせが来たときに原因の把握と対策の検討まで完了していれば、ユーザーに対して満足度の高い対応ができるようになります。危険度に応じたログレベル設定と、ログ監視による自動通知を組み合わせることで、エラーを自動検知できるようにしておきましょう。

ログがどこに出ているか確認する

アプリケーションのログがまったく出力されていない、といったことはありませんか？　保守を引き継いだプロジェクトなどでは、ログ出力先とその内容についてよく確認しておいたほうが良いでしょう。利用者から「画面にエラーが発生しました、と表示されます」と連絡をもらい、調べてみたらログがどこにも出ていないということもよくある話です。

Djangoの場合、開発中はmanage.py runserverでWebアプリケーションを実行します。Djangoのデフォルトの設定では、ページにアクセスするたびにコンソールにアクセスログが出力されます(**図1**)。しかし「ログ出力を実装

▼図1　Django runserverのログ出力

```
$ python manage.py runserver
(..略..)
Django version 3.0, using settings 'djangoapp.settings'
Starting development server at http://127.0.0.1:8000/
Quit the server with CONTROL-C.
[19/Jun/2020 04:38:41] "GET / HTTP/1.1" 200 16351
Not Found: /foo/bar
[19/Jun/2020 04:39:16] "GET /foo/bar HTTP/1.1" 404 1963
```

する」と言った場合、アクセスログのことではなく、明示的に実装したログのことを指すのが一般的です。アクセスログを見て「ログが出ている」と考えてはいけません。

アクセスログ以外のログは、loggingモジュールを使って明示的に出力します。Djangoのデフォルト設定ではWARNINGレベル以上のログのみが出力されます。このため、INFOレベルのログをいくら実装しても、ログは出力されません(**リスト1**)。本番ではINFOレベルまで、検証環境ではDEBUGレベルまで、というように環境によって出力するログレベルを指定する場合があるため、合わせて注意が必要です。

また、ログのフォーマットも指定されていない状態では、ログのメッセージだけが出力されて、ログ出力された時刻やログレベルが不明です。最低限の設定として、ログレベルと時刻を出力するようにフォーマットをsettings.pyのLOGGINGに設定する必要があります。設定していない場合、**図2**のようにwarningなどのログメッセージだけが出力されてしまいます。

開発環境ではmanage.py runserverを使ってWebアプリケーションを起動しましたが、本番環境ではGunicorn[注1]などのWebアプリケーションサーバを使って起動します。このとき、Gunicornのデフォルト設定ではDjangoの標準出力を捨ててしまうため、Djangoがログを出してもどこにも記録されません。このため、Gunicornがログを捨てないように--capture-outputオプションを指定するか、Django自体でファイルなどに出力するように設定する必要があります。

ログがどこに出力されるのか、調査しやすい情報が出力されているか、早い段階で確認しておきましょう。そのために、次の情報を確認しましょう。

- settings.pyのLOGGINGが設定されていること
- ファイルに出力する設定の場合、ログが確かにファイルに記録されていること
- 標準出力に出力する設定の場合、Gunicornなどを起動しているサービスマネージャー[注2]のログに記録されていること
- 記録されているログに、ログレベルや時刻など期待する情報が出力されていること
- 十分な情報がログ出力されていること(4-1で紹介)

ログファイルを管理する

自分が担当するシステムで障害やエラーが発生したときにどこのログを調査したら良いかわからないといった経験はありませんか? ログファイルと一口に言っても、システムが扱うログファイルにはいろんな種類があります。

Webアプリケーションをサーバまで含めて自分で管理した場合、パッと思いつくだけでも次のようなログファイルがあるでしょう。

▼リスト1 DjangoデフォルトではWARNING以上がログ出力される

```
import logging
logger = logging.getLogger(__name__)

def some_view(request):
    logger.info('info')  # 出力されない
    logger.warning('warning')  # 出力される
    logger.error('error')  # 出力される
    return HttpResponse('Hello')
```

▼図2 Djangoデフォルトのログ出力結果

```
$ python manage.py runserver
(..略..)
Django version 3.0, using settings 'djangoapp.settings'
Starting development server at http://127.0.0.1:8000/
Quit the server with CONTROL-C.
[19/Jun/2020 04:38:41] "GET / HTTP/1.1" 200 16351
warning
error
[19/Jun/2020 04:57:13] "GET /test HTTP/1.1" 200 5
```

注1) https://gunicorn.org

注2) systemdなどのサービスマネージャーは、常駐するデーモンプロセスの起動や終了を管理します。

・NginxやApacheなどのWebサーバのアクセスログ、エラーログ
・Webアプリケーションのログファイル、エラーログ
・systemdなどで稼働している各種サービス、ミドルウェアのログ

システムが出力するログファイルにどのようなものがあるか把握することは、管理、運用するためにも大切です。

OS標準の場所にログを出力する

Webアプリケーションの運用では、障害やエラーが発生したときにログを調査します。そのため障害時にも慌てないように、ログファイルがどのように管理されているのか把握しておきましょう。

Unix系のOSでは/var/log以下に各種ミドルウェアのログを出力するのが慣習となっています。たとえばNginxのデフォルトの設定ファイルでも**リスト2**のように、アクセスログと、エラーログを/var/log以下に出力するようになっています。とくに制約がなければ、OS標準のログ出力場所にログを出力しましょう。

ロギングの設定を行う

DjangoなどのWebフレームワークではロギングの設定ができるようになっています。**リスト3**の設定では/path/to/django/debug.logというファイルに、DEBUGレベル以上のログを出力しています。

ログローテーションを行う

ログファイルをサーバに蓄える場合、ログファイルの容量が大きくなるのでサーバのディスク容量がいっぱいになる前に古いログデータは削除したり、ログを一定期間でまとめて圧縮したりする必要が出てきます。この作業のことをログローテーションと呼びます。ログローテーションのツールとしてlogrotateがよく使われます。

サーバが複数台ある場合は、個別のサーバにはログは残さずに集約したいケースがあります。そのようなときはFluentd注3やLogstash注4などのログ集約ツールを使えば、手軽に共有ストレージなどにログを集約できます。万が一個別のサーバがクラッシュしても共有ストレージにログが残っているので安心です。

ログの中でもERRORレベルのログは、何かシステムに不具合があったときに真っ先に知りたい情報です。ERRORレベルのログをすぐに把握するためには次節で紹介するSentryの導入を検討しましょう。

注3） https://www.fluentd.org
注4） https://www.elastic.co/jp/logstash/

▼リスト2　Nginxのログ出力パス

```
http {
    (..略..)
    access_log /var/log/nginx/access.log;
    error_log /var/log/nginx/error.log;
    (..略..)
}
```

▼リスト3　Djangoのログ出力パス

```
LOGGING = {
    'version': 1,
    'disable_existing_loggers': False,
    'handlers': {
        'file': {
            'level': 'DEBUG',
            'class': 'logging.FileHandler',
            'filename': '/path/to/django/debug.log',
        },
    },
    'loggers': {
        'django': {
            'handlers': ['file'],
            'level': 'DEBUG',
            'propagate': True,
        },
    },
}
```

Sentryでエラーログを監視/通知する

ログを収集したものの、大量のログから必要な情報を見つけられない、といったことはありませんか?　あるいは、ERRORレベルのログが記録されたときにメール通知するように設定したために、大量の通知でメールボックスが埋め尽くされたことはありませんか?　たとえばDjangoにはエラー発生時に管理者にメール通知を行う機能がありますが、メールを送信しないシステムの場合は通知のためにメールサーバを用意する必要があります。また、このエラー通知メールはエラー発生ごとに毎回送信されてしまうため、1,000件のメールの中に非常に重要なエラー通知が1件紛れ込んだ場合に、その1件を見逃してしまうことがあります。

このような状況を避けるため、エラートラッキングサービスを使いましょう。Sentry[注5]を利用すれば、連続する同じエラーをまとめて1回だけ通知してくれるため、障害が発生したときに必要な情報にすばやく到達できます。また、Sentryサービスにはログだけでなく、エラー発生回数や頻度、ユーザーのブラウザ情報、ブラウザからPOSTされたデータ、発行されたSQLなど、多くの情報が通知されます。こういった情報をSentryサービス上で参照できるため、状況をすばやく把握でき、問題の切り分けがスムーズに進みます。とくに、DBトランザクションを使用しているシステムでは、エラーでデータがロールバックされてしまうとデータベースやログにデータの状態が残らないため問題追跡が難しくなってしまいます。しかし、Sentryを使用していれば、POSTデータと発行したSQLの記録から状況を再現することもできます。

Sentryの設定によって、エラーレベル別に通知方法を変更することもできます。たとえば、WARNINGレベル以上の通知はGitHubのIssue

注5) https://sentry.io/

COLUMN

自走プログラマー
～Pythonの先輩が教えるプロジェクト開発のベストプラクティス120

アプリケーションの機能を期待どおりに実装する、という観点だけでは、運用中のトラブル解決に役立つロギング実装、例外処理はできません。実際の運用で起こるトラブルを想定して設計する必要がありますが、プログラミング入門者や初級者には難しい部分です。そのため、ロギングであれば「ログには5W1Hを書く」のように、具体的な方針を伝える必要があります。

このような、「必要な機能が動作するように実装する」だけでなく「運用まで想定して設計する」ためのノウハウを集めたのが、書籍『自走プログラマー』[注A]です。書籍で扱っている120のトピックは、実際の現場で起こった問題とその解決方法をもとに執筆しています。本章は、書籍の「第3章　エラー設計」をもとに、加筆修正して再構成しました。

また、書籍の抜粋版をWebサイトで公開しています。抜粋版は詳細なコードや解説を省いていますが、120トピックすべての要点が読めます。ぜひこちらもご参照いただき、コードレビューでの引用や設計時の議論などでご活用ください。

・自走プログラマー 抜粋版
https://jisou-programmer.beproud.jp/

▼図A　自走プログラマー

注A　清水川貴之、清原弘貴、tell-k 著、株式会社ビープラウド 監修、技術評論社、2020年2月

を自動作成する、ERRORレベル以上はSlackに通知する、といった感じです。もし、通知が多すぎるのであれば、ログレベルを変更するべきでしょう。

SentryはPythonやDjangoだけでなく、多くの言語、ライブラリに対応しています。たとえば、Django、Celery、Vue.js、AWS Lambdaの通知を1つのSentryプロジェクトで受け取り、エラー情報を俯瞰して確認できます。このため、1つのプロジェクトが複数の言語で実装されているなら、それぞれにSentryのエージェントライブラリをインストールしてまとめてエラー通知を把握できます。

Sentryのエラートラッキング機能は、アプリケーション開発時にも役立ちます。Sentryサービスには無料プランも提供されており、セットアップも手軽に行えるため、まずは使ってみるのが良いでしょう。

図3は、実際の開発中プロジェクトで発生したエラー通知をSentryの通知画面で確認したものです。WebリクエストのPOSTのパラメータ、リクエスト中に発行されたSQL、ログインユーザー情報、利用者のブラウザバージョンとOSの情報、サーバ名、Pythonバージョンなどが確認できます。例外発生時にはトレースバックと各コールスタックにおける変数の値も確認できます。このように、Sentryを利用するとトラブルの発生にいち早く気づけるようになり、トラブル解決に必要な情報の収集が楽に行えるようになります。ぜひ使ってみてください。

▼図3　Sentryの通知画面例

1日でマスター Pythonで自動化スクリプト

シェルスクリプトもいいけどPythonもね

従来、処理の自動化にはシェルスクリプトがよく用いられてきましたが、ときにその可読性やメンテナンス性の悪さが指摘されます。それと比較して、最近流行りのPythonは「インデントによりブロックが表現され、コードが読みやすい」「基本的な処理についてはライブラリが用意されており、実装に個人差が出にくい」「多様なデータ構造がありデータを扱いやすいうえ、クラスなどにより適切にアクセス制御ができる」といった特徴があります。そのため、Pythonで自動化スクリプトを書くという事例が増えています。
本章では、Pythonで自動化スクリプトを書くときの定番のコードを紹介します。複数人でメンテナンスしたり、複雑なデータを扱ったりするスクリプトを書くなら、知っておいて損はありません。

5-1 P.112
ファイル／ディレクトリ操作
高機能な標準ライブラリで気軽に自動化しよう
Author 近松 直弘

5-2 P.123
コマンドラインツール作成
自動化しやすさ・運用しやすさを考えた設計と実装
Author 近松 直弘

5-3 P.141
Web APIの活用
他サービスと連携し、自動化の対象を広げよう
Author 岩崎 圭

ファイル／ディレクトリ操作

高機能な標準ライブラリで気軽に自動化しよう

Author 近松 直弘（ちかまつ なおひろ） Twitter @ARC_AED

5-1では、ファイル／ディレクトリ操作をするうえで押さえておきたいPythonの基本的な機能および標準ライブラリの使い方を実践的に解説します。自動化スクリプトを書くにあたり、シェルスクリプトではなくPythonをお勧めする理由がきっとわかるでしょう。

はじめに（5-1の目的）

5-1では、Python注1を用いた自動化スクリプトの作成方法を紹介します。「自動化」と言えば、シェル（例：bash）を思い浮かべる方が多いと思います。なぜ、今回はシェルではなくPythonを選択するのでしょうか。

この疑問を解消するため、本稿の冒頭では「シェルスクリプトの弱み」と「Pythonの利点」を説明します。次に、Pythonによる自動化の第一歩として、PATH／ファイル／ディレクトリの操作、管理者権限の確認、コマンドの実行に関わる標準ライブラリについて説明します。最後に、5-1のまとめとして画像ファイルバックアップスクリプトを例示します。

シェルスクリプトはすばらしい。でも……

シェルスクリプトは、Unix哲学を体現したすばらしいツールです。複数のコマンド（例：sedやgrep）を協調動作させ、少ない労力（時にはワンライナーだけ）で大きな成果が得られます。たとえば、複数のファイルに連番を付与したり、特定の拡張子を持つファイルを1ヵ所にバックアップしたりすることがいとも簡単にできます。

しかし、シェルスクリプトは個人用ツールとして高い効果を発揮する一方で、チーム開発では課題を抱えやすい傾向があります。

チーム開発でのシェルスクリプトの課題

筆者の開発経験（約7年）を通して、チーム開発におけるシェルスクリプトの課題は次の3点でした注2。

課題1. データ管理が苦手なこと
課題2. 実装方法の個人差が大きいこと
課題3. UNIX（Linux）に詳しいメンバーばかりではないこと

順に説明しましょう。

シェルスクリプトは、データ構造が配列だけであり、その使い勝手が良くありません。また、データを長期管理する場合、グローバル変数を用います。クラスの概念がないため、グローバル変数のスコープを狭める手段がありません。シェルスクリプトの規模が拡大した場合は、メンバーの書いた実装を読み解き、「グローバル変数の参照／更新タイミング」や「グローバル

注1） 本稿での検証環境はUbuntu 21.10、Python 3.9.7です。

注2） 動作環境の差異による可搬性の問題（「シェルの文法差異」や「各コマンドに対する依存」）は、筆者が直面したことがないため、割愛します。

変数を使う関数の呼び出し順番（制約）」を把握するコストが大きくなります。

次に、複数のメンバーがシェルスクリプトを修正すると、「個人差のある実装方法」や「登場するコマンドの多さ」が問題として顕在化します。たとえば、特定の文字列を削除する実装だけでも4パターンが考えられます。**図1**の例ではtr、sed、ruby、bashといった異なるコマンドを用いて文字列の削除を実現しています。

同じ目的を果たす実装方法が複数通りあることは、可読性の観点から好ましくありません。処理がスッと頭に入ってきません。

最後に、UNIX（Linux）に精通していないメンバーがいる可能性についてです。シェルスクリプトを使いこなすには、50〜100個程度のコマンドとその動作を把握し、シェルスクリプトの文法を学習しなければいけません。しかし、メンバーの中には、「黒い画面（Terminal）の操作が苦手な人」や「コマンドの知識がなくてシェルスクリプトをすばやく読み解けない人」がいます。誰もが**リスト1**の関数[注3]の意味がわかるとは限りません。

UNIX（Linux）に苦手意識があるメンバーは、定形作業を自動化する活動から遠ざかりがちです。チームで活動するうえでは、この状況は好ましくありません。

注3）標準エラーに"赤色"で「何が起きるでしょうか」を出力します。

▼図1　4パターンの文字列削除と実行例

```
# 編集対象テキストの中身
$ cat test.txt
ABCDEFGHI

# 文字列"DEF"を削除する方法（4パターン）
$ cat test.txt | tr -d DEF
ABCGHI
$ cat test.txt | sed -e s/DEF//
ABCGHI
$ ruby -pe '$_.gsub!("DEF", "")' test.txt
ABCGHI
$ TEXT=$(cat test.txt); echo ${TEXT/DEF/}
ABCGHI
```

シェルスクリプト課題の解決案

では、前述の課題をどのように解決すべきでしょうか。解決策の1つは、シェルスクリプトを書き捨てのコードと思わず、キチンと作り込むことです。

具体的な方法を次に示します。

- 処理を適切な粒度で関数化
- 可能な限りライブラリ化（ファイル分割）
- ファイル単位でグローバル変数を管理
- POSIXのシェル機能／コマンドだけを使用
- ShellCheck[注4]で構文の誤りを検出
- ShellSpec[注5]で関数をユニットテスト

この解決策の問題点は、目的と手段が入れ替わりつつあることです。楽をするために自動化スクリプトを作成していたはずが、いつの間にか大掛かりなシェルスクリプト開発プロジェクトを立ち上げてしまっています。

さらに、シェルスクリプトのライブラリ化やユニットテストなどの方法論は、一般的とは言い難いです。コマンドを覚えるのが大変なメンバーもいる中で、シェルスクリプトの一般的ではない開発作法を学習するコストは、はたしてチーム内で受け入れられやすいでしょうか。

シェルをPythonに置き換える選択肢

より気軽な解決策として、自動化スクリプトをPython（もしくはチーム内で人気のあるス

注4）https://github.com/koalaman/shellcheck
注5）https://github.com/shellspec/shellspec

▼リスト1　読み解きづらい関数の例

```
function errMsg() {
    local message="$1"
    echo -n -e "\033[31m\c"
    echo "${message}" >&2
    echo -n -e "\033[m\c"
}

errMsg "何が起きるでしょうか"
```

クリプト言語）で作成する方法があります。たとえば、Pythonで自動化スクリプトを作成する場合、以下の利点があります。

利点1. 便利なデータ構造やクラスの存在
利点2. 実装に個人差が出にくい
利点3. Linuxの知識は不要

Pythonは、データ管理がシェルよりも柔軟にできます。データ構造としてリスト、タプル、辞書、集合を持ち、それらをクラスの中に隠蔽できます。多くの現代的なプログラミング言語が同様の機能を持つことが、データ構造やクラスの実用性を表しています。そして、私たちは経験的に、データを上手に管理できているプログラムは良い設計であること（読みやすいこと）を知っています。

次に、Pythonはシェルスクリプトと比較して、実装に個人差が出にくいです。その理由は、「文法のシンプルさ」と「高機能な標準ライブラリ」です。ロジック（アルゴリズム）の組み立て方に差異はあれど、基本的なファイル操作や文字列操作レベルでは実装に大きな個人差が出にくいです。

最後に、言うまでもなくPythonはLinuxの知識がなくても使えます！　当然、Windowsで動きます。

Pythonを始めよう!

前置きが長くなりました。本稿のメインであるPython標準ライブラリの説明を始めましょう。単純にAPIを例示して説明するのではなく、使いどころやシェルと比較した利点も紹介します。

▼リスト2　os.pathを使用する方法

```
from os.path import abspath, dirname, join

# こちらの例はバグがあります
# abspath():絶対PATHの取得
# dirname():親ディレクトリPATHの取得
# join():文字列の連結
print(''.join([dirname(abspath(__file__)), '/', 'tmp']))
```

PATH操作

PATHは、ファイルやディレクトリの場所を示す情報です。Pythonは、Version 3.4から2つの方法でPATHを操作できるようになりました。1つめはos.pathを用いる方法、2つめはPath.pathlib（Version3.4で追加）を用いる方法です。

os.pathとPath.pathlibの違い

os.pathとPath.pathlibは、何が違うのでしょうか。大きな違いは、抽象度です。

os.pathは、PATHを文字列として扱うため（抽象度が低いため）、開発者がファイルシステムごとの差異（例：PATH区切り文字の違い）などを考慮する必要があります。つまり、PATHの操作を行うとき、開発者がどのように文字列を整形すべきかを知っていなければなりません。

Path.pathlibは、PATHを抽象度の高いオブジェクト指向で表現します。すなわち開発者がPATHの文字列を整形することなく、オブジェクトに命じるだけで結果が返ってきます。Path.pathlib内部で、どのように文字列が整形されたかは、私たち開発者が知る必要はありません。

os.pathとPath.pathlibの実装例

「抽象度が違う？　ピンと来ない」と感じている方がいるのではないでしょうか。では、具体例として次の①～③のPATH操作を行うコードを示します（**リスト2、リスト3**）。

① 実行中ファイルの絶対PATHを取得
② 実行中ファイルが格納されているディレクトリPATHを取得
③ 実行中ファイルの格納先ディレクトリPATHにディレクトリ名“tmp”を連結

▼リスト3　Path.pathlibを使用する方法

```
from pathlib import Path

# resolve():絶対PATHの取得
# parent():親ディレクトリPATHの取得
# joinpath():PATHの連結
print(Path(__file__).resolve().parent.joinpath('tmp'))
```

▼図2　Windows環境／Linux環境でのリスト2の実行例

```
# Windows環境での実行例
#("¥"と"/"が混在しています)
C:¥Users¥nao¥Documents¥SD/tmp

# Linux環境での実行例
#(PATH区切り文字がそろっています)
/home/nao/Documents/SD/tmp
```

os.pathを利用する方法(**リスト2**)は、メソッドがネストしていて若干の読みづらさがあります。また、PATH区切り文字を"/"として文字列を連結しています。このコードを書いたのは、きっとLinuxユーザーで、os.path.sep(OSに応じたPATH区切り文字)を使い忘れたのでしょう。Windows環境では、期待と異なる実行結果となります(**図2**)。

一方で、Path.pathlibを利用する方法(**リスト3**)は、PATH操作をメソッドチェーンで表現でき、書きやすく読みやすい形式です。さらに、joinpath()内でファイルシステムに合わせてPATH区切り文字が自動決定されるため、開発者は実行環境(Windows、macOS、Linux)を意識する必要がありません。

以上をふまえて、本稿ではより簡単にPATH操作ができるPath.pathlibの使い方を中心に説明します。

PATHの正規化(絶対PATHの取得)

正規化とは、PATHを表す文字列を変更し、冗長な表現を取り除いた絶対PATHを作成することを意味します。具体的には、「OS(Windows、macOS、Linux)のファイルシステムに合わせてPATHの区切り文字を変更」、「現在のディレクトリを表す記号"."や1つ上のディレクトリを表す記号".."を評価("."や".."を含まない文字列に変換すること)」などが正規化として行われます(**図3**)。

正規化は、自動化スクリプトの観点では、人間が読みやすいPATHを作成するために使います。厳格な開発現場では、正規化をセキュリティ対策で使用します。たとえば、ディレクトリトラバーサル("..")を用いたディレクトリの相対指定で、不正にファイルアクセスする手法)などの対策として、正規化されたPATHに対して各種検証を行います。

Pythonにおける PATHの正規化では、Path.resolve()が「シンボリックリンクの解決」や「"."、".."の除去」を行い、絶対PATH(新しいPathオブジェクト)を作成します(**リスト4**、**図4**)。

Path.resolve()のデフォルト引数(デフォルト値が設定された引数)strictにTrueを渡した場合は、ファイルが存在するかどうかまで確認します(**リスト5**)。ファイルが存在しない場合、例外FileNotFoundErrorが発生します(**図5**)。

PATHの分割／抽出

PATHの分割／抽出において、シェルと

▼リスト4　PATH正規化の例

```
from pathlib import Path

# symbolicは、カレントディレクトリ
# (/home/nao/Documents/SD)へのリンク
print(Path("symbolic/./test.txt").resolve())
```

▼図3　正規化前後のPATH

```
# 正規化前のPATH
/home/nao/./Desktop/../Documents

# 正規化後のPATH
/home/nao/Documents
```

▼図4　リスト4の実行結果

```
/home/nao/Documents/SD/test.txt
```

▼リスト5　ファイル存在確認付きPATH正規化の例

```
from pathlib import Path

try:
    print(Path("not_exist_file").⏎
resolve(strict=True))
except FileNotFoundError as e:
    print(e)
```

▼図5　リスト5の実行結果

```
[Errno 2] No such file or directory: ⏎
'/home/nao/Documents/SD/not_exist_file'
```

Pythonで実装を比較してみましょう。

リスト6と**リスト7**に示す実装例では、シェル側は変数展開による拡張子の操作がややわかりづらくないでしょうか。Python側は、英語を読めば処理内容がおおむね推測できます。ちなみに英単語について一言補足すると、stemは幹（主要部分）という意味であり、拡張子を除いたファイル名がstemです。

実行結果は、拡張子の取得においてだけ、差があります。Pythonの結果は“.”も含んだ拡張子を返し（**図6**）、シェルの結果は“.”を含まない拡張子を返します。

▼リスト6　PATHの分割／抽出（シェル）

```
#!/bin/bash
TEST_PATH="/home/nao/Desktop/test.txt"

# ファイル名の取得
basename "${TEST_PATH}"
# 拡張子なしのファイル名の取得
basename "${TEST_PATH%.*}"
# 拡張子の取得
echo "${TEST_PATH##*.}"
# 親ディレクトリの取得
dirname "${TEST_PATH}"
```

▼リスト7　PATHの分割／抽出（Python）

```
from pathlib import Path
TEST_PATH = "/home/nao/Desktop/test.txt"

# ファイル名の取得
print(Path(TEST_PATH).name)
# 拡張子なしのファイル名の取得
print(Path(TEST_PATH).stem)
# 拡張子の取得
print(Path(TEST_PATH).suffix)
# 親ディレクトリの取得
print(Path(TEST_PATH).parent)
```

PATH情報の取得

自動化スクリプトで知りたいPATHと言えば、実行時の状況（実行時PATHや実行ユーザーの違い）によって、変化するPATHではないでしょうか。具体的には、カレントワーキングディレクトリ（CWD）およびユーザーホームディレクトリのPATHを取得したくなる頻度が高いです。

まずは、CWDの取得例を示します（**リスト8**、**図7**）。CWDの利用例としては、スクリプト起動時に起動時PATH（CWD）を取得し、別ディレクトリに移動して何らかの処理を行ったあとに、保存していた起動時PATHに戻る処理が考えられます。

次に、ユーザーホームディレクトリの取得例を示します（**リスト9**、**図8**）。ユーザーホームディレクトリの利用例としては、ユーザーごとの設定ファイル格納先（例：/home/nao/.config）を参照する処理が考えられます。

なお、環境変数PWD/HOMEを用いて、CWDやユーザーホームディレクトリのPATHを取得する方法もあります（**リスト10**）。

▼リスト8　CWDの取得例

```
from pathlib import Path
print(Path.cwd())
```

▼図6　リスト7の実行結果

```
test.txt
test
.txt # 注意：シェルの場合は結果が"txt"
/home/nao/Desktop
```

▼図7　リスト8の実行結果

```
/home/nao/Documents/SD
```

▼リスト9　ユーザーホームディレクトリの取得例

```
from pathlib import Path
print(Path.home())
```

▼リスト10　環境変数を用いたPATH取得例

```
import os

# PWD = Print Working Directory
print(os.environ['PWD'])
# HOME = Home Directory
print(os.environ['HOME'])
```

ファイル操作

ファイルとはデータを永続化する方法の1つです。ご存じのとおり、ファイル操作はさまざまな場面で用いられます。使用例を次に示します。

・設定ファイルの読み込み（Read）
・ログファイルの作成（Write）
・ファイルのバックアップ（Copy）
・一時ファイルの削除（Delete）

以降ではファイル操作として、Open/Close、読み書き、複製／移動／名称変更／削除の方法を順に説明します。

Open/Close、読み書き

ファイルは、メモリと同様、有限のリソースです。使用したリソース（ファイル）を解放するにはファイルのOpenとCloseが1対1で対応しているかどうかを確認しなければいけません。

Pythonのファイル操作では、with文を用いるとファイルの閉じ忘れが防止できます。この場合、明示的にCloseを呼び出さなくても、withブロックを抜けたあとに自動的にファイルを閉じます。

リスト11、**図9**に、with文を用いたファイルの読み書き例を示します。

open()の第2引数は、ファイルを開く際のモード指定です。使用可能なモードを**表1**に示します。

▼リスト11　with文を用いたファイル操作例

```
import os

# ファイルへの書込
with open('new.txt', mode='wt') as f:
    f.write("テキストに追加する文章\n")

# ファイルの読込（1行ずつ表示する処理）
with open('new.txt', mode='rt') as f:
    for line in f.readlines():
        print(line.strip())
```

▼図8　リスト9の実行結果

```
/home/nao
```

▼図9　リスト11の実行結果

```
テキストに追加する文章
```

複製／移動／名称変更／削除

Pythonは、高水準のファイル操作として、shutilモジュールを提供しています（**リスト12**）。

複製で用いたcopy2()は、コピー元とコピー先のPATHが同じ場合はSameFileErrorが発生します。SameFile（同じファイル）と言いつつも、ファイルの同一性（例：チェックサムの一致）をチェックしていません。チェック内容は、コピー元とコピー先のPATHが一致しているかどうかです。

勘の良い方は「copy2()？　ほかにも複製方法がある？」と気づいたかもしれません。そのとおりです。ファイルの複製メソッドにはcopyfile()、copy()もあります。パーミッションおよびメタデータを複製するかどうかが、メソッドによって異なります。用途に応じて使い分けてください（**表2**を参照）。

▼表1　ファイルをOpen時に指定するモード一覧

モード	説明
r	Read Only
r+	Read＋Write（読み書き位置は先頭）
w	Write Only（ファイルがなければ新規作成する）
w+	Read＋Write（ファイルが存在しなければ新規作成し、存在する場合は空にする）
a	Append（追記）
a+	Append＋Read（読み込みはファイル先頭から、書き込みはファイル末尾から）
t	テキストモード
b	バイナリモード
x	ファイル存在時はFileExistsErrorが発生する。ファイルが存在しない場合だけ、ファイルを書き込み用で新規作成する

ディレクトリ操作

ファイル操作の次は、ディレクトリ操作についてです。ディレクトリの作成、複製、移動、名称変更、削除を説明したあと、ディレクトリ内のファイル一覧を取得する方法を説明します。

作成／複製／移動／名称変更／削除

ディレクトリ作成方法には、os.mkdir()とos.makedirs()の2種類があります。それらの違いは、再帰的にディレクトリを作成できるかどうかであり、mkdir()は再帰的に作成できず、makedirs()は再帰的に作成できます。どちらも、ディレクトリがすでに存在している場合、FileExistsErrorが発生します。

makedirs()だけ、デフォルト引数exist_okにTrueを指定することによって、FileExistsErrorを抑制できます（**リスト13**を参照）。たとえば、「すでにディレクトリが存在する状態」かつ「exist_okにTrueを指定」の場合は、ディレクトリの作成をスキップし、FileExistsErrorが発生しません。この動作は、シェルの`mkdir -p`と同様です。

ディレクトリの複製では、shutil.copytree()を使用します（**リスト14**）。copytree()は、ディレクトリ内のすべてのファイル／ディレクトリを複製します。こちらもデフォルト引数dirs_exist_okにTrueを指定することによって、FileExistsErrorを抑制できます。

ディレクトリの移動、名称変更にはファイル操作と同様にshutil.move()を使用するため、説明を省略します。

ディレクトリの削除では、shutil.rmtree()を

▼リスト12　ファイルの複製、移動、名称変更、削除の例

```
import shutil
import os

# ファイルの複製（権限とメタデータ含む）
shutil.copy2("test.txt", "test_copy.txt")

# ファイルの移動
# backupディレクトリは、あらかじめ存在する前提
shutil.move('test_copy.txt', 'backup/.')

# ファイル名の変更
shutil.move('backup/test_copy.txt',
            'backup/test_bkup.txt')

# ファイルの削除
os.remove("test.txt")
```

▼表2　各ファイル複製メソッドの特徴

複製の種類	パーミッション	メタデータ
copyfile()	複製しない	複製しない
copy()	複製する	複製しない
copy2()	複製する	可能な限り複製する

▼リスト13　ディレクトリ作成の例

```
import os
os.makedirs("backup/deep", exist_ok=True)
```

▼リスト14　ディレクトリ複製の例

```
import shutil
shutil.copytree("src", "dest")
```

使用します（**リスト15**）。rmtree()は、ディレクトリの中身も再帰的に削除します。引数で指定するPATHにはディレクトリを指定しなければなりません。

ディレクトリ内のファイル一覧取得

自動化スクリプトでは、ディレクトリ内のファイル一覧を取得し、その中から処理を行う対象のファイルを探し出すことがあります。Pythonではos.walk()を使用すると、探索したディレクトリ名、探索対象ディレクトリ内のサブディレクトリ一覧、ファイル一覧が取得できます（**リスト16**）。

図10に「探索対象ディレクトリのツリー」、**図11**に「そのツリーに対する実行結果」を示します。実行結果がわかりづらいため、コメントで補足しています。

ファイル／ディレクトリの存在確認

Pythonでは、ほかのプログラミング言語と

▼リスト16　ディレクトリ内のファイル一覧取得例

```
import os

for dir, subDir, file in os.walk('test'):
    print(dir)
    print(subDir)
    print(file)
```

▼リスト17　ファイル／ディレクトリの存在確認例

```
from pathlib import Path

# 実行中スクリプトの存在確認
if Path(__file__).is_file() is True:
    print("ファイルが存在します")

# 存在しないディレクトリに対する存在確認
if Path("no_exist_dir").is_dir() is False:
    print("ディレクトリが存在しません")
```

▼リスト15　ディレクトリ削除の例

```
import shutil
shutil.rmtree("directory")
```

同様に、ファイルやディレクトリが存在するかどうかを真偽値（True、False）で返すメソッドが存在します（**リスト17**、**図12**）。

なお、ファイルやディレクトリの判別をする必要がなく、存在確認さえできればよい場合は、Path.exists()を使ってください。

管理者権限の確認

自動化スクリプト（とくにインストーラ）においては、管理者権限を持つユーザーだけに実行を許可したい場合があります。管理者権限の有無を確認する場合は、実行ID（Effective User ID：EUID）とUser ID（UID）を確認します。EUIDは権限を定義するためのIDであり、UIDはユーザーやプロセスを特定するための

▼図10　探索対象ディレクトリツリー

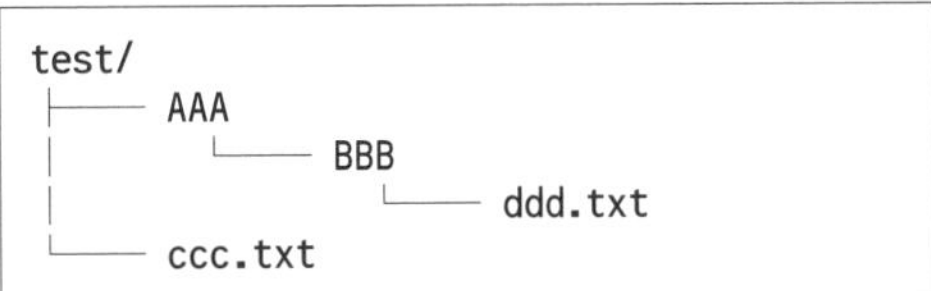

▼図11　図10に対するリスト16の実行結果

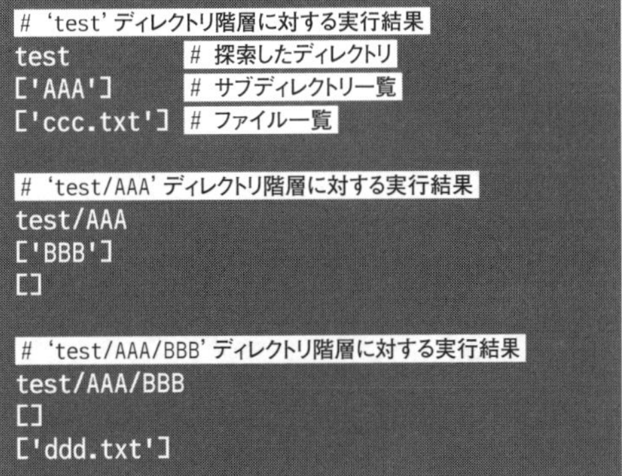

'test' ディレクトリ階層に対する実行結果
test
探索したディレクトリ
['AAA']
サブディレクトリ一覧
['ccc.txt']
ファイル一覧
'test/AAA' ディレクトリ階層に対する実行結果
test/AAA
['BBB']
[]
'test/AAA/BBB' ディレクトリ階層に対する実行結果
test/AAA/BBB
[]
['ddd.txt']

▼図12　リスト17の実行結果

```
ファイルが存在します
ディレクトリが存在しません
```

▼リスト18　管理者権限の確認例(root_check.py)

```
import os

if os.geteuid() == 0 and os.getuid() == 0:
    print("管理者")
else:
    print("一般ユーザー")
```

IDです。

Linux環境であれば、rootはEUID/UIDのどちらも0です。より正確に検証する場合は、ユーザー名がrootかどうかを合わせて確認したほうが好ましいですが、本稿ではEUIDとUIDだけを確認する方法を紹介します(**リスト18**、**図13**)。

コマンドの実行

自動化スクリプトの作成中には、コマンド(例:apt)を使いたい場面があります。そのような場合は、subprocessモジュールを使用します。**リスト19**①のsubprocess.run()は、引数にコマンド文字列を受け取り、その実行結果(標準出力、標準エラー出力、終了ステータス)を返します(**図14**)。

subprocess.run()のデフォルト引数について説明します。“shell=True”にすることによって、コマンドをリスト形式ではなく、文字列として渡せます。また、標準出力(stdout)/標準エラー出力(stderr)の出力先をPIPEとすることによって、出力内容をPythonスクリプト内で取得できます。

“text=True”とする理由は、出力内容をバイト型データではなく文字列として扱うためです。バイト型データとして扱う場合は、コマンド実行結果を文字列として操作する前にデコード処理が必要です。

subprocess.run()は、コマンド実行完了を待つ同期処理です。コマンド実行を非同期で行いたい場合は、subprocess.Popen()とPopen.communicate()を併用してください[注6]。

▼リスト19　コマンドの実行例(shellcmd.py)

```
#!/usr/bin/env python3
import subprocess
from subprocess import PIPE

# 本スクリプトの2行目を抽出するコマンド
cmd = "cat " + __file__ + " | sed -n 2P | tr -d '\n'"
proc = subprocess.run(cmd, shell=True, stdout=PIPE, ➡
stderr=PIPE, text=True) ←①
print('標準出力      : {}'.format(proc.stdout))
print('終了ステータス: {}'.format(proc.returncode))
```

▼図13　リスト18の実行結果

```
$ ./root_check.py
一般ユーザー
$ sudo ./root_check.py
管理者
```

サンプルスクリプトの作成

では、本稿で学んだ内容を活かした自動化スクリプト(imgBackup.py)を紹介します。**リスト20**にスクリプト全体を示しているので、解説を読みながら実装を確認してください[注7]。

サンプルスクリプトの仕様概要

リスト20は、画像ファイルをバックアップするスクリプトです。

- 複製対象:ユーザーホームディレクトリ以下にある画像ファイル
- 複製対象外:「隠しファイル」や「隠しディレクトリ以下の画像ファイル」
- 複製先:“/tmp/sd”以下[注8]

注6) subprocessモジュールの公式ドキュメント:https://docs.python.org/ja/3/library/subprocess.html

注7) 本サンプルスクリプトは、本書サポートサイトからダウンロードできます。https://gihyo.jp/book/2022/978-4-297-12639-1/support

注8) /tmp以下は、OS再起動後にデータが削除される可能性があります。

▼図14　リスト19の実行結果

```
$ ./shellcmd.py
標準出力      : import subprocess
終了ステータス: 0
```

・ロギング：“/tmp/sd/copy.log”にログ出力

起動部

スクリプト末尾にある“if __name__ == '__main__':”（リスト20★）は、定形処理です。__name__には、imgBackup.pyとして実行した場合は“__main__”が格納され、imgBackup.pyをimportした場合は“imgBackup”が格納されます。

今回は、imgBackup.pyをモジュールとしてimportした場合、何も実行しない仕様とします。そのため、__name__が“__main__”となる場合だけMainクラスを起動します。ちなみに、“if __name__ == '__main__':”ブロックは、グローバルスコープであるため、変数宣言を最低限にしましょう。

複製対象の決定

ImgBackupクラス（リスト20①）は、__make_backup_list()内でユーザーホームディレクトリ以下の全ファイルのリストを一度取得します。その後、「隠しファイル／隠しディレクトリ」および「画像ファイル以外」を除外したリスト（コピー対象ファイルのリスト）を作成します。なお、メソッド名のプレフィックス“__”は、メソッドアクセス範囲がプライベートであることを意味します。

PATHの中に隠しファイル／隠しディレク

▼リスト20　画像ファイルバックアップスクリプト（imgBackup.py）

```
#!/usr/bin/env python3
import os
import shutil
from pathlib import Path

class BackupDir:
    PATH = "/tmp/sd"

    @classmethod
    def make(cls):
        os.makedirs(cls.PATH, exist_ok=True)

class Logger:
    FILE = Path(BackupDir.PATH).joinpath("copy.log")

    @classmethod
    def log(cls, message):
        print(message)
        with open(cls.FILE, mode='a+') as f:
            f.write(message + os.linesep)

class ImgBackup: ←①
    backup_target_list = []

    def backup(self):
        BackupDir.make()
        self.__make_backup_list()
        self.__copy()

    def __copy(self): ←②
        for target in self.backup_target_list:
            try:
                shutil.copy2(target, BackupDir.PATH)
                Logger.log("Copy " + str(target))
            except PermissionError:
                Logger.log("コピーする権限がありません：" + str(target))
```

（次ページに続く）

▼リスト20の続き

```
    def __make_backup_list(self):
        all_file_list = []
        for dir, _, files in os.walk(Path.home()):
            for file in files:
                all_file_list.append(Path(dir).joinpath(file))

        for path in all_file_list:
            if self.__is_include_hidden(path):
                continue

            if self.__is_img(path):
                self.backup_target_list.append(path)

    def __is_include_hidden(self, path):
        path_parts = Path(path).parts
        for part in path_parts:
            if part.startswith("."):
                return True
        return False

    def __is_img(self, path):
        img_ext_list = [".jpeg", ".jpg", ".gif", ".bmp", ".raw"]
        return Path(path).suffix in img_ext_list

class Main:
    def run(self):
        img_backup = ImgBackup()
        img_backup.backup()

if __name__ == '__main__':  ┐
    main = Main()           ├ ★
    main.run()              ┘
```

トリが含まれるかどうかは、PATHを構成する要素（ディレクトリ名、ファイル名）の先頭が“.”始まりかどうかで確認しています。**リスト21**の処理では、本稿で説明していないPath().partsを使っています。partsは、PATHを構成する要素をタプルで返します（**図15**）。

画像ファイルかどうかは、ファイルの拡張子（Path.suffix）が“.jpeg”、“.jpg”、“.gif”、“.bmp”、“.raw”であるかどうかで確認しています。ただし拡張子が偽装されている場合、今回のサンプルスクリプトでは検知できません。

▼リスト21　PATH構成要素の分割例

```
print(Path("/home/nao/SD").parts)
```

▼図15　リスト21の結果

```
('/', 'home', 'nao', 'SD')
```

画像ファイルの複製

画像ファイルの複製（__copy()）では、事前に準備したコピー対象ファイルリストを用いて、画像ファイルをshutil.copy2()で順番に複製します（**リスト20②**）。

複製が成功した場合はコピー元のPATHをロギングし、複製が失敗した場合はその旨をロギングします。ロギングに用いたLoggerクラスは、ログをフィルタリングするログレベルもなく、ロギングと同時に標準出力も強制的に行う仕様です。なお5-2でloggingモジュールについて解説しているため、より良いロギングが必要な場合はぜひご一読ください。SD

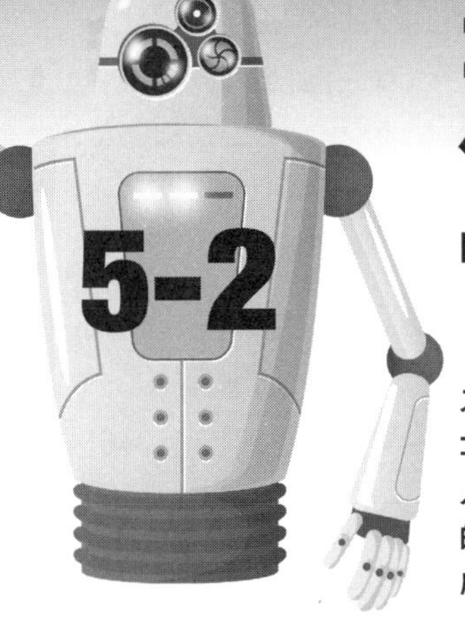

コマンドラインツール作成

自動化しやすさ・運用しやすさを考えた設計と実装

Author 近松 直弘(ちかまつ なおひろ) Twitter @ARC_AED

スクリプトを実運用やCI(継続的インテグレーション)に組み込むならば、コマンドにすると扱いやすいでしょう。コマンドには、オプション、ユーザー入力、ロギング、設定ファイルなどの扱いにおいて、Unix系OSの一般的な流儀があります。Pythonでもそれらの流儀にのっとったコマンドを作成することが可能です。

はじめに(5-2の目的)

5-2では、Pythonを用いたコマンドラインツール(以下、コマンドと略します)を作成する方法について紹介します[注1]。ここでのコマンドとは、「みなさんの職場や個人的な作業で用いる小規模コマンド(数百行の規模)」を想定しています。

コマンドを作成する際、筆者は次の①〜⑦を検討します。

① オプションの設計
② ユーザーからの入力有無
③ デバッグ用のログ設計
④ 設定ファイルの必要性
⑤ 国際化対応(i18n)
⑥ ドキュメンテーション
⑦ 配布方法(パッケージング)

今回は、オープンソースで配布するような大規模コマンドを想定していません。そのため、上記の①〜④に関して順に説明し、残りは説明対象外とします。

注1) 5-1と同様、本稿の検証環境はUbuntu 21.10、Python 3.9.7です。

オプションの役割

オプションとは、ユーザーとコマンドをつなぐインターフェースの1つです。コマンドはオプションを受け取り、その動作を切り替えます。より良いUI(オプション)とは、ユーザーの期待を裏切らない挙動をします。ユーザーの期待は過去の経験から培われていることをふまえると、開発者はオプションの慣習を知り、なるべく慣習を踏襲した設計としたほうがユーザーフレンドリーです。

オプションの書式

オプションの書き方は、POSIX方式[注2]とGNU拡張方式[注3]の2通りがあります。

POSIX方式は、ショートオプションと呼ばれる形式であり、オプションを「ハイフン1個と英字1文字(例:-h)」で表します。ハイフン1個のあとに、複数のオプションを同時に指定できます(例:-abc)。オプション引数を持つ場合は、オプションとオプション引数との間に空白が必要です。

注2) POSIXとは、Unix系OSに共通する機能の標準規格です。 http://get.posixcertified.ieee.org/

注3) GNUとは、フリーソフトウェアを開発・公開するプロジェクトです。https://www.gnu.org/home.ja.html

```
# ショートオプションの例
command [-d option_argument]
```

GNU拡張方式は、POSIX方式に加えて、ロングオプションをサポートしています。ロングオプションは、「ハイフン2個と任意の英文字列(例:--all)」で表します。基本的には英単語でオプションを表すため、POSIX方式より動作を想定しやすいです。オプション引数を持つ場合は、オプションとオプション引数を"="で連結します。

```
# ロングオプションの例
command [--output=option_argument]
```

頻繁に登場するオプション

UnixやLinux、BSD系(例:FreeBSD)などのOSで使用されてきたコマンドは、同じ意味合いのオプションを持つことが多いです。ユーザーはそれらのオプション体系に慣れ親しんでいるため、可能な限りその体系を踏襲しましょう。**表1**は、頻繁に登場するコマンドオプションです注4。オプション設計時の参考にしてください。

注4) 誌面の都合上、一部省略しています。残りのオプション例は筆者のブログを参照してください。
https://debimate.jp/2019/02/23/linux-command-optionの慣習一般的なoption一覧/

Pythonにおけるオプション解析

さて、本題です。Pythonでは、標準ライブラリのargparseモジュール注5が高機能なオプション解析を提供します。argparseによるオプションの解析の流れは、次のとおりです。

(1) コマンド引数パーサを生成
(2) パーサにオプション情報を登録
(3) コマンド引数を解析

コマンド引数を解析したあとは、ユーザーが指定した引数とオプションの情報がパーサから得られます。上記の(1)～(3)の処理を順に説明します。

コマンド引数パーサの生成

argparseモジュールは、ArgumentParser()を用いてパーサを生成します。このメソッドはデフォルト引数が13個と多く、引数の多くはヘルプメッセージの整形に関する指定です。引数指定なしの状態(デフォルト値)であっても、使い勝手が良いです。

ArgumentParser()に対して明示的に指定する機会が多い引数は「ヘルプメッセージの前に挿入する文字列(description)」「ヘルプメッ

注5) argparseモジュール公式ドキュメント:https://docs.python.org/ja/3/library/argparse.html

▼表1 オプション機能の例

ショートオプション	ロングオプション	機能や使用方法の例
-a	--all	「フラグをすべて有効化」や「全ファイルや全ユーザーを対象にした処理」を行う
-d	--debug	デバッグメッセージを表示する
-d	--dry-run	ファイルやシステムに変更を加えずに、処理の検証を行う
-f	--force	ユーザーに確認することなく、処理を継続する
-h	--help	ヘルプメッセージを表示する
-n	--number	標準出力に行番号を付与して表示する
-o	--output	何らかの出力をする場合、出力先ファイルを指定する
-q	--quiet	標準出力を抑制する
-r	--recursive	再帰的に処理を実行する
-v(または-V)	--version	プログラムのバージョンを表示する
-v	--verbose	詳細にメッセージを表示する
-y	--yes	ユーザーへの確認処理において、yesと回答したとみなす

▼リスト1　コマンド引数パーサ生成例（simple_arg.py）

```
import argparse
parser = argparse.ArgumentParser(description="プログラム概要説明", epilog="バグ報告先：XXX")
args = parser.parse_args() # 解析実行
```

▼図1　リスト1の実行結果

```
$ ./simple_arg.py --help
usage: simple_arg.py [-h]

プログラム概要説明

optional arguments:
  -h, --help  show this help message and exit

バグ報告先：XXX
```

セージのあとに表示する文字列（epilog）」です。descriptionには、コマンドの機能概要やバージョン情報などを書きます。epilogには、バグ報告先や開発チームへの連絡先などを書きます。

リスト1、**図1**にArgumentParser()の使用例と実行結果を示します。実行結果からわかるとおり、argparseモジュールは、自動で--help（-h）オプションを追加し、ヘルプメッセージを作成します。

オプション情報登録／オプション解析

argparseモジュールでは、ArgumentParserクラスが持つadd_argument()を用いてオプション情報を1つずつ登録します。すべてのオプションを追加し終えたあと、parse_args()でオプションを解析します。

まずは-t/--testオプションの追加例と実行結果を**リスト2**、**図2**に示し、add_argument()のデフォルト引数に関する説明を後述します。ここでの-t/--testオプションは、文字列型のオプション引数を必ず指定しなければならない仕様とします。

▼リスト2　オプション追加例（args.py）

```
import argparse

parser = argparse.ArgumentParser()
parser.add_argument(
    "-t",                   # ショートオプション
    "--test",               # ロングオプション
    dest="test_arg",        # オプション引数にアクセスするための変数名
    type=str,               # データ型
    required=True,          # オプション引数が必須かどうか
    default="TEST",         # オプション引数のデフォルト値
    help="test option")     # ヘルプに表示するメッセージ

args = parser.parse_args()     # オプション解析
print(args.test_arg)           # オプション引数の出力
```

add_argument()の引数説明

リスト2のadd_argument()の引数について説明します。

ショート／ロングオプションは、ハイフン付きの文字列で指定します。ロングオプションから自動でショートオプションを算出しないため、両方を明示的に指定してください。ロングオプション“--test”に対して“--”を付けずに“test”として引数渡しした場合、意味合いが変わります。ハイフンなしの場合はロングオプション情報の登録ではなく、コマンド起動時における必須引数の登録として扱われます（**リスト3**、**図3**）。

引数destには、オプション引数に

▼図2　リスト2の実行結果

```
$ ./args.py  -t "オプション引数"
オプション引数
```

▼リスト3　必須引数の追加例（required_arg.py）

```
import argparse
parser = argparse.ArgumentParser()
parser.add_argument("test") # 必須引数の追加
args = parser.parse_args()
```

▼図3　リスト3の実行結果

```
$ ./required_arg.py
usage: required_arg.py [-h] test
required_arg.py: error: the following ⏎
arguments are required: test
```

アクセスするための変数名を指定します。デフォルトでは、ロングオプションの先頭から“--”を除外し、かつ先頭以降の“-”を“_”に置換した文字列がdestに代入されます（例：--test-optの場合はdest="test_opt"）。ロングオプションがない場合は、ショートオプションの先頭から“-”を除外した文字列が引数destに代入されます。

引数typeには、オプション引数のデータ型を指定します。デフォルトでは、オプション引数は文字列（str）として扱われます。指定できる型は、組み込みデータ型（intやfloatなど）や関数です。bool型の指定は勘違いしやすい挙動をするため、推奨されていません。たとえば、**リスト4**、**図4**の実装でFalseと標準出力する方法（-bオプションのオプション引数に指定する文字列）は何でしょうか？

正解は、「-bオプションに空文字を指定」です。add_argument()における“type=bool”の仕様は、空文字列がFalseであり、それ以外の文字列指定はすべてTrueです。オプションを単純なフラグ（オプション指定されたときはTrue、指定されていないときはFalse）として扱いたい場合は、デフォルト引数actionを使用しましょう（**リスト5**）。

引数requiredには、追加したオプションがコマンド実行時に必須かどうかをbool型（デフォルト値はFalse）で指定します。一般的には、コマンド実行時にオプションを指定するかどうかは、ユーザーが自由に選択できる形式が好ましいです。必須オプションの追加を試みる場合、まずは設計の妥当性を再検討すべきです。

引数defaultには、オプション引数のデフォルト値を指定します。指定がない場合は、“None”が代入されます。なお、今回の実装例ではオプション引数が必ず指定される仕様であるため、指定したデフォルト値“TEST”は使用されません。

最後の引数helpには、追加したオプションに対するヘルプメッセージを指定します。

ユーザー入力の取得

ユーザー入力は、「処理の継続を判断する場合」や「何らかの設定を行う場合」などに必要になります。Pythonでは、キーボード入力はinput()で取得できます。**リスト6**、**図5**にYes/Noクエスチョンを処理する実装の例と実行結果を示します。

なお、コマンドを使用する想定ユーザーにはヒトだけでなく、シェルや他コマンドも可能な限り含めるのが好ましいです。言い換えると、前述したYes/Noクエスチョンのような対話的インターフェースが少ない設計にすべきです[注6]。シェルやコマンドは、対話的に入力を決

注6） 参考：『UNIXという考え方 その設計思想と哲学』（Mike Gancarz 著、芳尾 桂 監訳、オーム社、2001年）の「定理 8：過度の対話的インタフェースを避ける」（P.90）

▼リスト4　bool型のオプション引数例（bool_arg.py）

```
import argparse

parser = argparse.ArgumentParser()
parser.add_argument("-b", type=bool, dest="flag")
args = parser.parse_args()
print(args.flag)
```

▼図4　リスト4の実行結果

```
$ ./bool_arg.py -b ""
False
$ ./bool_arg.py -b false
True
$ ./bool_arg.py -b False
True
```

▼リスト5　フラグオプションの追加例

```
# -fオプションの指定がある場合はTrue、指定がない場合はFalse
parser.add_argument('-f', action='store_true')
```

定するのが苦手です。処理を進めるのにヒトが介入しなければならない仕様は、自動化の妨げとなります。

「不可逆的な操作に対してユーザー確認を追加したい。しかし、ユーザー入力を減らしたい」といった場合は、たとえば「--yesオプションを用意して"Yes"が入力されたとみなす処理を追加」などを行い、なるべくコマンド同士が協調動作できる仕様を検討すると良いでしょう。

ロギングとは

ロギングとは、プログラムの処理内容、発生したイベント、データ状態を時系列で記録することです。記録したログは、監視、グラフによる時系列データ解析、バグ原因調査などで用いられます。小規模なコマンドといえども、第三者からバグ報告を受けるときがあります。そんなときに役立つのがロギング（ログ）です。

Pythonでは、標準ライブラリのloggingモジュールがロギング機能を提供します。以降では、ログレベル一覧、ログレベル設定変更、ログのローテーション／フォーマットについて順に説明します。

▼リスト6　Yes/Noクエスチョンの例（question.py）

```
import sys

while True:
    key_input = input("Yes=次へ、No=終了：")
    if key_input in ("y", "Y", "Yes", "YES"):
        print("次の処理に進みます。")
        break
    elif key_input in ("n", "N", "No", "NO"):
        print("処理を終了します")
        sys.exit(1)
    else:
        print(key_input + "：未対応のキー入力")
```

▼図5　リスト6の実行結果

```
$ ./question.py
Yes=次へ、No=終了：test
test：未対応のキー入力
Yes=次へ、No=終了：NO
処理を終了します

$ ./input.py
Yes=次へ、No=終了：Yes
次の処理に進みます。
```

ログレベル一覧

ログレベルとは、ログの重要度に応じてログメッセージを分類するしくみです。loggingモジュールでは、表2に示すとおり、DEBUGからCRITICALまでのログレベル（5段階）がデフォルトで存在します（正確にはNOTSETを含む6段階ですが、説明を簡略化するため省略します）。

ログレベルは、DEBUG、INFO、WARNING、ERROR、CRITICALの順でレベル（数値）が高くなります。設定によって、あるログレベル以上のメッセージだけを標準出力またはファイルに記録することもできます。たとえば、デフォルトのロガーではログレベルはWARNINGに設定されているため、WARNING/ERROR/CRITICAL設定のログメッセージのみを記録します。

なお、ログレベルには独自ログレベルが追加できます。しかし、Python公式[注7]では2.x系のころから一貫して、独自ログレベルの追加を推奨していません。その理由として「デフォルトのログレベルが経験則から導き出されていること」と「独自のログレベルは開発者に混乱を招きやすいこと」が挙げられています。

ログレベル設定変更

ロガーに対するログレベル設定変更は、「オプション引数や設定ファイルでログレベルが指

注7）独自ログレベルに対するPython公式の見解：https://docs.python.org/3/howto/logging.html#custom-levels

▼表2　デフォルトログレベル一覧（NOTSET除く）

ログレベル	数値	使用タイミング
DEBUG	10	任意
INFO	20	想定どおりの事象が発生したとき
WARNING	30	軽微な問題が発生したとき
ERROR	40	機能の一部が実行できないとき
CRITICAL	50	処理継続が困難なとき

定された場合」や「異常発生時にログの解像度（出力数）を上げる場合」に行います。ログレベル設定変更の具体例として、basicConfig()を用いた実装例を**リスト7**、**図6**に示します。この例では、ログレベル設定をCRITICALに引き上げたことによって、CRITICAL以上のログメッセージのみがtest.logに出力されます。

ログローテーション／ログフォーマット

ログローテーションとは、ログファイルがディスク容量を圧迫することを防ぐ機能です。通常、ログは1つのログファイルに追記され続けます。やがてディスク容量の限界までログファイルが膨張すると、システムがフリーズする恐れがあります。そこで、ログローテーションでログファイルを管理します。

ログローテーションでは、「ログファイルが一定サイズを超えた場合」や「ログファイル作成から一定期間が経過した場合」などの条件を満たしたときに、今までのログファイルをバックアップして、別のログファイルに書き込みを開始します。バックアップファイルが一定数溜まったあと、古いバックアップファイルを削除します。

loggingモジュールでは、ファイルサイズによってログを管理するRotatingFileHandler、時間情報によってログを管理するTimedRotatingFileHandlerを提供しています。**リスト8**、**図7**に示す実装例では、ログファイルサイズが1,000Byteを超えそうになると、ログローテーションします。ログファイルは、最大で4個（test.log、test.log.1、test.log.2、test.log3）が作成され、新しいログファイルを作成するときに最も古いtest.log3が削除されます。また、この例ではバグ原因の特定が容易になるよう、時刻、ログレベル、ファイル名、メソッド名、任意の情報を出力するフォーマットを適用しています。

ログローテーションの設計では、「何日分のログを保持したいか」「1日（もしくは1回のコマンド実行）当たりで何Byteのログが出力さ

▼リスト7　ログレベル変更例（log_level.py）

```
import logging
logger = logging.getLogger(__name__)
logging.basicConfig(filename="test.log",
        level=logging.CRITICAL)

# debug()、info()、warning()は省略
logger.error("error message")
logger.critical("critical message")
```

▼図6　リスト7で出力されるログの例

```
$ cat test.log
CRITICAL:__main__:critical message
```

▼リスト8　ログローテーションの設定

```
import logging
import logging.handlers

logger = logging.getLogger(__name__)
# ログローテーション用ハンドラを作成
rh = logging.handlers.RotatingFileHandler(r'test.log', maxBytes=1000, backupCount=3)
formatter = logging.Formatter('%(asctime)s:%(levelname)s-%(filename)s-%(funcName)s-%(message)s')
rh.setFormatter(formatter)  # ログフォーマッタの設定
logger.addHandler(rh)       # ハンドラをロガーにセット

while True: # 無限ループ
    logger.warning('rotation sample')
```

▼図7　リスト8で出力されるログの例

```
2021-11-18 13:48:42,881:WARNING-log_rotation.py-<module>-rotation sample
```

れるか」「ほかの高機能ログローテーション（例：ログ圧縮やメール連絡機能があるlogrotateコマンド[注8]）で代替するか」は、運用前に確認すべきでしょう。

設定ファイルとは

設定ファイルとは、コマンドの動作条件を記述したファイルです。システム上の2ヵ所に存在することがあります。1つめはシステム全体用（全ユーザー用）であり、Linuxであれば"/etc"以下に格納されます。2つめは1ユーザー用であり、Linuxであればユーザーホームディレクトリ以下（例："$HOME/.config"以下）に格納されます。両方の設定ファイルが存在する場合は、1ユーザー用の設定が優先されます。

Pythonにおける設定ファイルは、形式が少なくとも6種類（**表3**）が考えられます。前提として、筆者は「プログラマー以外も設定ファイルを編集する可能性がある」と考えています。その前提では、xml/json/yaml形式はプログラマー以外に優しくない要素（欠点）があります。残りの3点の中で、本稿では近年注目されているtoml形式について説明します。

toml設定ファイルとは

TOML（Tom's Obvious, Minimal Language[注9]）は、軽量かつ読み書きしやすい設定ファイル形式です。その構成は、「コメント（"#"から始まる行）」「キー／バリューペア（"key = value"の形式）」「テーブル（"["と"]"で囲まれた文字列）」の3点からなります。TOMLでは、文字列型、整数型、浮動小数点数型、Boolean型、日付型などの多数の型をサポートしています。**リスト9**にtoml設定ファイルの記載例を示します。

注8） https://github.com/logrotate/logrotate
注9） https://toml.io/en/v1.0.0

toml設定ファイルの読み書き

Python標準ライブラリは、tomlファイル操作モジュールを提供していません。そのため、次の手順でuiri/tomlモジュール（執筆段階ではversion 0.10.2、MITライセンス）をシステムにインストールします。

▼リスト9　toml設定ファイルの例

```
# "#"以降はコメントです
[string]          # テーブル。同名テーブルは一度のみ定義可能
sample_str = "一行で表す文字列"
heredoc="""
ヒアドキュメントも
サポート"""

# 数値は、整数、小数、指数、N進数、無限、NaNをサポート
[numbers]
int       = [404, 765, 500] # 配列は"[]"で表現
[numbers.complex]           # numbersのサブテーブル
float     = 1.23456
exp       = 1e08
hex       = 0xDEAD_BEEF  # 16進数プレフィックスは"0x"
oct       = 0o755        #  8進数プレフィックスは"0o"
bin       = 0b10111101   #  2進数プレフィックスは"0b"
infinity  = +inf         # 負の無限大の場合は"-"を指定
not_num   = nan          # 非数(Not a number)

[other]
enable = true            # bool型
date = 1990-09-02 # 日付型(https://toml.io/en/を参照)
```

▼表3　Pythonにおける設定ファイル例

形式	標準サポート	利点	欠点
settings.py	○	・Pythonファイルとして編集できる	・import可能なPATHに配置する必要がある
ini(cfg)	○	・単純(キー／バリューのペア)	・複雑なデータ構造を定義しづらい
xml	○	・拡張性が高い	・手動編集しづらいフォーマット
json	○	・プログラマーにとって使いやすい	・コメントを書けない
yaml	×	・複雑なデータ構造を定義可能	・文法(インデント)を間違えやすい
toml	×	・複雑なデータ構造を定義可能 ・ヒトに配慮した設計	・最近(2021年1月、version1.0.0リリース)まで仕様が不安定であった

```
# tomlモジュールのインストール方法
$ pip install toml
```

読み込み対象のsample.toml設定ファイルを**リスト10**に示します。"[["と"]]"で囲まれた部分は、テーブルの配列を意味します。

リスト11、**図8**にtomlファイル読み書きの実装例を示します。この例では、最初に前述のsample.tomlを読み込みます。読み込み時のtoml.load()にファイルのPATHを渡せば、内部でwith句を使ってファイルをOpen/Closeします。そのため、ファイル閉じ忘れの心配がありません。

次に、読み込んだtomlファイルの内容を標準出力後、追加データをsample.tomlへ書き込みます。tomlファイルに書き込みを行った結果、読み込み前に存在したコメント("#"以降)がなくなる点は注意してください。

▼リスト10　toml設定ファイルの例(sample.toml)

```
[[OS]]
distro  = "Debian" # コミュニティ主体のOS
version = 11.0

[[OS]]
distro  = "Redox"  # Rustで書かれたOS
version = 0.4
```

サンプルスクリプトの作成

本で学んだ内容を活かしたディレクトリ監視スクリプト(observer.py)を紹介します。本スクリプトでは、gorakhargosh/watchdogモジュール(執筆段階ではver2.1.6、Apacheライセンスver2.0[注10])を使用します。インストール方法は、次のとおりです。

```
# watchdogモジュールのインストール方法
$ pip install watchdog
```

サンプルスクリプトの仕様概要

サンプルスクリプトの仕様は次のとおりです。

- 監視対象　　：引数で指定されたディレクトリ以下
- 設定ファイル：ユーザーホームディレクトリ以下の"observer.toml"
- ロギング　　："/tmp/app.log"にファイルやディレクトリに対して発生したイベント内容を出力

設定ファイル(observer.toml、**リスト12**)は、

注10) https://pythonhosted.org/watchdog/index.html

▼リスト11　tomlファイル読み書き例(toml_ope.py)

```
import toml

# toml.load()はtomlファイルPATHかtomlファイルPATHのリストを読み込み、
# 読み込み結果を辞書(dictionary)で返却
dict_toml = toml.load("sample.toml")
for item in dict_toml["OS"]:
    print("OS      :" + item["distro"])
    print("Version :" + str(item["version"]))

# sample.tomlに追加する辞書データ
add_dict = {"distro"  : "Container Linux",
            "version" : 2514.1}
dict_toml["OS"].append(add_dict) # テーブル配列へ追加

# 書き換えた辞書をsample.tomlへ出力
with open('sample.toml', 'wt') as fp:
    toml.dump(dict_toml, fp)
```

▼図8　リスト11の実行結果

```
$ ./toml_ope.py
OS      :Debian
Version :11.0
OS      :Redox
Version :0.4

$ cat sample.toml
# Debian/Redox部分の出力を省略
[[OS]]
distro = "Container Linux"
version = 2514.1
```

▼リスト12　$HOME/observer.tomlの例

```
[LOG]
size        = 10000
```

ログファイルの最大サイズを設定できる仕様とします。

実装(全体)

実装を**リスト13**に示します[注11]。処理の流れを順番に説明します。

まず、“`if __name__ == '__main__'`”部でargparseモジュールに必須引数(監視対象ディレクトリ)の情報を追加し、起動時引数で指定された監視対象ディレクトリの存在を確認します。監視対象が存在しないもしくは指定されていない場合は、スクリプトを終了します。

次に、Mainクラスでファイルシステムイベント発生時に呼び出すハンドラをObserverクラスへ登録(詳細は後述)したあと、監視を開始します。最後に、ユーザーが CTRL + C を押下したあとに監視を終了します。

注11) 本サンプルスクリプトは本書サポートサイトからダウンロードできます。https://gihyo.jp/book/2022/978-4-297-12639-1/support

watchdogへハンドラを追加

watchdogモジュールは、ファイルシステムイベント(作成/削除/修正/移動など)が発生したときに、事前登録したハンドラを実行します。今回の例では、Observerクラスのschedule()経由でEventHandlerクラスを登録しています(Mainクラスのrun()参照)。このハンドラは、**図9**に示すように発生したファイルシステムイベントをロギングするだけです。ハンドラの拡張例としては、「ファイルが更新された場合にメールを送信」や「ファイルが作成/修正されたらバックアップを作成」などが考えられます。

schedule()では、監視対象ディレクトリも指定しています。今回の例では、引数で指定されたディレクトリを再帰的に監視する設定

▼リスト13　ディレクトリ監視スクリプト(observer.py)

```
#!/usr/bin/env python3
import sys,time,logging,argparse,toml,logging.handlers
from pathlib import Path
from watchdog.events import FileSystemEventHandler
from watchdog.observers import Observer

class Config:
    size = 10000

    def __init__(self):
        try:
            dict_toml = toml.load(Path.home().joinpath("observer.toml"))
            size = int(dict_toml["LOG"]["size"])
            self.size = size if size >= 1 else 10000
        except (FileNotFoundError, toml.decoder.TomlDecodeError) as e:
            print(e)

class Logger:
    @classmethod
    def logger(cls, module_name):
        logger = logging.getLogger(module_name)
        rh = logging.handlers.RotatingFileHandler(r'/tmp/app.log',
                                                  maxBytes=Config().size,
                                                  backupCount=5)
        formatter = logging.Formatter(
            '%(asctime)s:%(levelname)s-%(filename)s-%(funcName)s-%(message)s')
        rh.setFormatter(formatter)
        logger.addHandler(rh)
        logger.setLevel(logging.DEBUG)
        return logger
```

次ページに続く

▼リスト13　ディレクトリ監視スクリプト(observer.py)(続き)

```
class EventHandler(FileSystemEventHandler):
    def __init__(self):
        self.logger = Logger.logger(self.__class__.__name__)

    def on_created(self, event):    # ファイル／ディレクトリ作成時
        self.logger.info("Created " + event.src_path)

    def on_deleted(self, event):    # ファイル／ディレクトリ削除時
        self.logger.info("Deleted " + event.src_path)

    def on_modified(self, event):   # ファイル／ディレクトリ修正時
        self.logger.info("Modified " + event.src_path)

    def on_moved(self, event):      # ファイル／ディレクトリ移動時
        self.logger.info("Moved " + event.src_path)


class Main():
    def run(self, target):
        logger = Logger.logger(self.__class__.__name__)
        observer = Observer()
        # イベントハンドラ、監視対象ディレクトリ、再帰的に監視するかを指定
        observer.schedule(EventHandler(), target, recursive=True)

        logger.debug("[Start] Observe " + target)
        observer.start()  # 監視開始

        try:
            while True:
                time.sleep(1)
        except KeyboardInterrupt:
            observer.stop()  # 監視停止
        observer.join()      # スレッド停止待ち

if __name__ == '__main__':
    logger = Logger.logger(__name__)

    parser = argparse.ArgumentParser()
    parser.add_argument("target", type=str, help="監視対象ディレクトリ")
    args = parser.parse_args()

    target_dir = str(Path(args.target).resolve())
    if Path(target_dir).is_dir() is False:
        print(target_dir + " does not exist.")
        sys.exit(1)
    Main().run(target_dir)
```

▼図9　ファイルシステムイベントに対するログの例

```
2021-11-26 15:04:39,298:INFO-observer.py-on_deleted-Deleted /home/nao/test.log
2021-11-26 15:04:46,684:INFO-observer.py-on_created-Created /home/nao/EmptyFile
```

("recursive=True")としています。

watchdogの注意点として、特定ファイル1件のみを監視対象とできません。そのため、ファイルシステムイベント発生時、どのファイル(PATH)に対してイベントが発生したかを表す"event.src_path"を確認して、期待するファイルにイベントがあったかどうかを判断してください。SD

Web APIの活用

他サービスと連携し、自動化の対象を広げよう

Author 岩崎 圭(いわさき けい) コネヒト株式会社
GitHub @laughk Twitter @laugh_k

スクリプトを書いて自動化をしていく際、Web APIを活用すると実現できることが一気に広がります。5-3ではPythonでWeb APIを活用するために必要なJSONの操作、HTTPリクエストの扱い方を押さえ、実際にGitHub REST APIを利用したプログラムを紹介します。PythonでWeb APIを活用するイメージをつかみましょう。

自動化スクリプトにPythonを使う意義

Pythonはインデントによるコードブロックで、構文の形がある程度矯正されます。"$"や";"などの記号もほとんど必要とされないシンタックスのため、シンプルで読みやすいコードになりやすいです。この特徴は毎日コードを書くわけではない人にとってはメリットだと筆者は考えます。型ヒントが利用できる点も大きいです。必須ではないですが、コード補完や型が正しく使われているかのチェックなどの開発効率を上げるための機能の恩恵を受けられます。

また、標準ライブラリのみでも強力な機能が多く、たとえばシェルスクリプトがあまり得意としないJSONも標準の機能で便利に扱えます。一方で、豊富なサードパーティーライブラリの利用もできます。標準ライブラリのみでは実装に手間がかかるケースを簡略化できます。

Web APIを扱うための基本的なJSON操作

プログラムでWeb APIを扱ううえでJSONは欠かせません。はじめにWeb APIを扱うための最低限のJSON操作方法を紹介します。

json.loadsを使ってJSON形式の文字列をPythonのデータに変換

JSONは構造データオブジェクトを表現するテキストのフォーマットです。そのため、通常Pythonからは1つの文字列オブジェクトとみなされます。**リスト1**(プログラム)と**図1**(実行結果)をご覧ください。

mt_jsonはJSONフォーマットの文字列です。当然このままでは構造を活かしたデータへのアクセスはできません。「State」の情報だけ取りたい

▼リスト1 json_sample.py

```
import json

# JSONはテキストのフォーマットなので、文字列
mt_json = '{"Name": "takao", "State": "Tokyo", "Height": 599}'

# json.loadsは文字列の中にあるJSONデータをPythonの
# データ(ここでは辞書)に変換する
mt_data = json.loads(mt_json)
print(type(mt_data))

# 各キーの値を参照する
print(mt_data["Name"])
print(mt_data["State"])
print(mt_data["Height"])
```

▼図1 リスト1の実行結果

```
$ python json_sample.py
<class 'dict'>
takao
Tokyo
599
```

と思っても簡単には取り出せません。ここで標準ライブラリjsonに含まれるloads関数が活躍します。実行結果（**図1**）を見るとjson.loadsでmt_jsonを辞書型に変換しています。変換した値を受け取ったmt_dataはName、State、Heightといった元のJSONの所有するキーにアクセスできています。このようにjson.loadsはJSON形式の文字列を、dict（辞書型）やlist（リスト型）のようなPythonのデータ構造に変換します。これはWeb APIからのJSON形式のレスポンスを扱う際に役に立ちます。

json.dumpsを使ったPythonのデータからJSON形式の文字列への変換

続いて、今度は反対にPythonで扱うdictやlistをJSON形式の文字列へ変換することを考えます。**リスト2**と**図2**をご覧ください。

Pythonのdictである変数mountainがjson.dumpsに渡され、str（文字列型）に変換されています。実際の出力内容を見ても、JSON形式の文字列であることがわかります。この変換はWeb APIに対して、POSTなどでJSONデータを送信する際に役に立ちます。

出力結果に注目すると、単純にjson.dumpsで変換しただけの場合は非ascii文字がエスケープされた状態で表示されます。出力結果を人が読むことを前提とするのであれば、json.dumpsの引数ensure_asciiにFalseを指定し、エスケープされるのを防ぐと読みやすい出力結果にできます。また、json.dumpsにはindentという引数もあり、指定した桁数（int型）のインデントが追加されたJSONに変換されます。このオプションによって、出力されるJSONを見やすいものにできます。

▼リスト2　json_sample2.py

```
import json

mountain = {"Name": "高尾", "State": "東京", "Height": 599}

print("json.dumpsで変換されたmountainの型を確認")
print(type(json.dumps(mountain)))

print("json.dumpsの結果を出力")
print(json.dumps(mountain))

print("非ascii文字をエスケープしないで表示する")
print(json.dumps(mountain, ensure_ascii=False))

print("さらにindentを指定して整形する")
print(json.dumps(mountain, indent=2, ensure_ascii=False))
```

▼図2　リスト2の実行結果

```
$ python json_sample2.py
json.dumpsで変換されたmountainの型を確認
<class 'str'>
json.dumpsの結果を出力
{"Name": "\u9ad8\u5c3e", "State": "\u6771\u4eac", "Height": 599}
非ascii文字をエスケープしないで表示する
{"Name": "高尾", "State": "東京", "Height": 599}
さらにindentを指定して整形する
{
  "Name": "高尾",
  "State": "東京",
  "Height": 599
}
```

Pythonを使ったHTTPリクエストの基本

Pythonは標準ライブラリのurllib.requestでHTTPリクエストをすることができます。ここではurllib.requestを使ってHTTPリクエストをする方法の基本をサンプルコードとともに紹介します。サンプルコードのURLにはhttpbin.org[注1]というサービスを使って例を示していきます。

シンプルなGETリクエスト

はじめはシンプルなGETリクエストの例です。**リスト3**と**図3**をご覧ください。このサン

注1）https://httpbin.org

プルコードではエンドポイント「https://httpbin.org/get」にパラメータなしのGETリクエストを送信します。HTTPリクエストに必要な情報をRequestオブジェクトとして用意し、urlopen関数に渡すとリクエスト結果がレスポンスオブジェクトとして返されます。Pythonでファイル操作をする際に使うopen関数のurl版と考えると良いでしょう。レスポンスオブジェクトはファイルライクなインターフェースを持つオブジェクトです。with文でclose処理を省略でき、readメソッドでHTTPレスポンスのボディ部を呼び出します。readメソッドで呼び出したレスポンスのボディ部はbytes型ですので、decodeしてstrに変換しましょう。このstrに変換された文字列型もJSONです。

urllib.parseを活用したクエリストリングの扱い方

GETリクエストをする際、クエリストリングを付与するケースは多くあります。このクエリストリングはurllib.parseモジュールのurlencodeを使うとdictから生成することができます。**リスト4**と**図4**をご覧ください。urllib.parseのurlencodeを使うと正しくURLエンコードされたクエリストリングを生成できます。今回は日本語で例を示しましたが、ほかにもパラメータにエスケープ処理が必要な文字、記号が含まれる際にも適切にURLエンコードの処理が走ります。とくに動的に生成された情報を使う際は、手動で正しくURLエンコードの処理をするのは簡単なことではありません。意図しないクエリストリングの送信を防ぐためにも、urllib.parseのurlencodeを使うことを推奨します。

生成されたクエリストリングは、リクエストするURLの後ろに“?”を付与したうえで追加すれば良いです。このときf-string（エフストリング）と呼ばれる記法が便利です。文字列を記載する際にクオートの前に“f”を付けると、その文字列の中では“{変数名}”の書式で対象の変数を埋め込めます（**リスト5の（1）**）。

▼リスト3　get_sample.py

```
from urllib import request

url = "https://httpbin.org/get"
req = request.Request(url)

with request.urlopen(req) as res:
    body = res.read()
    result = body.decode("utf-8")
    print(result)
```

▼図3　リスト3の実行結果

```
$ python get_sample.py
{
  "args": {},
  "headers": {
    "Accept-Encoding": "identity",
    "Host": "httpbin.org",
    "User-Agent": "Python-urllib/3.10",
    "X-Amzn-Trace-Id": "Root=1-61986788⏎
-5808094e4730b2491e11412a"
  },
  "origin": "192.0.2.1",
  "url": "https://httpbin.org/get"
}
```

▼リスト4　querystring_sample.py

```
from urllib import parse

query_dict = {"greet": "おはよう！"}
query_string = parse.urlencode(query_dict)

print(query_string)
```

▼図4　リスト4の実行結果

```
$ python querystring_sample.py
greet=%E3%81%8A%E3%81%AF%E3%82%88%E3%81%86%EF%BC%81
```

▼リスト5　get_sample2.py（urllib.parse.urlencodeで生成したクエリストリングを利用する）

```
from urllib import request, parse

query_dict = {"greet": "おはよう！"}
query_string = parse.urlencode(query_dict)

url = f"https://httpbin.org/get?{query_string}" # (1)
req = request.Request(url)

with request.urlopen(req) as res:
    body = res.read()
    result = body.decode("utf-8")
    print(result)
```

POSTリクエスト

Pythonを使ったGETリクエストを押さえたところで、次はPOSTリクエストについて解説していきます。**リスト6**と**図5**をご覧ください。これはエンドポイント「https://httpbin.org/post」にキー"greet"、値"hello"のデータをPOSTするコードです。パラメータを準備するところまではGETリクエストでクエリストリングを生成するのと変わりありません。**リスト6の(1)**の行からがPOSTのために必要な処理です。urllibでPOSTするデータはbytes型でないといけません。そのため、strであるparams_stringをencodeしてbytes型に変換しておく必要があることに注意してください。ここで用意したdataはrequest.Requestの2つめの引数に指定します。こうしてRequestオブジェクトを用意することで、urlopenに渡した際にPOSTリクエストをするようになります。

続いて、Web APIを利用する際によく使うJSONデータのPOSTを考えます。**リスト7**と**図6**をご覧ください。paramsの変換方法がparse.urlencodeからjson.dumpsに変更になっています。この変更によって、paramsは"greet=hello"形式から"{"greet": "hello"}"形式の文字列へ変換されるようになりました。その後encodeしてbytes型のデータにする点は**リスト6**のときと同様です。

リスト6からの変更がもう1つあり、**リスト7の(1)**にheadersというdictが追加されています。この内容は名前のとおり、HTTPリクエストヘッダの情報です。実際、このheadersはRequestオブジェクト作成の際に引数headers(3つめの引数)に渡される形で使われています(**リスト7の(2)**)。このようにすることで、urlopenに渡した際のHTTPリクエストにヘッダ情報を追加できます。今回はJSONデータをPOSTするので、リクエストのメディアの種類を表す「Content-Type」にJSONを表す「application/json」を指定しています。

Bearerトークンで認証をするリクエスト

Web APIを利用する際には何らかの認証が必要とされることがほとんどです。ここでは比較的使われることの多い、Bearerトークンで認証を行うリクエスト方法を紹介します。httpbin.orgには「https://httpbin.org/bearer」というエンドポイントがあり、Bearerトークンを使ったアクセスを試すことができます。

リスト8をご覧ください。Bearerトークンを使って認証するには、HTTPリクエストの「Authorization」というヘッダに"Bearer トー

▼リスト6 post_sample.py

```
from urllib import request, parse

params = {"greet": "hello"}
params_string = parse.urlencode(params)
data = params_string.encode("utf-8")  # (1)

url = "https://httpbin.org/post"
req = request.Request(url, data)

with request.urlopen(req) as res:
    body = res.read()
    result = body.decode("utf-8")
    print(result)
```

▼図5 リスト6の実行結果

```
$ python post_sample.py
{
  "args": {},
  "data": "",
  "files": {},
  "form": {
    "greet": "hello"
  },
  "headers": {
    "Accept-Encoding": "identity",
    "Content-Length": "11",
    "Content-Type": "application/x-www-⏎
form-urlencoded",
    "Host": "httpbin.org",
    "User-Agent": "Python-urllib/3.10",
    "X-Amzn-Trace-Id": "Root=1-6198796c⏎
-1f987f9107161df244c254f7"
  },
  "json": null,
  "origin": "192.0.2.1",
  "url": "https://httpbin.org/post"
}
```

▼リスト7　post_sample2.py

```
from urllib import request
import json

params = {"greet": "hello"}
params_json = json.dumps(params)
data = params_json.encode("utf-8")

headers = {"Content-Type": "application/json"} # (1)

url = "https://httpbin.org/post"
req = request.Request(url, data, headers) # (2)

with request.urlopen(req) as res:
    body = res.read()
    result = body.decode("utf-8")
    print(result)
```

クン"という形式の文字列で指定する必要があります。また、Bearerトークンは原則発行者以外には流出させてはならないものです。プログラムに直接記載するのは極力避けましょう。**リスト8**では標準ライブラリであるosのenvironを利用して環境変数API_TOKENの値を利用するようにしています。併せて、GETリクエストでリクエストヘッダを指定する場合は、

▼リスト8　bearer_auth_sample.py

```
from urllib import request
import os

token = os.environ["API_TOKEN"]
headers = {
    "Authorization": f"Bearer {token}",
}

url = "https://httpbin.org/bearer"
req = request.Request(url, headers=headers)

with request.urlopen(req) as res:
    result = res.read().decode("utf-8")
    print(result)
```

▼図6　リスト7の実行結果

```
$ python post-sample2.py
{
  "args": {},
  "data": "{\"greet\": \"hello\"}",
  "files": {},
  "form": {},
  "headers": {
    "Accept-Encoding": "identity",
    "Content-Length": "18",
    "Content-Type": "application/json",
    "Host": "httpbin.org",
    "User-Agent": "Python-urllib/3.10",
    "X-Amzn-Trace-Id": "Root=1-61986⏎
8f7-2184c56c4c73aac815e9083c"
  },
  "json": {
    "greet": "hello"
  },
  "origin": "192.0.2.1",
  "url": "https://httpbin.org/post"
}
```

headersという引数を明記してRequestオブジェクトを用意する必要がある点にも注意してください。

次に実行結果を見ていきます。**図7**をご覧ください。これは正常に認証できたもので、リクエスト先からレスポンスが返ってきています。

続いて**図8**をご覧ください。これはトークンを空にし、認証に失敗させたものです。この場合リクエスト先から「401 UNAUTHORIZED」のエラーが返され、プログラムが正常に処理を

▼図7　リスト8の実行結果(sample_tokenと指定した場合)

```
$ API_TOKEN=sample_token python bearer_⏎
auth_sample.py
{
  "authenticated": true,
  "token": "sample_token"
}
```

▼図8　リスト8の実行結果(空文字を指定した場合)

```
$ API_TOKEN="" python bearer_auth_sample.py
Traceback (most recent call last):
  File "/home/laughk/work/sd202201/bearer_auth_sample.py", line 12, in <module>
    with request.urlopen(req) as res:
  (..略..)
  File "/usr/lib/python3.10/urllib/request.py", line 643, in http_error_default
    raise HTTPError(req.full_url, code, msg, hdrs, fp)
urllib.error.HTTPError: HTTP Error 401: UNAUTHORIZED
```

できていません。少し話がそれますが、urllib.requestによるHTTPリクエストにおいて400系や500系のエラーが返された場合、今回の例のように例外が発生します。例外が発生してプログラムが中断すると困る場合は、urlopen関数の呼び出しの際に例外処理が必要となります。実際に投げられる例外は公式ドキュメントを参照してください[注2]。

注2） https://docs.python.org/ja/3/library/urllib.error.html

Column HTTPライブラリ「Requests」

Pythonにはより直感的に扱えるHTTPライブラリであるRequests[注A]が存在します。サードパーティーのライブラリですのでpipで導入する必要があります。

```
# pipでrequestsを導入する例
$ pip install requests
```

GETリクエストは、get関数で行います。1つめの引数にURLを渡し、paramsにdictでクエリパラメータを渡すことで1行でGETリクエストができます（**リストAの(1)**）。POSTリクエストはpost関数を使います。パラメータの渡し方はGETとまったく一緒です（**リストAの(2)**）。post関数でJSONをPOSTしたい場合、paramsではなく引数jsonにdict（辞書型）またはlistで渡すと自動でJSONとしてPOSTリクエストをします（**リストAの(3)**）。

また、urllibを使った場合に例外が発生したエラーレスポンスについては、Requestsを使った場合には例外にはならず、レスポンスオブジェクトのstatus_codeに情報を持ちます。レスポンス本文は空の文字列になります（**図A**）。

ここまで簡単な例を挙げてみましたが、Requestsはurllibと比較するととても簡単にHTTPアクセスができることがわかります。pipによるサードパーティーライブラリの追加が容易にできる場合は活用するのが良いでしょう。

一方で、HTTPリクエストを扱うときはいつでもRequestsを使うべきかと言われるとそうでもありません。管理者権限のないLinuxサーバやCI/CD、AWS Lambdaのような制約の強い環境で動かしたいプログラムの場合、実行環境にRequestsを導入することがネックになる場合もあります。そういった場合はurllibを使った実装にしておくと、プログラムファイルを設置するだけで実行可能なため、環境設定で発生する問題を回避できます。

注A https://docs.python-requests.org/en/latest/

▼リストA requests_sample.py（GETリクエストの例）

```
import requests

# (1) GETリクエスト
res_get = requests.get(
    "https://httpbin.org/get", params={"greet": "hello"}
)
print(res_get.text)

# (2) POSTリクエスト(FORM)
res_post = requests.post(
    "https://httpbin.org/post", params={"greet": "hello"}
)
print(res_post.text)

# (3) POSTリクエスト(JSON)
res_post_json = requests.post(
    "https://httpbin.org/post", json={"greet": "hello"}
)
print(res_post_json.text)
```

▼図A 500エラーレスポンスの対話モードでの例

```
>>> import requests
>>> res = requests.get("https://httpbin.org/status/500")
>>> print(res.status_code)
500
>>> print(res.text)
                    # ←本文は空の文字列

>>>
```

Web APIを使った情報収集サンプルプログラム

APIを使った情報収集のサンプルとして、GitHub REST APIのList repository issues[注3]を使って対象とするリポジトリのIssue情報を取得するプログラムを実装します[注4]。

注3） https://docs.github.com/en/rest/reference/issues#list-repository-issues

注4） ここで示すサンプルプログラムは本書サポートサイトからダウンロードできます。https://gihyo.jp/book/2022/978-4-297-12639-1/support

リスト9をご覧ください。著者が作成したリポジトリであるlaughk/archlinux-note[注5]のIssue情報からclosedでかつ、「トラブルシューティング」というラベルの付いているIssueのタイトル、URL、Issue作成者のGitHub IDを取得します[注6]。今回は簡単な例として認証不要のパブリックなリポジトリを対象としています

注5） https://github.com/laughk/archlinux-note

注6） laughk/archlinux-noteは実際に利用しているリポジトリですので、実行する時期によって誌面の結果と異なる場合があります。

▼リスト9　fetch_github_issue_info.py（laughk/archlinux-noteのIssue情報を取得するプログラム）

```
from urllib import request, parse
import json

# query string の準備
params = {
    "state": "closed",
    "labels": "トラブルシューティング"
}
query_string = parse.urlencode(params)

# GETリクエストをするURLを生成
url = "https://api.github.com"
api_path = "/repos/laughk/archlinux-note/issues"
endpoint = f"{url}{api_path}?{query_string}"

# リクエストヘッダ情報
headers = {
    "Accept": "application/vnd.github.v3+json"
}

# Requestオブジェクトを用意
req = request.Request(endpoint, headers=headers)

# レスポンスをresultで受け取る
result = ""
with request.urlopen(req) as res:
    result = res.read().decode("utf-8")

# result(JSON文字列)をPythonで扱えるデータに変換
issues = json.loads(result)

# 出力するデータに厳選する
output = []
for issue in issues:
    # issueに含まれるtitle、url、author情報のみを出力するデータに利用する
    output.append({
        "title": issue["title"],
        "url": issue["html_url"],
        "author": issue["user"]["login"]
    })

# 結果を整形されたJSONで表示
print(json.dumps(output, indent=2, ensure_ascii=False))
```

が、GitHubのpersonal access token[注7]を発行し、Bearerトークンとして利用すればプライベートリポジトリの情報も取得できます。また、**リスト9**では実行結果の出力形式にJSONを採用しています（**図9**）。JSONはPythonに限らない一般的なデータ形式です。プログラムの出力形式として採用しておくと実行結果を別のプログラムでも扱いやすくなります。

注7）https://docs.github.com/en/authentication/keeping-your-account-and-data-secure/creating-a-personal-access-token

駆け足になりましたが、Web APIを扱うために押さえておきたいPythonの使い方を紹介しました。普段何気なく使っているサービスでもWeb APIが提供されているかもしれません。5-3で扱った知識をもとに身近な作業の自動化に、ぜひ挑戦してみてください。SD

▼図9　リスト9の実行結果

```
$ python fetch_github_issue_info.py
[
  {
    "title": "error: key \"4A1AFC345EBE18F8\" could not be looked up remotely",
    "url": "https://github.com/laughk/archlinux-note/issues/17",
    "author": "laughk"
  },
  (..略..)
]
```

Column　GitHub APIクライアント「PyGithub」

GitHub APIをPythonで便利に扱えるPyGithubというライブラリがあります[注B]。このライブラリを使うとHTTPリクエストに関する処理を実装せずともGitHub REST APIを利用できます。Requests同様にサードパーティーライブラリですので、利用するにはpipで導入する必要があります。

```
# PyGitHubの導入
$ pip install PyGithub
```

このPyGithubを用いて**リスト9**を書き直したものが**リストB**です。実行結果は**図9**と同じになります。

Web APIを提供するサービスによってはこのような便利なライブラリが存在することも多いです。気になるサービスをPyPI[注C]で調べてみるのも良いでしょう。

▼リストB　fetch_github_issue_info2.py（リスト9と同様の機能のプログラム）

```
import json

from github import Github

gh = Github()
repo = gh.get_repo("laughk/archlinux-note")
issues = repo.get_issues(
    state="closed", labels=["トラブルシューティング"]
)

output = []
for issue in issues:
    output.append({
        "title": issue.title,
        "url": issue.html_url,
        "author": issue.user.login
    })

print(json.dumps(output, indent=2, ensure_ascii=False))
```

注B　https://github.com/PyGithub/PyGithub
注C　https://pypi.org/

第6章

データ活用にすぐ効く! Python テキスト処理の始め方

Visual Studio Code ＋ Python Extension ＋ Jupyter Notebook

データ処理が得意なPythonの入門として、活用範囲の広いテキストデータの扱い方を学んでみませんか? 本章では、データの前処理に役立ち、汎用性の高いPythonコードの書き方を解説します。さらに、テキストデータの加工と可視化を体験してもらいます。インタラクティブに学習が進めやすいJupyter Notebookを実行環境に使いますが、人気のコードエディタVisual Studio Codeと連携した環境の構築方法や活用例も紹介します。

P.142 **6-1** **VS CodeとJupyterではじめるPython**
両ツールの便利な機能をいいとこ取り　Author @driller

P.148 **6-2** **Pythonの文字列処理の基本**
計算・分析前後のデータ加工で重宝する技　Author 石本 敦夫

P.158 **6-3** **テキストファイルの扱い方**
ファイルI/Oと気をつけるべき文字コード　Author 石本 敦夫

P.165 **6-4** **Pythonで正規表現を使いこなす**
文字列操作がはかどるパターンマッチの基本　Author 石本 敦夫

P.176 **6-5** **テーブルデータをpandasで処理し Plotlyで可視化する**
ライブラリを活用した実践にトライ　Author @driller

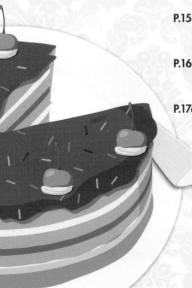

表記説明

本章の実行環境はJupyter Notebookをベースとしています。記事中、次の形式で書かれたものはJupyter Notebookのセルをイメージしており、In(コードの入力)に該当する入力部分をグレーの背景で示し、Out(コードを実行した結果出力される文字列・表・グラフなど。ない場合もあり)に該当する出力部分はその下に背景なしで示します。

```
input cell
```

```
output cell
```

6-1 VS CodeとJupyterではじめるPython

両ツールの便利な機能をいいとこ取り

Author @driller（どりらん） Twitter @patraqushe

データ分析の前処理では、データを分析に適した形に加工したり、グラフ化してデータの全体像を把握したりします。また、本格的にコーディングをすると、コードの自動補完、デバッグなどの機能が一通り欲しくなります。Visual Studio CodeとJupyterを組み合わせれば、そんな環境を簡単に用意できます。

本稿の目的

本稿ではPythonのコーディング環境を構築します。Visual Studio Code（以下、VS Code）でPythonの仮想環境を設定する方法を解説し、さらにVS CodeとJupyterを組み合わせた活用方法を紹介します。

Pythonのインストール

Pythonのインストール方法はいくつかありますが、Python.jpの環境構築ガイド注1の手順にしたがってインストールすることを推奨します。この手順は、次に挙げた理由から、最もトラブルが発生しにくいインストール方法です。

- Python Software Foundation公式のバイナリを使用している
- 各種OSごとに情報が整備されている
- 仮想環境の構築方法が解説されている

本章ではPython 3.9がインストールされている前提で進めていきます。

注1） https://www.python.jp/install/install.html

VS Codeのインストール

VS Codeは次の公式サイトからダウンロードし、インストールします注2。

https://code.visualstudio.com

Python extension for Visual Studio Codeをインストール

Python extension for Visual Studio Code注3はMicrosoft社が提供している拡張機能です。VS Codeの数ある拡張機能の中でもインストール数が最も多く注4、非常に多くのユーザーに使われています。後述するJupyter（.ipynb形式）に対応し、データサイエンスの分野でも注目されている機能です。

Python extension for Visual Studio Codeのインストールは次の手順で容易に行えます（図1）。

①VS Codeを起動し、アクティビティバーの[Extensions]注5の検索ウィンドウから

注2） 本記事執筆時点でのVS Codeのバージョンは1.63.2。

注3） https://marketplace.visualstudio.com/items?itemName=ms-python.python

注4） 2021年12月時点。
https://marketplace.visualstudio.com

注5） キーボードショートカット= Ctrl ＋ Shift ＋ X 。

「Python」を入力

② [Python - ms-python.python] を選択し、[Install] をクリック

仮想環境の構築

今回はワークスペースのディレクトリにvenv注6を用いて仮想環境を作成します。VS Codeからフォルダを開いて新規のワークスペースとします注7。例としてここでは［ファイル］→［フォルダーを開く］から「~/myproject」注8、注9を開きました。

VS Codeからターミナルを起動注10して、Windowsの場合は以下のコマンド（1）を実行します注11。

```
(1)仮想環境を作成[Windows]
> python -m venv venv
```

エラーが発生する場合には、（2）のようにランチャ注12から起動します。

```
(2)仮想環境を作成[Windows]
> py -m venv venv
```

macOSまたはLinuxの場合は（3）を実行します。

```
(3)仮想環境を作成[macOS/Linux]
$ python3 -m venv venv
```

Windowsから初めて仮想環境を使う場合には（4）を初回だけ実行します。このコマンドはローカルに保存されているスクリプトに実行権限を与えます。

```
(4)実行権限を付与[Windows]
> Set-ExecutionPolicy RemoteSigned ⏎
-Scope CurrentUser -Force
```

（5）または（6）を実行して仮想環境を有効化します。

```
(5)仮想環境の有効化[Windows]
> venv\Scripts\activate.ps1
(6)仮想環境の有効化[macOS/Linux]
$ source venv/bin/activate
```

（7）で本章で用いるパッケージをインストールします。

```
(7)パッケージをインストール[Windows/macOS/Linux]
(venv) $ pip install jupyter pandas ⏎
lxml plotly
```

次に先ほど構築した仮想環境をワークスペースで使うPythonとして設定します。次の手順で「.vscode/settings.json」ファイルを開きます

注6） https://docs.python.org/ja/3/library/venv.html

注7） キーボードショートカット= Ctrl + K、Ctrl + O。

注8） 「~」はホームディレクトリ。

注9） 本文中のパス区切り文字は、「/」で統一しています。Windowsの場合は適宜「¥」に読み替えてください。

注10） キーボードショートカット= Ctrl + Shift + `。

注11） WindowsのターミナルはPowerShellを前提に解説しています。

注12） ランチャとはWindows用のPython起動コマンドのこと。詳細は次の公式ドキュメントを参照してください。 https://docs.python.org/ja/3/using/windows.html#python-launcher-for-windows

▼図1 拡張機能のインストール

(**図2**)。すでにファイルが存在している場合は直接開いてもかまいません。

①[ファイル] → [ユーザー設定] 注13 → [設定] から [ワークスペース] タブを選択
②[設定 (JSON) を開く] をクリック

「.vscode/settings.json」ファイルには**リスト1**または**リスト2**の内容を記述して保存注14します。

注13) キーボードショートカット= Ctrl + ,。
注14) キーボードショートカット= Ctrl + S。

VS CodeからJupyterを実行

以上で環境設定は完了しました。VS CodeからJupyterを実行してみましょう。エクスプローラーから「hello.ipynb」というファイルを作成する注15と、VS CodeからJupyterを実行できます。

注15) .ipynbファイルはコマンドパレット(キーボードショートカット= Ctrl + Shift + P または F1)の[Python: Create New Blank Jupyter Notebook]から作成する方法もあります。この場合は「Untitled-1」のような名前になるため、適宜、名前を変更します。

▼図2　settings.jsonの編集

▼リスト1　.vscode/settings.json [Windows]

```
{
    // PythonのPATHをワークスペースの仮想環境にする
    "python.pythonPath": "${workspaceFolder}\\venv\\Scripts\\python.exe",
    // 仮想環境にインストールしたファイルは監視対象から除外する
    "files.watcherExclude": {
        "**/venv/**": true
    },
}
```

▼リスト2　.vscode/settings.json [macOS/Linux]

```
{
    // PythonのPATHをワークスペースの仮想環境にする
    "python.pythonPath": "${workspaceFolder}/venv/bin/python",
    // 仮想環境にインストールしたファイルは監視対象から除外する
    "files.watcherExclude": {
        "**/venv/**": true
    },
}
```

コードセルに図3のコードを入力し、Shift + Enter[注16]で実行してみましょう。VS Code上でグラフが描画されます(図4)。図5のような「'hello.ipynb' に対するカーネルの選択」という画面が出てきた場合は、[venv (Python3.9.X)]を選択します。

Jupyterの活用事例

本章の最後に、Jupyterならではの活用事例を紹介します。JupyterからはIPythonのマジックコマンド[注17]を実行できます。次のようなさまざまな機能が用意されており、ユーザーが作成することもできます。

- ファイル・ディレクトリ操作
- 実行時間の計測
- 名前空間の調査・管理
- コードセルのデバッグ
- セルに記述したスクリプトの実行(JavaScript、Bashなど)
- セルに記述した内容をレンダリング(HTML、SVGなど)

テキスト処理の活用事例として、OSコマンドの実行結果を文字列で処理してみます。マジックコマンド%scはコマンドの出力結果をPythonのオブジェクトに保存できます。引数-lでリスト型に格納します。次のセルではpip listコマンドを実行した結果をpip_listオブジェクトに格納しています。

```
%sc -l pip_list=pip list
```

先頭の要素5個をスライスしてみます。Python

注16) [セルの実行]ボタンでも実行可。
注17) https://ipython.readthedocs.io/en/stable/interactive/magics.html

▼図3 平行座標プロットを描画するコード

```
import plotly.express as px

tips = px.data.tips()
px.parallel_categories(
    tips, color="size"
).show()
```

▼図4 VS CodeからJupyterを実行した様子

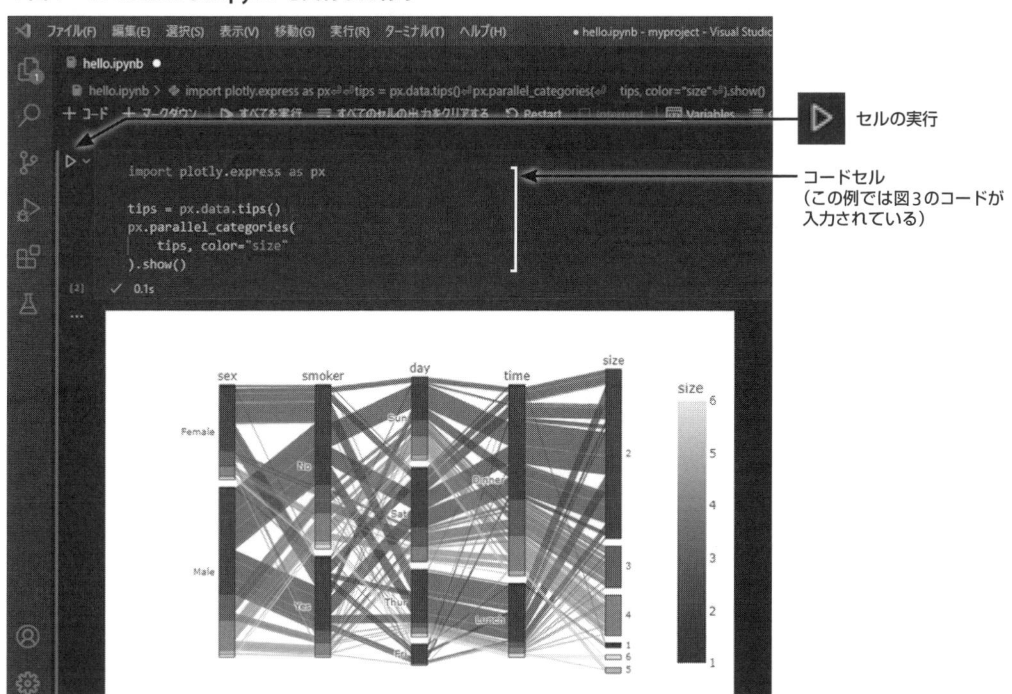

環境にインストールされているパッケージがリストに格納されていることが確認できます注18。

▼図5 「'hello.ipynb' に対するカーネルの選択」で［venv (Python3.9.X)］を選択

```
pip_list[:5]
```

```
['Package             Version    ',
 '------------------- -----------',
 'aiohttp             3.6.2      ',
 'alabaster           0.7.12     ',
 'appdirs             1.4.3      ']
```

図6のコードではインストールされているパッケージの内、「ipy」で始まるパッケージ名を検索しています。文字列型を操作するメソッドは次章以降で解説します注19。

次に、VS CodeとJupyterを組み合わせた活用事例を紹介します。VS CodeとJupyterはそれぞれ**表1**のような利点があります。VS CodeとJupyterを組み合わせることで、それぞれの利点を一度に享受できます。

VS CodeとJupyterを組み合わせた事例を紹介します。まずはワークスペースにPythonスクリプト「log.py」(**リスト3**) を作成します。

次にJupyter上から作成したスクリプトをインポートします。

```
import log
```

「log.py」の2つの関数の実行時間を比較してみます。マジックコマンド`%timeit`を用いると、Pythonコードの実行時間を手軽に計測できます。

```
%timeit log.log_math(1e100)
```

```
271 ns ± 3.91 ns per loop (mean ± std. dev. 
of 7 runs, 1000000 loops each)
```

log_math()関数とlog_np()関数の実行速度の結果をセルマジック`%%capture`を用いて格納します。引数には出力結果を格納するオブジェクト名を渡します。セルマジックとはセル全体に作用するマジックコマンドです。

```
%%capture log_math
%timeit log.log_math(1e100)
```

```
%%capture log_np
%timeit log.log_np(1e100)
```

`%%capture`で取得したオブジェクトのstdout属性から、標準出力の結果が文字列型で得られます。

注18) 以降の出力は筆者の実行環境によるもので、環境によって内容が異なります。

注19) 図5のコードにあるlower()メソッドは文字列を小文字に変換した結果を返します。

▼図6 パッケージのリストから「ipy」で始まるパッケージ名を検索する

```
for package in pip_list:
    # 小文字に変換してipyで始まる条件を検索
    if package.lower().startswith("ipy"):
        p, v = package.split()  # 空白文字で分割
        print(f"{p}=={v}")  # フォーマットしてpip freeze形式に変換
```

```
ipykernel==5.1.2
ipython==7.8.0
ipython-genutils==0.2.0
ipywidgets==7.5.1
```

▼表1 VS CodeとJupyterの利点

VS Code	Jupyter
・リンタ、自動補完機能が充実 ・デバッグ機能が充実	・データの可視化が容易 ・コマンド機能が充実

▼リスト3 log.py

```
import math
import numpy as np

def log_math(x):
    return math.log(x)

def log_np(x):
    return np.log(x)
```

```
log_math.stdout

'271 ns +- 5.94 ns per loop (mean +- std. dev. of 7 runs, 1000000 loops each)\n'
```

```
log_np.stdout

'1.44 us +- 38.5 ns per loop (mean +- std. dev. of 7 runs, 1000000 loops each)\n'
```

この文字列を加工し、1カラム目の値をfloat型に変換、2カラム目の値を単位から数値(float型)に変換した結果を元に、実行時間を秒に変換する関数を作成します(**図7**)。「ms」や「us」などの単位はPythonの辞書型を利用して変換しています。

この関数に取得した文字列を渡して実行すると、**図8**のようになります。文字列の分割方法や取り出し方、文字列のフォーマット方法については第2章にて解説します。

次にPlotly Expressを用いて可視化します(**図9**)。対数を取るlog関数は、標準ライブラリのmathモジュールを使うほうが、NumPyを使うよりも処理時間が短いことが可視化できました。Plotly Expressについては第5章にて紹介します。

今回は誌面の都合上、非常に短いPythonスクリプトでしたが、大規模なコーディングはVS Codeが向いています。単純なコードを試したり、可視化したりすることは、Jupyterの得意分野です。VS CodeとJupyterを同時に使うことで、2つの機能のいいとこ取りを実現できます。ぜひ試してみてください。SD

Jupyterの詳しい使い方は、共著『改訂版 Python ユーザのためのJupyter[実践]入門』[注A]で解説しています。また、VS Codeの詳しい設定方法は、『Software Design 2019年4月号』に寄稿しました。本稿について興味を持たれたらぜひお手にとってみてください。

注A) 池内孝啓、片柳薫子、@driller 著、技術評論社、2020年

▼図7 convert_to_sec関数を作成

```
def convert_to_sec(text):
    unit_dict = {"s": 1, "ms": 1e-3, "us": 1e-6, "ns": 1e-9}  # 単位の変換
    value, unit = text.split()[:2]  # 値の取り出し
    return float(value) * unit_dict[unit]  # 値 * 単位
```

▼図8 convert_to_sec関数を実行

```
math_time = convert_to_sec(log_math.stdout)
numpy_time = convert_to_sec(log_np.stdout)
print(f"mathの実行時間: {math_time:.2}秒\nnumpyの実行時間: {numpy_time:.2}秒")

mathの実行時間: 2.7e-07秒
numpyの実行時間: 1.4e-06秒
```

▼図9 Plotly Expressを使って可視化

```
import plotly_express as px

px.bar(x=["math", "numpy"], y=[math_time, numpy_time], width=300, height=300).show()
```

6-2 Pythonの文字列処理の基本

計算・分析前後のデータ加工で重宝する技

Author 石本 敦夫（いしもと あつお） フリープログラマ Twitter @atsuoishimoto

分析対象の生データを意味や種別ごとに分割してしかるべきデータ構造に格納する、処理結果を見やすいフォーマットで出力する、本稿で紹介する文字列処理はそんな作業でおおいに役立つ技です。データ分析を効率よく進めるためにも、これらの技を自分の手足のごとく使えるようになりたいものです。

Pythonの文字列処理

Pythonはもともとスクリプト言語と呼ばれる、いろいろなデータ処理を手軽に行うタイプのプログラミング言語ですから、データをテキストで受け取り、いろいろな処理をするのは得意分野です。本稿では、Pythonの基本的な文字列の使い方を紹介します。

テキストとはなんでしょう

「テキスト」とはいろいろな文章などのデータを表す言葉で、今読んでいただいているこの記事や、Webサイトの文章、人の名前など、文字で書き表せるデータは、テキストとして扱われます。

Pythonのプログラムでは、テキストは文字列型というデータとして表します。Pythonスクリプトでテキストを書くときには、文字をシングルクォーテーション（'）かダブルクォーテーション（"）で囲んで記述します。

次に文字列の例を挙げますので、ぜひVS CodeのJupyter Notebookで実際に入力し、実行してみてください。

```
text1 = 'テキストデータ1'
text2 = "テキストデータ2"

print(text1)
print(text2)
```

```
テキストデータ1
テキストデータ2
```

文字列は'〜'と書いても、"〜"と書いても、結果は同じです。好きなほうを使ってください。

複数行の文字列はどうやって書くのでしょう?

普段、ある程度長い文章を書くときは、文字をずっと書き続けるのではなく、どこか適当なところで行を改めると思います。テキストデータで行を改めるときには、改行文字という特殊な文字を改行したい位置に指定します。

改行文字は\n注1という、特殊な形式で記述されます。たとえば、'テキストデータ'というテキストを2行に分けて記述したいときは、

```
'テキスト\nデータ'
```

と記述します。実際にJupyter Notebookのセルで実行してみましょう。

```
print("「テキスト\nデータ」")
```

```
「テキスト
データ」
```

注1） Windowsでは¥n、macOSなどでは\nと表示されます。

```
print("「テキ\nスト\nデー\nタ」")
```

```
「テキ
スト
デー
タ」
```

\nの位置で改行されているのがわかると思います。

Pythonでは、文字を'''か"""のいずれかの3つの引用符で囲むと、\nを使わずに複数行の文字列を記述できます。

```
print('''「テキスト
データ」''')
```

```
「テキスト
データ」
```

引用符1つだけの場合、文字列の中で改行すると、次のようなエラーとなってしまいます。必ず'''か"""の、3つの引用符で囲みます。

```
print("「テキスト
データ」")
```

```
  File "<ipython-input-5-0266b60ccabc>", line 1
    print("「テキスト
          ^
SyntaxError: EOL while scanning string literal
```

文字列から、1文字だけ取り出すには

文字列の中から文字を取り出すときは、次のように取り出したい文字の位置を数字で指定します。文字の位置を指定する数字のことを、インデックスと言います。

文字列[インデックス]

先頭の文字を取り出すときには、インデックスとして0を指定します。次の例は、インデックスに0を指定して文字列'Software Design'の先頭の文字Sを取り出します。

```
text = 'Software Design'
print(text[0])
```

```
S
```

インデックスは、先頭の文字が0、その後の文字が1、その次が2です。以降、1文字ごとに1ずつ増えていきます。

```
text = 'Software Design'
# 0番目の文字を取得
print('0番目の文字は', text[0], 'です')
# 1番目の文字を取得
print('1番目の文字は', text[1], 'です')
```

```
0番目の文字は S です
1番目の文字は o です
```

インデックスとして負の値を指定すると、文字列の末尾からの順番の指定となります。

末尾の文字を取り出すときには、インデックスとして-1を指定します。次の例は、インデックスに-1を指定して'Software Design'の最後の文字nを取り出します。

```
text = 'Software Design'
print(text[-1])
```

```
n
```

文字列の最後の文字が-1、最後から2番目の文字が-2、と-1ずつ前に移動していきます(図1)。

```
text = 'Software Design'
print('最後の文字は', text[-1], 'です')
print('最後から2番目の文字は', text[-2], 'です')
```

```
最後の文字は n です
最後から2番目の文字は g です
```

文字列から複数の文字を取り出すときは

1文字以上の文字を取り出すときには、次のようにインデックスの範囲を指定します。

▼図1 1文字を取り出すときのインデックス

0	1	2	3	4	5	6	7	8	9	10	11	12	13	14
S	o	f	t	w	a	r	e		D	e	s	i	g	n
-15	-14	-13	-12	-11	-10	-9	-8	-7	-6	-5	-4	-3	-2	-1

先頭からの指定 →
← 末尾からの指定

```
文字列[開始インデックス:終了インデックス]
```

開始インデックスには取り出す文字列の先頭のインデックス、終了インデックスには最後の文字のインデックス＋1を指定します（図2）。

文字列のインデックスの範囲の指定を、スライスと言います。次の例は、文字列'Software Design'にスライス[0:8]を指定して、0文字目から7文字目までのSoftwareを取得しています。

```
text = 'Software Design'
print('0番目から7番目の文字は', ↵
text[0:8], 'です')
```

```
0番目から7番目の文字は Software です
```

インデックスの指定と同様に、負の値をインデックスとして指定すると、末尾からの位置を指定できます。次の例は、スライス[-11:-7]を指定して、最後から数えて11番目から8番目のwareを取得します。

```
print('最後から11番目から8番目の文字は',↵
 text[-11:-7], 'です')
```

```
最後から11番目から8番目の文字は ware です
```

開始インデックスを省略すると0を指定した場合と同じになります。

```
print('0番目から7番目の文字は', ↵
text[:8], 'です')
```

```
0番目から7番目の文字は Software です
```

終了インデックスを省略すると文字列の末尾までを指定した場合と同じになります。

▼図2　複数文字を取り出すときのインデックス

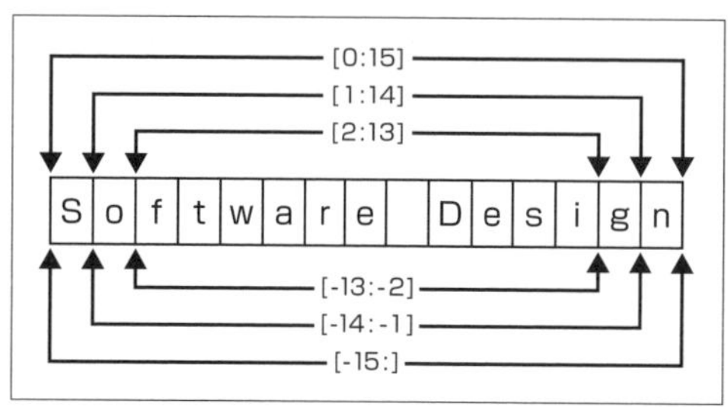


```
print('9番目から最後まで文字は', ↵
text[9:], 'です')
```

```
9番目から最後まで文字は Design です
```

両方を省略すると、文字列の先頭から末尾まで、文字列全体のコピーと同等になります。

```
print('文字列全体は', text[:], 'です')
```

```
文字列全体は Software Design です
```

文字列操作の基本パターン

実際のプロジェクトでもありそうなテキストからデータを分解し、必要な情報を取り出す練習をしてみましょう。

文字列の分割

テキストデータを受け取って情報を取り出す場合、受け取ったテキストを細かく分割して、必要な部分をひとつひとつの値として取り出す必要があります。ここでは、Pythonでの基本的な文字列の分割方法を紹介します。例題として次のようなデータを分析してみましょう。

```
生徒1 10,20,30
生徒2 40,30,20
生徒3 25,30,40
```

このデータは学生の成績を表すデータで、先頭に学生の名前があり、そのあとに英語と数学と国語のテストの点数が並んでいます。学生の名前と点数はスペースで区切られ、各科目の点数はカンマ（,）で区切られています。最初の行は、生徒1の英語の点数が10点、数学が20点、国語が30点だったことを記録しています。

このデータから、各生徒の平均点を計算してみましょう。

データを用意する

まず、実験用の文字列データを、変数textに代入しましょう。

```
# このソースコードは、正確に、まったく
# 同じ文字列を記述してください。
# 余計な空白や改行があると、以降の
# サンプルが動かなくなります。

text = '''生徒1 10,20,30
生徒2 40,30,20
生徒3 25,30,40
'''

print(text)
```

```
生徒1 10,20,30
生徒2 40,30,20
生徒3 25,30,40
```

行に分割する

では、textのデータを変形して、平均点を計算できる形式に変換していきましょう。現在、変数textには全員分の全データがまとめて入っています。これでは扱いにくいので、細かく分割していきましょう。

まず、複数行からなるデータを、1行ずつ、別々の文字列に分割して、リストに格納します。現在、textには3名分の文字列が入っていますが、これを1行ずつ分解して、3つの文字列オブジェクトを作成します。行単位の分割は、文字列オブジェクトのsplitlines()メソッドを使います

```
lines = text.splitlines()
print(lines)
```

```
['生徒1 10,20,30', '生徒2 40,30,20', ⏎
'生徒3 25,30,40']
```

splitlines()メソッドは3行分の入力データを分割し、3つの文字列オブジェクトを作成します（図3）。分割した文字列は、リストに格納して返されます。

変数linesにはtext.splitlines()の結果が代入され、文字列が3つ入ったリストになっています。linesのそれぞれの行を確認してみましょう。

```
print(lines[0])
print(lines[1])
print(lines[2])
```

```
生徒1 10,20,30
生徒2 40,30,20
生徒3 25,30,40
```

スペース文字で分割する

変数linesの要素は、生徒1人分のデータがそのまま入っています。成績部分の処理が簡単になるように、各生徒の名前と、成績部分を分割しましょう。

生徒名と成績は、スペースで区切られています。文字列オブジェクトのsplit()メソッドを使うと、文字列を空白文字で分割できます。

実験として、生徒1さんのデータを分割してみましょう。

```
# 生徒1の行を取得
line1 = lines[0]
# 生徒1の行を、空白文字で分割
student1 = line1.split()
```

変数line1の内容は、

```
生徒1 10,20,30
```

という文字列ですが、split()メソッドはこの文字列を生徒1と10,20,30の間にあるスペースで分割し、生徒名と成績部分の2つの文字列を作成します。splitlines()メソッドと同様に、分割した結果は、リストに格納して返されます（図4）。

▼図3　splitlines()メソッドの処理イメージ

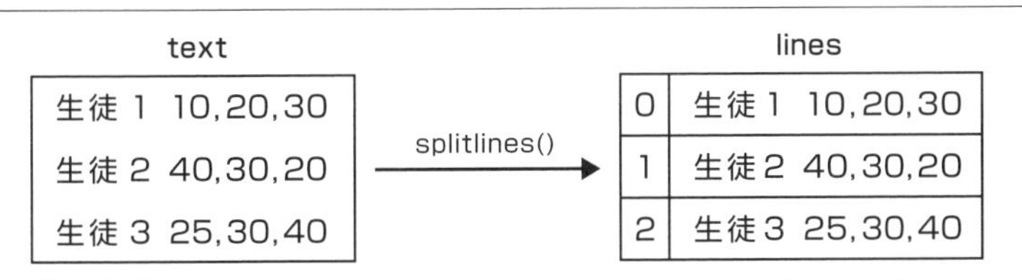

▼図4　split()メソッドの処理イメージ

line1

生徒 1　10,20,30

split() →

student1

0	生徒 1
1	10,20,30

分割した結果は、変数student1に代入されていますので確認しましょう。

```
print('名前:', student1[0])
print('成績:', student1[1])

名前: 生徒1
成績: 10,20,30
```

正しく分割されているようです。

全員のデータを分割し、結果を変数splitted_linesに格納しましょう。変数linesのすべての文字列をsplit()メソッドで分割し、結果をsplitted_linesに追加していきます（**図5**）。

変数splitted_linesは、それぞれの生徒の成績が入った長さ3のリストになっています。それぞれのデータを確認してみましょう。

```
print(splitted_lines[0])
print(splitted_lines[1])
print(splitted_lines[2])

['生徒1', '10,20,30']
['生徒2', '40,30,20']
['生徒3', '25,30,40']
```

カンマで分割する

現在、splitted_linesには、「生徒の名前」と「3教科の成績」のセットが3名分、格納されています。

「3教科の成績」のところは、10,20,30のように、3つの数値がカンマ（,）で区切られた文字列です。このままでは平均点の計算が面倒ですので、これも分割して3つの文字列にしてしまいましょう。

再び実験として、1人分のデータで成績部分で変換してみましょう。まず、生徒1さんのデータから、成績部分の文字列だけを取り出します。

```
# 生徒1の行を取得
student1 = splitted_lines[0]

print(student1[0], 'の点数は:', ➡
student1[1], 'です')

生徒1 の点数は: 10,20,30 です
```

このstudent1[0]は生徒の名前、student1[1]はその生徒の成績になっています。平均点を計算するには、成績部分の文字列をカンマで分割して10、20、30という3つの数字に変換する必要があります。文字列をカンマなどの文字列で分割するときにも、先ほど使用したsplit()メソッドが使えます。空白ではなく、決まった文字で分割したい場合には、split()メソッドの引数として区切り文字を指定します。この場合は、区切り文字として','を指定します。

```
# 区切り文字として','を指定して分割
student1_scores = student1[1].split(',')

print(student1_scores)

['10', '20', '30']
```

'10,20,30'という文字列を、正しく'10'、'20'、'30'という3つの数字に分割できました（**図6**）。生徒1さんだけではなく、全員の分を同じように変換しましょう（**図7**）。

▼図6　split(',')の処理イメージ

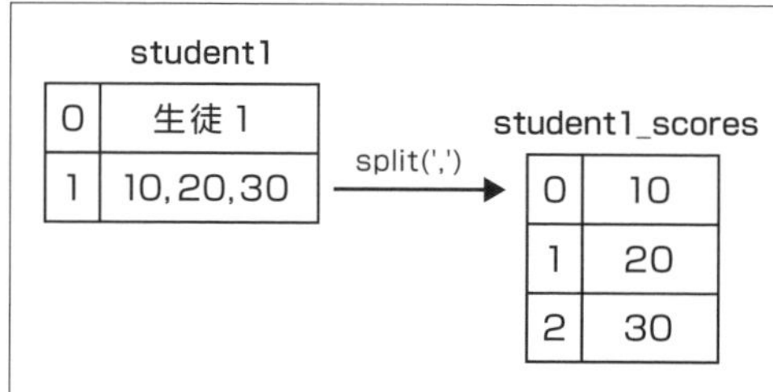

▼図5　全員のデータを生徒名と成績部分にする

```
splitted_lines = []  # 結果を格納するリストオブジェクトを作成する

for line in lines:    # linesのすべての行について、以下の処理を繰り返す
    splitted = line.split()           # 行を空白で分割する
    splitted_lines.append(splitted)  # 分割した結果を、splitted_linesに追加する
```

▼図7　全員の成績部分の文字列をカンマで分割する

```
scores = []  # 結果を格納するリストオブジェクトを作成する

for student in splitted_lines:  # splitted_linesのすべての行について、以下の処理を繰り返す
    name = student[0]                          # 生徒名を取り出す
    splitted_scores = student[1].split(',')  # 成績を','で分割する
    scores.append([name, splitted_scores])   # 分割した結果を、splitted_linesに追加する
```

変換の結果は、変数scoresに格納されています。結果を確認してみましょう。

```
print(scores[0])
print(scores[1])
print(scores[2])

['生徒1', ['10', '20', '30']]
['生徒2', ['40', '30', '20']]
['生徒3', ['25', '30', '40']]
```

リストscoresの各行は、**[生徒名, [英語, 数学, 国語]]**という形式のリストになっています(**図8**)。splitted_linesの成績は、すべての教科の点数が1つの文字列として格納されていましたが、最終的にscoresでは各教科の点数が別々の文字列となっています。

さて、ここまでくれば、あとは計算するだけです。scoresには各生徒の名前と各教科の点数が入っていますが、点数は数値ではなく、文字列ですので、平均値を取るには数値に変換する必要があります。

▼図8　リストscoresのイメージ

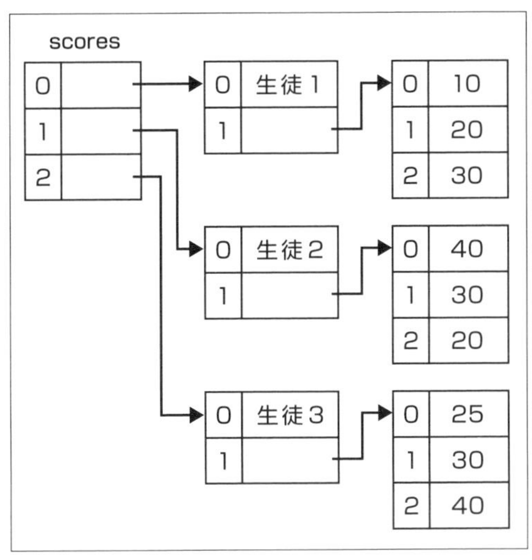


```
for line in scores:
    name = line[0]              # 生徒名を取り出す
    english = line[1][0]    # 英語の点数
    math = line[1][1]         # 数学の点数
    language = line[1][2]   # 国語の点数

    # 平均点を計算
    ave = (int(english) + int(math) + ↵
int(language)) / 3

    # 結果を出力
    print(name, 'の平均点は', ave, 'です')

生徒1 の平均点は 20.0 です
生徒2 の平均点は 30.0 です
生徒3 の平均点は 31.666666666666668 です
```

このプログラムは平均点を計算するプログラムですが、実際にやっていることのほとんどは計算ではなく、入力データを次から次へと分割し、最終的に、入力データtextを、scoresという形のデータに変換することでした。こういう形式のデータを作ってしまえば、あとは合計点でも教科ごとの平均点でも、簡単に求められます。

文字列のフォーマット

さて、先ほどの例では、計算した平均点を次のように出力しました。

```
name = '生徒1'
ave = 23.333333333333332
print(name, 'の平均点は', ave, 'です')

生徒1 の平均点は 23.333333333333332 です
```

この出力は改善の余地があります。変なところにスペースが入っていますし、平均点も平均点以下15位まで出力する必要はありませんね。この節では、Pythonで文字列を整形して読みやすいテキストを作成する方法を学んでみましょう。

f文字列

Pythonで文字列を整形する方法はいくつかありますが、ここではPython 3.6で導入された比較的新しい機能f文字列を紹介しましょう。f文字列は頭にfを付けた文字列で、内部に変数や関数を使った式を記述できます。たとえば、3+4という式の結果から文字列を作る場合、次のように式を{}の中に指定します。

```
text = f'3たす4は{3+4}'
print(text)
```

```
3たす4は7
```

式には、変数や関数も使えます。f文字列の中でsum()を使って合計値を計算してみましょう。

```
a = 10
b = 20
c = 30
print(f'a, b, c の合計は{sum([a, b, c])} です')
```

```
a, b, c の合計は 60 です
```

f文字列に指定する式は、次のように{}を使って指定します。

```
{式:書式指定}
```

式には、出力したいPythonの式を指定します。ほとんどの式を使えますが、文字列定数に\を使えないなど、一部に制限があります。書式指定は、式の表示方法を指定します。指定が必要なければ、:と書式指定は省略できます。

f文字列で{}が必要な場合は、{{と}}のように記述します。

```
print(f'{{ 波括弧 }} [ 角括弧 ]')
```

```
{ 波括弧 } [ 角括弧 ]
```

書式指定には、データをフォーマットするための、いろいろな指定を記述します。すべての指定方法は紹介できませんが、よく使われるフォーマット方法を解説します。

数値の出力桁数を指定する

データを簡単な表形式で出力する場合など、普通にデータを出力してしまうとあまり見やすくありません。たとえば、年度ごとの売上データのようなデータを出力してみましょう。

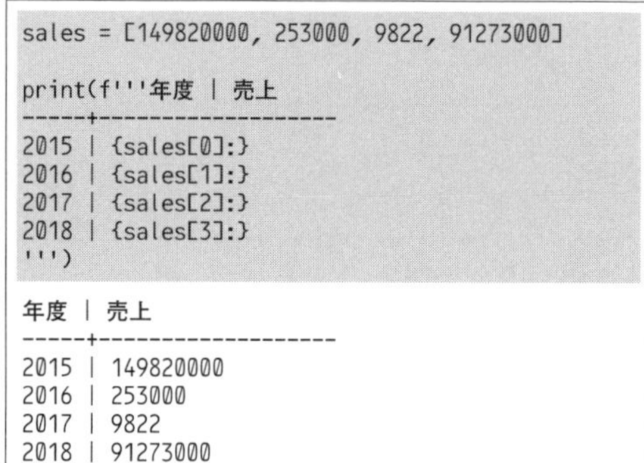

```
sales = [149820000, 253000, 9822, 91273000]

print(f'''年度 | 売上
-----+-------------------
2015 | {sales[0]:}
2016 | {sales[1]:}
2017 | {sales[2]:}
2018 | {sales[3]:}
''')
```

```
年度 | 売上
-----+-------------------
2015 | 149820000
2016 | 253000
2017 | 9822
2018 | 91273000
```

いろいろイマイチですね。まず、数字に区切り文字を入れましょう。

数値に桁区切りを入れる

値の大きな数値を表示するときには、3桁ごとに','などの区切り文字を付けることがよくあります。

```
{式:,}
```

のように書式指定に,を指定すると、自動的に区切り文字が挿入されます。

```
print(f'''年度 | 売上
-----+-------------------
2015 | {sales[0]:,}
2016 | {sales[1]:,}
2017 | {sales[2]:,}
2018 | {sales[3]:,}
''')
```

```
年度 | 売上
-----+-------------------
2015 | 149,820,000
2016 | 253,000
2017 | 9,822
2018 | 91,273,000
```

数値は読みやすくなりました。

表示する文字数を指定する

書式指定に数値の桁数をそろえて、読みやすくしましょう。書式指定の,の前に、式を表示する文字数を数値で指定します。

```
print(f'''年度  | 売上
-----+-------------------
2015 | {sales[0]:12,}
2016 | {sales[1]:12,}
2017 | {sales[2]:12,}
2018 | {sales[3]:12,}
''')
```

```
年度  | 売上
-----+-------------------
2015 |  149,820,000
2016 |      253,000
2017 |        9,822
2018 |   91,273,000
```

文字のアラインメント（位置ぞろえ）を指定する

出力桁数を指定すると、自動的に数値の場合は右寄せ、文字列の場合は左寄せになります。

```
print(f'|{"文字列1":10}|{999:10}|')
```

```
|文字列1     |       999|
```

書式指定に、文字の左寄せ・中寄せ・右寄せを指定できます。左寄せを指定する場合は、桁数の前に<を指定します

```
print(f'|{999:<15}|')
```

```
|999            |
```

右寄せにするときには、桁数の前に>を指定します。

```
print(f'|{"右寄せの文字列":>15}|')
```

```
|        右寄せの文字列|
```

中寄せにするときは、桁数の前に^を指定します。

```
print(f'|{"中寄せの文字列":^15}|')
```

```
|    中寄せの文字列    |
```

次の例では、1つのf文字列で3種類のアラインメントを指定しています。

```
print(f'|{"左寄せ":<8}|{"中寄せ":^8}↩
|{"右寄せ":>8}|')
```

```
|左寄せ     |  中寄せ  |     右寄せ|
```

これらを組み合わせて、見やすい表を作ってみましょう

```
print(f'''{"年度":^5}|{"売上":^10}
-------+-------------------
{2015:^7}|{sales[0]:12,d}
{2016:^7}|{sales[1]:12,d}
{2017:^7}|{sales[2]:12,d}
{2018:^7}|{sales[3]:12,d}
''')
```

```
年度  |    売上
-------+-------------------
 2015  | 149,820,000
 2016  |     253,000
 2017  |       9,822
 2018  |  91,273,000
```

空白部分を0で埋める（ゼロパディング）

数値を出力するとき、桁数の前に0を付けると、空白部分が0で埋まります。

```
value = 100
print(f'|{value}|{value:010}|')
```

```
|100|0000000100|
```

負の数を出力すると、符号は0の前に付きます。

```
value = -100
print(f'|{value}|{value:010}|')
```

```
|-100|-000000100|
```

文字列の空白部分に別の文字で充填（じゅうてん）する場合は、アラインメントの直前に指定できます。

```
print(f'|{"左寄せ":#<8}|{"中寄せ":%^8}↩
|{"右寄せ":_>8}|')
```

```
|左寄せ#####|%%中寄せ%%%|_____右寄せ|
```

この例の#<は、左寄せを行い、右側の空白部分は#文字で充填するように指定しています。

数値の精度を指定する

数値を出力する場合は、書式指定に有効桁数を指定できます。次の例では、円周率を小数点以下3桁まで出力しています。

```
import math
print(f'{math.pi:.4}')

3.142
```

精度は、ピリオドに続けて`.精度`の形式で指定します。全体の桁数と精度を両方指定するときは、

```
桁数.精度
```

の形式で指定します。

```
print(f'<{math.pi:10.2}>')

<       3.1>
```

指定した精度で表現できない数値の場合、`123.456`のような固定小数点表記ではなく、`123456e-3`のような指数表記で出力されます。次の例では、`123456.0`という数値は7桁で表現できるので、固定小数点表記で表示されます。

```
print(f'{123456.0:.7}')

123456.0
```

しかし、3桁では誤差が生じるので、指数表記で表示されます。

```
print(f'{123456.:.3}')

1.23e+05
```

末尾に、変換指定としてfを指定すると、値にかかわらず常に固定小数点で表示されます。

```
print(f'小数点表記: {123456.:.3f}')

小数点表記: 123456.000
```

指数形式で表示する場合は、eを指定します。

```
print(f'指数表記: {123456.:.3e}')

指数表記: 1.235e+05
```

10進数以外で表示したい

整数を10進数以外の、16進数などで表示する場合は、末尾に変換指定を記述します。2進数の場合はb、8進数の場合はo、16進数の場合はxを指定します。何も指定しない場合はdが指定されたこととなり、10進数に変換されます。

```
value = 160
print(f'''
2進数:  {value:8b}
8進数:  {value:8o}
10進数: {value:8d}
16進数: {value:8x}
''')

2進数:  10100000
8進数:       240
10進数:      160
16進数:       a0
```

デバッグ情報を表示したい

Python 3.8で、新しくデバッグに便利な機能が追加されました。

f文字列は便利な機能ですが、デバッグ用にデータを出力するときには、ちょっと面倒です。たとえば変数fooとbarの値を確認するときは、確認したい変数名のテキストと、表示したい式を別々に書く必要があります。

```
foo = 10; bar = 20
print(f'foo={foo} bar={bar} foo+bar={foo+bar}')

foo=10 bar=20 foo+bar=30
```

同じことを2回書かなければならないので、ちょっと面倒ですね。そこで、f文字列に出力指定方法が追加され、出力したい式に続けて`=`を指定すると、その式と式の値の両方が文字列に埋め込まれるようになりました。

```
print(f'{foo=} {bar=} {foo+bar=}')

foo=10 bar=20 foo+bar=30
```

文字列を検索する

テキストの中に、特定の文字や単語が含まれているかどうか調べたい場合、次のようにin演算子を利用します。

```
文字列1 in 文字列2
```

(文字列1 in 文字列2)は、文字列1が文字列2に含まれているとTrueとなります。

```
if 'apple' in 'pineapple':
    print('リンゴはパイナップル!')
```

```
リンゴはパイナップル!
```

単語が含まれているかどうかだけではなく、その位置まで知りたい場合、find()メソッドを使用します。

```
文字列.find(検索する文字列)
```

文字列に検索する文字列が含まれていれば、find()メソッドはその開始インデックスを返します。

```
text = '東京特許許可局'
print(text.find('特許'))
```

```
2
```

'特許'は、'東京特許許可局'の3文字目で見つかりました。

文字列に検索する文字列が含まれない場合は、-1が返ります。

```
text = '東京特許許可局'
print(text.find('柿'))
```

```
-1
```

find()メソッドを使うと、文字列がある決まった文字列で始まるかどうか、チェックできます。たとえば、テキストが"Hello"で始まるかどうかチェックする場合は、次のようにかけます。

```
text = 'Hello world'
if text.find('Hello') == 0:
    print('Hello!')
```

```
Hello!
```

しかし、この処理は、文字列のstartswith()メソッドを使うともっと簡単に実現できます。

```
文字列.startswith(先頭の文字列)
```

startswith()メソッドは、文字列が先頭の文字列で始まる場合にTrueを返します。

```
text = 'Hello world'
if text.startswith('Hello'):
    print('Hello!')
```

```
Hello!
```

先頭の文字列は、複数の文字列のタプルも指定できます。たとえば、文字列がHelloかこんにちはのどちらかで始まるかどうかをチェックしたければ、次のように指定します。

```
text = 'Hello world'
if text.startswith(('Hello', 'こんにちは')):
    print('Hello!')
```

```
Hello!
```

逆に、文字列の末尾をチェックするendswith()メソッドもあります。

```
文字列.endswith(末尾の文字列)
```

endswith()メソッドは、文字列が末尾の文字列で終わる場合にTrueを返します。

```
text = 'Hello world'
if text.endswith('world'):
    print('world!')
```

```
world!
```

startswith()メソッドと同様に、末尾の文字列には、タプルで複数の文字列も指定できます。たとえば、ファイル名が.pngや.jpegなどで終わる画像ファイルかどうか判定する場合は、次のように指定します。

```
filename = 'dog_and_cat.jpeg'

if filename.endswith(('.jpeg', '.jpg', '.png')):
    print(f'{filename} は画像ファイルです')
```

```
dog_and_cat.jpeg は画像ファイルです
```

6-3 テキストファイルの扱い方

ファイルI/Oと気をつけるべき文字コード

Author 石本 敦夫（いしもと あつお） フリープログラマ Twitter @atsuoishimoto

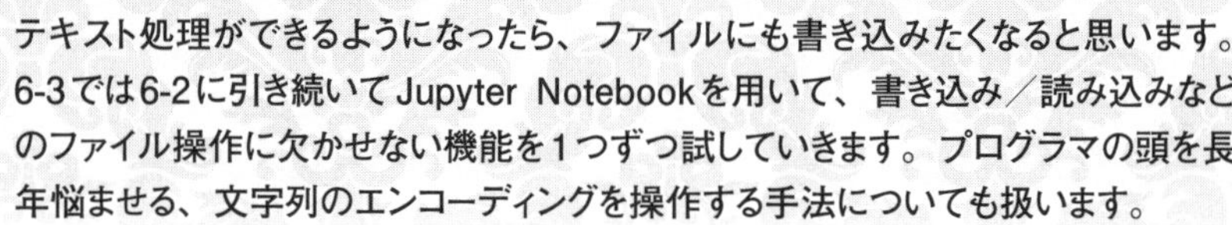

テキスト処理ができるようになったら、ファイルにも書き込みたくなると思います。6-3では6-2に引き続いてJupyter Notebookを用いて、書き込み／読み込みなどのファイル操作に欠かせない機能を1つずつ試していきます。プログラマの頭を長年悩ませる、文字列のエンコーディングを操作する手法についても扱います。

テキストファイルの操作は、一番基本的なプログラマーの技能の1つといえます。さまざまな用途があり、とても広く使われる機能です。

一般に、文字データだけが入ったファイルはテキストファイルと呼ばれ、文字データ以外の画像や音声などのデータが入ったファイルはバイナリファイルなどと呼ばれます。本稿ではPythonを使ったテキストファイルの処理について扱います。

テキストファイルを作って操作してみよう

何はともあれ、Pythonでテキストファイルを作ってみましょう。手始めに、

どーも。
Pythonです。

という、2行の文章が入ったファイルを作成してみます。

ファイルオブジェクトを作る

ファイルを作成するときは、最初にopen()関数を使って、ファイルオブジェクトを生成します。

```
textfile = open('hello.txt', 'w')
```

open()関数の1番目の引数は、作成するファイルのファイル名です。ここでは、「hello.txt」を指定しました。2番目の引数は、ファイルオブジェクトでファイルにデータを書き込むのか、読み込むのかを文字列で指定します。この文字列をモードと言います。

ここではファイルを作成しますので、書き込みモードを意味する「w」を指定します。

ファイルにテキストを書き込む

次に、ファイルオブジェクトに文字列を書き込みましょう。ファイルオブジェクトのwrite()メソッドを使用します。

```
textfile.write('どーも。\n')
5
```

「どーも。\n」という文字列を書き込みました。最後についている\nは改行文字で、このあとに続く文字列は、次の行の先頭から出力されます。write()メソッドの戻り値として、書き込んだ文字数5が返ってきていますね。

続けて、2行目も書き込みましょう。ふたたびwrite()メソッドを呼び出します。

```
textfile.write('Pythonです。\n')
10
```

書き込んだテキストを出力する

ここまでで、write()メソッドを使って、ファイルオブジェクトに

どーも。
Pythonです。

と書き込みました。

しかし、プログラム上では書き込み処理を実行しましたが、実はまだ文字列はファイルの実体には何も書き込まれていないのです。単に書き込まれるデータを設定しただけの状態です。

実際にファイルに書き出すために、close()メソッドを呼び出して、ファイルオブジェクトを使用済みの状態にします。

```
textfile.close()
```

これでファイルオブジェクトがクローズされ、書き込んだ文字列がファイルに出力されました。以上でテキストファイルの作成は終了です。

なお、クローズしたファイルオブジェクトは、それ以降利用できません。しつこく書き込みしようとすると、

```
textfile.write('まだ書ける？')

---------------------------
ValueError
Traceback (most recent call last)
<ipython-input-5-24773ee7ef2d> in <module>
----> 1 textfile.write('まだ書ける？')

ValueError: I/O operation on closed file.
```

というエラーが発生してしまいます。

ファイルを読み込んでみよう

では、作成したファイルをさっそく読み込んでみましょう。ファイルを読み込むときも、作成するときと同じく、最初にopen()関数を使って、ファイルオブジェクトを作成します。

```
textfile = open('hello.txt', 'r')
```

open()関数の1番目の引数は、読み込むファイルのファイル名です。ここでは、先ほど作成したファイル「hello.txt」を指定します。2番目の引数は、ファイルオブジェクトのモードを指定します。書き込みのときは「w」を指定しましたが、読み込みのときは「r」を指定します。

open()関数でファイルを開くとき、モードを省略すると、rを指定した場合と同じ扱いになります。ですので、textfile = open('hello.txt')と書いても、まったく同じ結果が出力されます。

それでは、いよいよファイルを読み込みましょう。ファイルオブジェクトのread()メソッドを使用します。

```
text = textfile.read()
```

read()メソッドでtextfileからファイルの内容をすべて読み込み、textに代入しました。出力して確認してみましょう。

```
print(text)
どーも。
Pythonです。
```

先ほど書き込んだ文字列を読み込めていることがわかりますね。

ファイルをクローズする

先ほどと同じく、使い終わったファイルはclose()メソッドでクローズしておきましょう。

```
textfile.close()
```

クローズしたファイルオブジェクトは、もう読み込みもできません。read()メソッドを呼び出すと、エラーが発生します。

```
textfile.read()
------------------------------------------------------
---------------------------
ValueError
Traceback (most recent call last)
<ipython-input-10-7627d7a523ae> in <module>
----> 1 textfile.read()

ValueError: I/O operation on closed file.
```

with文でクローズ忘れを防ぐ

ファイルの書き込みでも読み込みでも、使い終わったファイルオブジェクトはクローズする必要があります。クローズを忘れると、書き込んだはずのデータが書き込まれていなかったり、実行中に突然ファイルを読めなくなったりといった障害につながる場合があります。

しかし、ファイルオブジェクトを使ったら必ずclose()メソッドを呼び出すというのは面倒ですし、間違えやすいのでお勧めできません。

そこでPythonでは、間違いなくファイルをクローズできるように、次のような書き方が使えるようになっています。

```
with open('hello.txt', 'w') as textfile:
    textfile.write('hello\n')
    textfile.write('world\n')
```

with文を使ってファイルオブジェクトをopen()すると、withのブロックを抜けるときに自動的にclose()メソッドを呼び出してくれます。ファイルオブジェクトを使うときには、必ずこの方法で実行するよう覚えておきましょう。

write()メソッド vs. print()メソッド

これまで、ファイルへの書き込みはファイルのwrite()メソッドを使っていましたが、print()関数を使った書き込みも便利です。print()関数でファイルオブジェクトに書き込むときは、file引数に指定します。print()関数を使うと、改行文字（\n）は自動的に出力されますので、指定する必要はありません。

```
with open('text.txt', 'w') as text:
    print("hello", file=text)
    print("world", file=text)

with open('text.txt') as text:
    print(text.read())
```

```
hello
world
```

また、write()メソッドは数値などを出力するとエラーになってしまいますが、print()関数は自動的に文字列に変換して出力します。

```
num = 1234567890

with open('text.txt', 'w') as text:
    print(num, file=text)

with open('text.txt') as text:
    print(text.read())
```

```
1234567890
```

write()メソッドと違って、print()関数に複数の値を引数に指定して、一度に出力できるのも便利です。

```
a = 123
b = 456
with open('text.txt', 'w') as text:
    print('a:', a, 'b:', b, file=text)

with open('text.txt') as text:
    print(text.read())
```

```
a: 123 b: 456
```

値と値の間はスペースで区切られますが、,などに変更することもできます。この場合、区切り文字として使用したい文字列を、sep引数に指定します。

```
with open('text.txt', 'w') as text:
    print(123, 456, sep=', ', file=text)

with open('text.txt') as text:
    print(text.read())
```

```
123, 456
```

区切り文字が必要なければ、空文字列「''」を指定します。

```
with open('text.txt', 'w') as text:
    print(123, 456, sep='', file=text)

with open('text.txt') as text:
    print(text.read())
```

```
123456
```

pathlibでテキストを簡単操作

あまり複雑な操作を必要とせず、テキストを一括して読み込んだり書き込んだりすれば十分な処理では、pathlib.Pathオブジェクトも便利です。pathlib.Pathオブジェクトは、ファイル名を指定して作成するものです。

```
import pathlib

filename = pathlib.Path('test.txt')
```

ファイルの出力は、pathlib.Pathオブジェクトのwrite_text()メソッドで行います。

```
filename.write_text('テスト')
3
```

pathlib.Pathオブジェクトを使うとファイルは自動的にclose()されるので、with文が不要になります。

また、ファイルの読み込みは、pathlib.Pathオブジェクトのread_text()メソッドで行います。

```
print(filename.read_text())
テスト
```

ファイルオブジェクトと違って、pathlib.Pathオブジェクトには読み込み/書き込みモードの区別がありません。ですから、ファイルオブジェクトのように、読み込み/書き込み用と別々に作成する必要はありません。

Pathlib.Pathの機能を活用して、もうちょっと複雑な例を作ってみましょう。次のような操作を実装してみます。

- 指定したファイルが存在するなら、内容の数値を読み込んで値を1加算し、結果をファイルに書き戻す。
- 存在しなければ、内容を1としてあたらしくファイルを作成する。

ファイルの存在は、pathlib.Pathオブジェクトのexists()メソッドを使うことでチェックできます。

```
from pathlib import Path

filename = Path('sample.txt')

# ファイルの存在チェック
if filename.exists():
    # ファイル内容の読み込み
    value = int(filename.read_text())
else:
    value = 0

# 値を更新
value += 1

# ファイルを更新
filename.write_text(f'{value}\n')

print('現在の値は', value, 'です')
現在の値は 2 です
```

Pythonで学ぶ、テキストファイルのエンコーディングと文字集合

プログラミングを始めると、「文字コード」や「エンコーディング」といった用語を耳にすることが多いのではないでしょうか。この節では、Pythonを使って、テキスト処理に必要な文字とエンコーディングについて学んでいきます。

さて、みなさんは毎日Webブラウザを立ち上げていろいろなサイトをご覧になっていると思いますが、その中にはいろいろな画像も一緒に表示されていると思います。

画像にはいくつかの種類があり、たとえばgifとかjpegなどの名前を聞いたことがあるでしょう。こういった名前は画像ファイルの形式を表すもので、写真などの画像データをファイルに保存したり、外部に転送したりするときのルールを定めています。デジタルカメラやWebブラウザは、このルールに従って画像ファイルを作成したり、画面に表示したりします。

画像ファイルだけでなく、テキストファイルにも同じようにルールがあり、ファイルに保存したり転送したりするときにはこのルールに従います。Pythonでは、このルールをエンコーディング(encoding)と呼びます。画像ファイルにgifやjpegなどいろんな種類があるように、エンコーディングにもASCII、UTF-8やShift-JISなど、いろいろな種類があります。

エンコーディングを指定したファイル入出力

では、実際にエンコーディングを指定してテキストファイルの入出力を試してみましょう。次のコードは、UTF-8というエンコーディングでutf8.txtというファイルを作成し、「こん

にちは」と書き込みます。エンコーディング名は、open()関数の引数encodingで指定します。

```
with open('utf8.txt', 'w', encoding='utf-8') ➡
as textfile:
    textfile.write('こんにちは')
```

続いて、ファイルの読み込みでもエンコーディングを指定してみましょう。書き込みのときと同様、引数encodingにエンコーディング名を指定します。

```
with open('utf8.txt', 'r', encoding='utf-8') ➡
as textfile:
    print(textfile.read())

こんにちは
```

エンコーディング名は、大文字と小文字を区別しません。また、_（アンダースコア）と-（ハイフン）も区別しません。たとえば「utf-8」でも「UTF_8」でも、UTF-8と同じ結果になります。

文字化けと変換エラー

テキストファイルを読み込むときには、ファイルがどのエンコーディングで書き込まれているか知らなければ、正しく読めません。utf8.txtはUTF-8形式で保存されていますが、試しにエンコーディングにShift-JISを指定して読んでみましょう。

```
with open('utf8.txt', 'r', encoding='ShiftJIS') ➡
as textfile:
    print(textfile.read())

縺薙ｓ縺ｫ縺。縺ｯ
```

変な文字が出てきてしまいました。これが有名なmojibake（文字化け）です。文字化けは日本語でのみ発生するわけではありませんが、昔は日本語環境での問題が話題になることが多く、そのまま海外でもmojibakeという言葉が知られるようになってしまいました。

間違ったエンコーディングを指定しても、必ず文字化けが発生するとは限りません。次の例では、「こ」の1文字だけ書き込んでから間違ったエンコーディングで読み込んでいますが、この場合、読み込みに失敗してUnicodeDecodeErrorという例外が発生しています。

```
with open('utf8.txt', 'w', encoding='utf-8') ➡
as textfile:
    textfile.write('こ')

with open('utf8.txt', 'r', encoding='ShiftJIS') ➡
as textfile:
    print(textfile.read())

---------------------------------------------------
---------------------------
UnicodeDecodeError
Traceback (most recent call last)
<ipython-input-4-c73b0a34f968> in <module>
      3
      4 with open('utf8.txt', 'r', ➡
encoding='ShiftJIS') as textfile:
----> 5     print(textfile.read())

UnicodeDecodeError: 'shift_jis' codec can't ➡
decode byte 0x93 in position 2: incomplete ➡
multibyte sequence
```

文字集合とエンコーディング

エンコーディングにはShift-JISやASCIIなど、いろいろな種類がありますが、こういったエンコーディングのほとんどは特定の言語のテキストのために用意されています（**表1**）。たとえば、Shift-JISは日本語のためのエンコーディングですし、ASCIIはアメリカ英語で使うために開発されました。そのほか、西ヨーロッパ系

▼表1　主要なエンコーディング

エンコーディング	言語	備考
ASCII	英語	アメリカで使われる英数字・記号など
ISO-5559-1	西ヨーロッパ言語	ASCIIをベースにフランス語・ドイツ語などを追加
GBK	中国語簡体字	中国で制定された、簡体字用のエンコードディング
EUC-JP	日本語	UNIX環境で利用されていた日本語用エンコーディング
Shift-JIS	日本語	MS-DOS環境などで利用されていた日本語用エンコーディング
CP932	日本語	MicrosoftがShift-JISをベースに独自の拡張を追加
UTF-8	Unicode	1文字を4つまでの8bit値で表現するUnicode用エンコーディング
UTF-16	Unicode	1文字を2つまでの16bit値で表現するUnicode用エンコーディング

の言語や中国語など、さまざまな言語に対応したエンコーディングが存在します。

それぞれのエンコーディングで使える文字の一覧を、文字集合といいます。日本語用のShift-JISエンコーディングは日本の日本工業規格（JIS）で定めた文字集合のためのエンコーディングで、ASCIIはアメリカの工業規格で決められた文字集合をベースとしています。ですから、ASCIIエンコーディングのテキストファイルには、日本語は書き込めませんし、Shift-JISエンコーディングのファイルには中国語やアラビア語などの文字は書き込めません。

試しに、ASCIIエンコーディングのファイルに、日本語を書き込んでみましょう。

```
with open('ascii.txt', 'w', encoding='ascii') ⏎
as textfile:
    textfile.write('日本語')

---------------------------------------------------------------------------
UnicodeEncodeError
Traceback (most recent call last)
<ipython-input-5-53a6335b2f16> in <module>
      1 with open('ascii.txt', 'w', ⏎
encoding='ascii') as textfile:
----> 2     textfile.write('日本語')

UnicodeEncodeError: 'ascii' codec can't encode ⏎
characters in position 0-2: ordinal not in ⏎
range(128)
```

ASCIIで使える文字集合に日本語は含まれていませんので、想像どおり書き込みに失敗し、UnicodeEncodeErrorというエラーが発生してしまいました。

UnicodeとUTF-8

前述のとおりエンコーディングにはたくさんの種類があり、世界各国でそれぞれの文字集合とエンコーディングが開発されていました。アメリカ英語ではASCII、中国語ではBIG5やGBK、日本語ではEUC-JP、Shift-JISなどがあります。

このため、昔は複数の言語で使えるアプリケーションを開発するのはたいへんな作業でした。アメリカで開発されたアプリケーションはASCIIしか使えないため、日本で使うためにはShift-JISなどのエンコーディングをサポートする必要があります。同じアプリケーションを中国で使えるようにするには、さらにBGKなどのエンコーディングを追加しなければなりません。画像ファイルのたとえで言えば、アメリカがgifを採用すればソビエト連邦はpngを推進し、日本ではjpeg派とbmp派に分裂して同じ民族が血で血を洗う激しい抗争を繰り広げる、そんな凄惨（せいさん）な様相を呈していました。

しかし、1990年代から新たにUnicodeという文字集合が開発され、状況が変わってきました。Unicodeは地球上で使われているすべての文字を含んだ文字集合となることを目指しており、従来のように多国語にそれぞれ対応するのではなく、Unicodeにさえ対応すれば、多くの言語で利用できるようになってきました。

現在ではUnicodeが非常に広く普及しており、多くの技術で標準的にUnicodeが使われるようになってきました。Python内部での文字データも、Unicodeとして表現されています。また、Unicodeの普及に伴い、旧来のエンコーディングはあまり使われなくなってきました。Unicodeを文字集合とするエンコーディングはいくつかありますが、現在では、UTF-8が事実上の標準エンコーディングとして、広く使われています。

Windowsのエンコーディング

現在、LinuxやmacOSなどの環境では、UTF-8が標準のエンコーディングとなっています。こういった環境では、Pythonのopen()関数でencodingを指定せず省略したときのデフォルトは、UTF-8になります。

open()関数のデフォルトエンコーディングは、localeモジュールのgetpreferredencoding()で確認できます。

```
import locale
print(locale.getpreferredencoding())

UTF-8
```

しかし、Windows環境はいまだにUTF-8が使える状況になっておらず、Windowsの各OSの言語設定に応じた、各国語専用のエンコーディングがデフォルトとなっています。日本語環境のWindowsでは、cp932というエンコーディングがデフォルトとなります。

cp932

cp932はShift-JISをベースとした日本語用のエンコーディングで、日本工業規格(JIS)で定めた日本語用の文字集合に、ベンダーが追加した独自の文字が追加されています。

たとえば、カッコつきの㈱や丸付き数字の①などの文字はShift-JISで使うと、次のようにエラーになってしまいますが、

```
with open('test.txt', 'w', encoding='ShiftJIS') ↩
as f:
    f.write('①')

-----------------------------------------------------
---------------------------
UnicodeEncodeError
Traceback (most recent call last)
<ipython-input-7-3984ce23dde8> in <module>
      1 with open('test.txt', 'w', ↩
encoding='ShiftJIS') as f:
----> 2     f.write('①')

UnicodeEncodeError: 'shift_jis' codec can't ↩
encode character '\u2460' in position 0: ille ↩
gal multibyte sequence
```

cp932では文字が追加されており、次のように問題なく使えます。

```
with open('test.txt', 'w', encoding='cp932') ↩
as f:
    f.write('①')
```

cp932とShift-JISはよく似ていますので混同されがちです。打ち合わせなどでは「Shift-JIS」と聞いていたテキストファイルに、実はcp932でなければ使えない文字が含まれている、ということも珍しくありません。

現実的にはShift-JISエンコーディングが使われることはあまりなく、cp932を指定する場合がほとんどになるでしょう。

エンコードとデコード

Pythonは、ファイルに文字列を書き込むとき、文字列をエンコーディングに従って、保存可能なバイト列オブジェクトに変換します。このように、文字列をバイト列に変換することをエンコードと呼びます(**図1**)。エンコードは、文字列オブジェクトのencode()メソッドで行います。

次の例は、「こんにちは」をUTF-8でエンコードしています。

```
print('こんにちは'.encode('utf-8'))

b'\xe3\x81\x93\xe3\x82\x93\xe3\x81\xab\xe3\x81\ ↩
xa1\xe3\x81\xaf'
```

逆に、ファイルから文字列を読み込むときには、エンコーディングに従ってバイト列を文字列に変換しています。バイト列を文字列に変換することを、デコードと呼びます。デコードはバイト列オブジェクトのdecode()メソッドで行います。

次の例では、バイト列をUTF-8でデコードしています。

```
hello = b'\xe3\x81\x93\xe3\x82\x93\xe3\x81\xab\ ↩
xe3\x81\xa1\xe3\x81\xaf'
print(hello.decode('utf-8'))

こんにちは
```

エンコード／デコードという用語はよく使われますので、覚えておきましょう。SD

▼図1　デコード／エンコードと文字列の関係

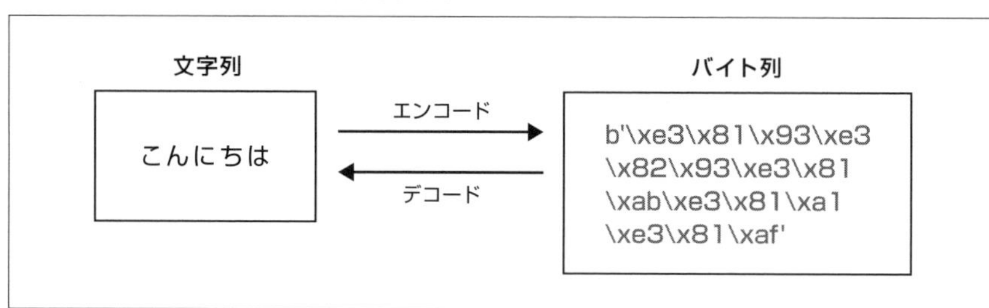

6-4 Pythonで正規表現を使いこなす

文字列操作がはかどるパターンマッチの基本

Author 石本 敦夫（いしもと あつお） フリープログラマ Twitter @atsuoishimoto

文字列のパターンマッチングに役立つ検索記法として、広く使われている正規表現。難解なパズルのようで、しばらく復習していないと複雑で簡単に忘れてしまいますよね。テキスト処理に優れたPythonと正規表現の相性は言わずもがなで、専用モジュール「re」で驚くほど簡単にテキストが操作できます。

正規表現はテキストを使って何かの処理をする場合には必ず、と言ってしまうと少し言い過ぎですが、とても高い確率で使われる汎用的なツールです。各種のプログラミング言語やデータ処理ツール、テキストエディタなど、テキストデータを扱う環境で広く利用されています。

ここでは、Pythonの正規表現モジュール「re」の使い方を紹介します。

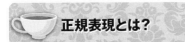

正規表現とは?

ある文字列中でabcという文字列を検索するときは、Pythonだと次のような処理になります。

```
print('123abcde'.find('abc'))
```

```
3
```

簡単ですね。「123abcde」の4文字めからはじまるabcが見つかりました。

では、abcかcdeどちらかの文字列を見つけたいときはどうするのでしょうか？

```
found = '123abcde'.find('abc')
if found == -1:
    found = '123abcde'.find('cde')
print(found)
```

```
3
```

ちょっとめんどくさくなりました。正規表現を使うと、この処理を次のように1行で書けます。

```
import re #reモジュールをインポート
print(re.search('abc|cde', '123abcde'))
```

```
<re.Match object; span=(3, 6), match='abc'>
```

検索の結果、4文字めから6文字めのabcが見つかっています。

re.search()は、文字列から正規表現に一致する文字列を検索する関数です。ここでは、abc|cdeという正規表現を使っています。この正規表現は、abcという文字列か、もしくはdefという文字列の2パターンを指定するものです。

文字列.find(...)のような単純な検索では単に指定した文字列しか指定できませんが、正規表現を使うと、さまざまな文字列のパターンを検索できます。abc|cdeというパターンは2つの文字列を組み合わせただけの単純なものですが、ほかの正規表現と組み合わせれば、複雑な検索を簡単にできるようになります。

正規表現で文字列を検索する

まずは、正規表現を使ってシンプルな文字列の検索をしてみましょう。先ほどと同じように、正規表現の検索はre.search()関数で行います。

Pythonの正規表現機能は、reモジュールで提供されています。正規表現を利用するときには、必ずreモジュールをインポートしてください注1。

```
import re
re.search('abc', '123abcdef')
```

```
<re.Match object; span=(3, 6), match='abc'>
```

この例では、正規表現としてabc、検索する文字列として「123abcdef」を指定しています。re.search()の1番めの引数には正規表現を指定し、2番めの引数に検索対象の文字列を指定します。

```
re.search(正規表現,文字列)
```

ここで指定したabcは、単純ですが単なる文字列ではありません。a→b→cのように、文字が連続しているパターンを表す正規表現です。正規表現で検索するときには、検索対象の文字列とこのパターンを1つずつ照合して、パターンの最後までたどり着けば無事検索成功となります（**図1**）。

re.search('abc','123abcdef')で検索を行うと、文字列「123abcdef」から正規表現で指定したパターンと照合して、一致する箇所を検索します（**図2**）。正規表現abcでは、次のように文字列の先頭から1文字ずつ調べていきます。

- 1文字め：パターンabcに一致するかチェックする。文字列の先頭は123a...なので、abcには一致しない
- 2文字め：パターンabcに一致せず
- 3文字め：パターンabcに一致せず
- 4文字め：文字列の4文字め以降はabc...なので、パターンabcに一致する。見つかった文字の位置を戻り値として終了する

re.search()関数の戻り値は？

先ほどの実行例で、re.search()の結果が次のように表示されていました。

```
<re.Match object; span=(3, 6), match=➡
'abc'>
```

re.search()で文字列が見つかると、検索結果としてre.Matchオブジェクトが返されます。もし見つからなかった場合は、Noneが返されます。見つかった文字列は、re.Matchオブジェクトのgroup()メソッドを使うことで取得できます。

```
match = re.search('abc', '123abcdef')
print(match.group())
```

```
abc
```

見つかった文字列の位置を知りたければ、re.Matchオブジェクトのspan()メソッドを使います。span()メソッドは、見つかった文字列の開始位置と終了位置のタプルを返します。

```
match = re.search('abc', '123abcdef')
print(match.span())
```

```
(3, 6)
```

正規表現で文字列をOR検索する

次に、先ほどのように複数の文字列のどれか1つを検索する正規表現を使ってみましょう。複数の正規表現を|（縦棒）で連結すると、そ

▼図1　文字の連続を表す正規表現abc

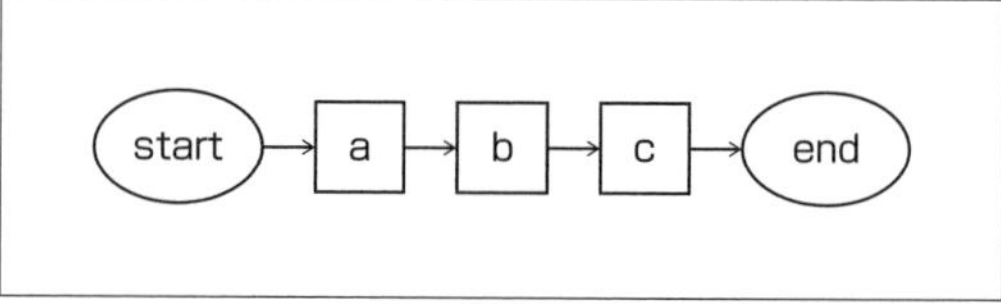

▼図2　文字列「123abcdef」を正規表現abcと照合する

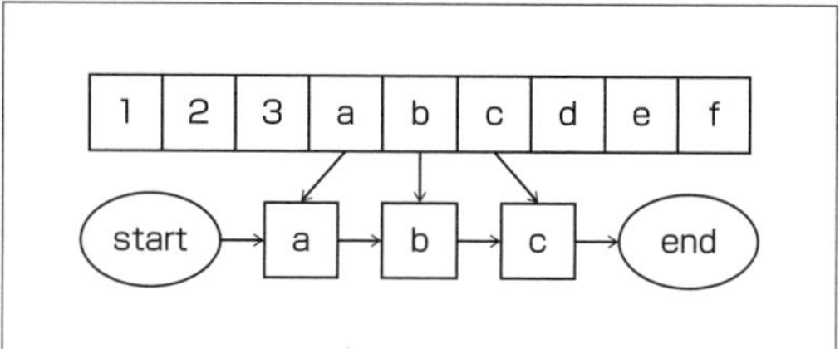

注1）以降のサンプルでは、import reは省略します。

▼図3　2パターンに分岐する正規表現abc|123

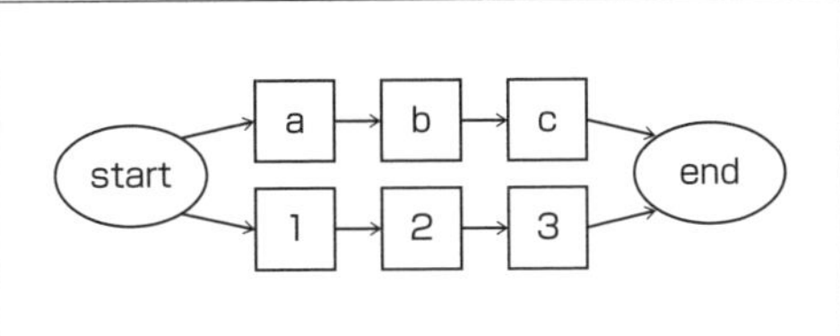

のいずれかに一致するパターンの正規表現となります。たとえばabc|123は、正規表現abcと、正規表現123のどちらかに一致する文字列を検索する正規表現です。

|を使った正規表現は、**図3**のように2つに分岐し、いずれかのパターンが最後まで一致する文字列を検索します。文字列「abc123」から、正規表現abc|123を検索してみましょう。

```
re.search('abc|123', 'abc123')
<re.Match object; span=(0, 3), match='abc'>
```

文字列abc123の先頭から1文字ずつ、正規表現abcと、正規表現123の両方のパターンを照合します。正規表現abcが文字列abc123の先頭3文字に一致し、パターンの最後まで到達しました(**図4**)。

今度は文字列「123abc」で検索してみましょう。

```
re.search('abc|123', '123abc')
<re.Match object; span=(0, 3), match='123'>
```

正規表現123が先に文字列123abcと一致し、パターンの最後まで到達しました(**図5**)。

正規表現で郵便番号を検索してみよう

これまでに紹介した正規表現は、決まった文字列を検索するものばかりでした。ここからはさらに柔軟な検索を少しずつ学んでいきましょう。

この節では、文字列に含まれている郵便番号を検索する方法を考えてみます。郵便番号は、「xxx-xxxx」のように、7桁の文字に-(ハイフン)が挟まった文字列です。

このようにabcや123のような特定の文字列

▼図4　文字列「abc123」を正規表現abc|123と照合する

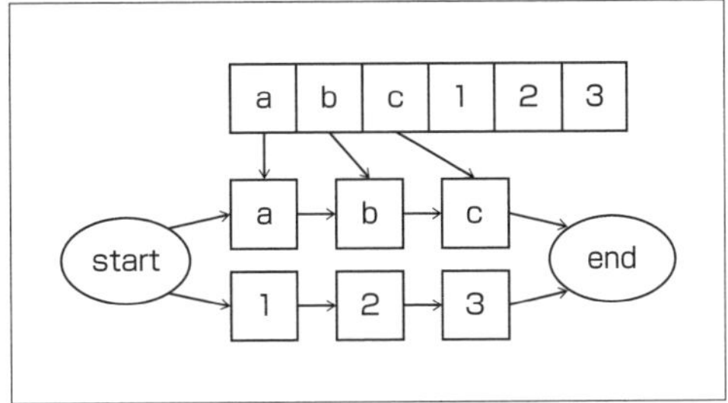

▼図5　文字列「123abc」を正規表現abc|123と照合する

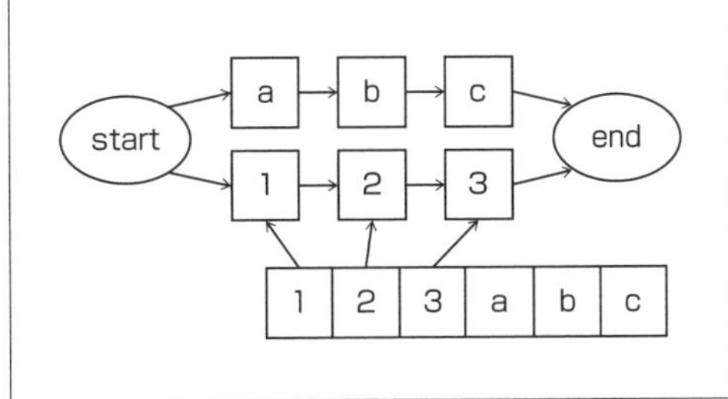

に一致するのではなく、一定の形式に従った文字列を検索するときは、改行文字以外のすべての文字に一致する正規表現**.**を使います。たとえば、正規表現**...**は、長さ3文字の文字列に一致します。

```
re.search(r'...', 'abcde')
<re.Match object; span=(0, 3), match='abc'>
```

.は、アルファベットだけではなく、日本語の文字などにも一致します。

```
re.search(r'...', 'こんにちは')
<re.Match object; span=(0, 3), match='こんに'>
```

郵便番号の形式は文字3桁+ハイフン+文字4桁ですので、**.**を使って**...-....**のように正規表現が書けます。この正規表現を使って実際に検索してみましょう。

```
re.search('...-....', '郵便番号 123-4567')
<re.Match object; span=(5, 13), match='⏎
123-4567'>
```

ちゃんと郵便番号の部分が一致していますね

(図6)。

しかし、.はすべての文字に一致する正規表現ですので、数字以外の文字であっても、「xxx-xxxx」という形式であれば一致してしまいます。

```
re.search('...-....', '郵便番号 あいう-=$%&')
<re.Match object; span=(5, 13), match='あいう -=$%&'>
```

これではちょっと郵便番号とは呼べませんね。数字だけを対象に検索できないでしょうか？

正規表現には、特定の種類の文字だけに一致する専用の正規表現がいくつか用意されています。郵便番号のように数字だけを検索する場合は、文字の代わりに\dを指定します。

たとえば、正規表現a=\dは「a=5」などの、a=の後ろに数字が続く文字列に一致します。

```
re.search(r'a=\d', 'a=5')
<re.Match object; span=(0, 3), match='a=5'>
```

正規表現\dが、数字の5に一致していることがわかりますね。

正規表現はraw文字列で書こう

ところで、さきほどの正規表現では次のような記述がありました。

```
r'a=\d'
```

正規表現a=\dが、先頭にrを付けた文字列で表されていますね。このrは何でしょうか？

このように先頭にrがついた文字列は、raw文字列と言います。rがつかない通常の文字列では、文字列中の\（Windowsでは¥）は特別な文字として扱われます。たとえば、文字列「\n」は\とnの2つの文字ではなく、改行文字として変換されます。また、文字列「\\」は、\が2つではなく、1文字の\となります。

実際に、文字列の長さを確認してみましょう。

```
print("len('\\n') =", len('\n'), "len('\\\\') =", len('\\'))
len('\n') = 1 len('\\') = 1
```

正規表現では\記号が多用されますので、こういった変換が行われると、正規表現を書くのが難しくなってしまいます。そこで、\が特別な意味を持たない文字列として、raw文字列が用意されました。raw文字列内では、\nは改行文字ではなく「\」と「n」の2つの文字となり、\\も2つの\となります。

```
print("len(r'\\n') =", len(r'\n'), "len(r'\\\\') =", len(r'\\'))
len(r'\n') = 2 len(r'\\') = 2
```

Pythonでは\の変換による間違いを避けるために、正規表現は常にraw文字列で書くようにしたほうがよいでしょう。

では、\dとraw文字列を使って、郵便番号を正規表現で検索してみましょう。

```
re.search(r"\d\d\d-\d\d\d\d", "X 123-4567")
<re.Match object; span=(2, 10), match='123-4567'>
```

正規表現\d\d\d-\d\d\d\dは、数字3桁＋ハイフン＋数字4桁を検索しています。正しく「123-4567」と郵便番号を検索できていますね。

▼図6　文字列「郵便番号 123-4567」を正規表現....-...と照合する

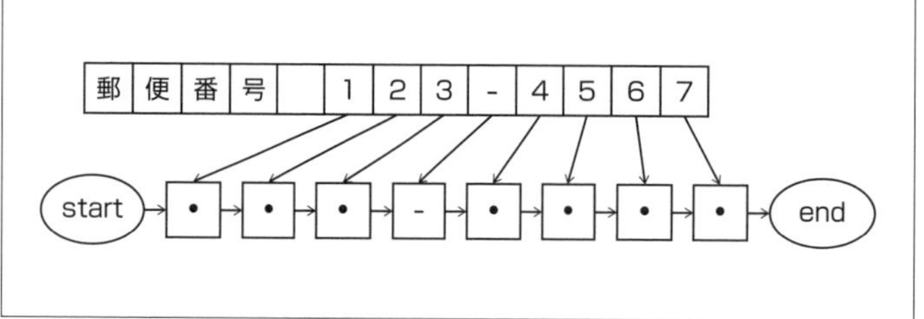

埼玉県の郵便番号を探すには?

次に、埼玉県の郵便番号だけを探してみます。埼玉県の郵便番号は、最初の2桁が33から36だそうです（**表1**）。こ

の条件で郵便番号を検索してみましょう。

この場合、埼玉県だと郵便番号の2桁めが3、4、5、6のいずれかになります。

指定した文字のどれかに一致するパターンの正規表現は、[ABC]のように[と]のあいだに文字を指定することで書けます。3または4または5または6に一致する正規表現は、[3456]となります。

次のように[3456][3456]と記述すると、2文字連続して3、4、5、6のいずれかに当てはまる文字列に一致します(**図7**)。

```
re.search(r"[3456][3456]", "1234")
<re.Match object; span=(2, 4), match='34'>
```

3に続いて3、4、5、6のいずれかが当てはまればよいので、最初の2桁は3[3456]と書けます。残りの数字とハイフンを指定すると、3[3456]\d-\d\d\d\dのようになりますね。

それでは、実際に埼玉県の郵便番号を検索してみましょう。

```
re.search(r"3[3456]\d-\d\d\d\d", "330-4567")
<re.Match object; span=(0, 8), match='330-4567'>
```

先頭が3でなかったり、2文字めが[3456]以外なら埼玉県ではありませんので、次のように一致しないことがわかります。

```
print(re.search(r"3[3456]\d-\d\d\d\d", ⏎
"130-4567"))
None
```

▼表1　関東地方の各都道府県の郵便番号

都道府県名	郵便番号(上2桁)
東京	10～19
神奈川	21～25
千葉	27～29
茨城	30～31
栃木	32
埼玉	33～36
群馬	37

文字の種類を指定するには?

先ほど、正規表現\dは、すべての「数字」に一致すると紹介しました。しかし、「数字」とはどこまでを指すのでしょうか?

Pythonの正規表現では、\dの標準に従って数字と数字以外を区別しています。半角文字0～9はもちろん数字ですが、日本で使われる全角の０～９も数字となっています。そのため、正規表現\d\d\d\dは、半角文字の1234だけではなく、全角文字の１２３４、両者の混在した1２3４にも一致します。

```
re.search(r'\d\d\d\d', '1２3４')
# 全角と半角が混在する数字
<re.Match object; span=(0, 4), match='1２3４'>
```

正規表現\dを、半角の数字だけに一致するようにするには、re.search()関数のflags引数に、re.ASCIIを指定します。

```
re.search(正規表現,文字列,flags=re.ASCII)
```

re.ASCIIを指定すると、文字種の判定でUnicode標準には従わず、ASCIIコードの定義に従うようになります。この場合、\dは全角の数字には一致せず、半角の数字のみに一致するようになります。

re.ASCIIを指定しない場合、\dは次のように全角の１に一致します。

```
re.search(r'\d', '１23')
<re.Match object; span=(0, 1), match='１'>
```

▼図7　文字列「1234」を正規表現[3456][3456]と照合する

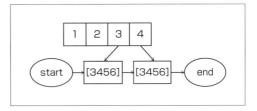

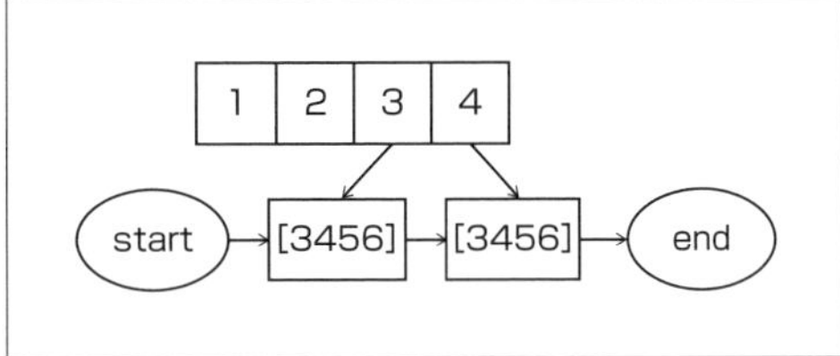

▼表2　文字種ごとに異なる正規表現の記号

正規表現	意味	re.ASCIIを指定しない場合	re.ASCIIを指定した場合
\d	数字	全角・半角の数字など(１、２、3)	半角の数字(1、2、3……)
\D	数字以外の文字	\d以外の文字	\d以外の文字
\s	空白文字	スペース、全角スペース、改行など	スペース、改行など
\S	空白以外の文字	\s以外の文字	\s以外の文字
\w	単語を構成する文字	アルファベット、数字、漢字、ひらがななど	アルファベット、数字、_
\W	単語を構成しない文字	\w以外の文字	\w以外の文字

しかし、re.ASCIIを指定すると、全角の１２には一致せず、半角の3だけに一致します。

```
re.search(r'\d', '１２3', flags=re.ASCII)
<re.Match object; span=(2, 3), match='3'>
```

re.ASCIIはちょっと長いですが、もう少し短縮してre.Aとも書けます。

```
re.search(r'\d', '１２3', flags=re.A)
<re.Match object; span=(2, 3), match='3'>
```

Pythonには、\d以外にも文字の種類を指定する正規表現があります(**表2**)。どれもre.ASCIIの指定によって動作が違いますので、注意してください。

たとえば、\dと\sを使った\d\d\d\s\d\d\dという正規表現は、数字3文字＋空白文字＋数字3文字に一致します。

```
re.search(r'\d\d\d\s\d\d\d', 'abc 123 456')
<re.Match object; span=(4, 11), match='123 456'>
```

また、\dのような数字全体を指定する正規表現は、[]の中に指定できます。数字またはa～hいずれかのアルファベットに一致する正規表現は、[\da-h]で次のように検索できます。

```
re.search(r'[\da-h] \d', 'xyz12a 1')
<re.Match object; span=(5, 8), match='a 1'>
```

東京と埼玉の郵便番号を探すには?

今度は、東京都の郵便番号と、埼玉県の郵便番号だけを検索するようにしてみましょう。東京都の郵便番号は最初の1桁が1ですので、埼玉県と東京都の郵便番号はそれぞれ次のように検索できます。

- 東京都の郵便番号：1\d\d-\d\d\d\d
- 埼玉県の郵便番号：3[3456]\d-\d\d\d\d

この2つを|で接続してみましょう。ちょっと読みにくいのでそれぞれを()で囲むと、次のようになります。

```
(1\d\d-\d\d\d\d)|(3[3456]\d-\d\d\d\d)
```

この正規表現(**図8**)で、東京と埼玉の郵便番号を検索できます。

```
re.search(r'(1\d\d-\d\d\d\d)|(3[3456]\d-\d\d\d\d)', '200-0000 100-1234')
<re.Match object; span=(9, 17), match='100-1234'>
```

▼図8　東京都と埼玉県両方の郵便番号に一致する正規表現

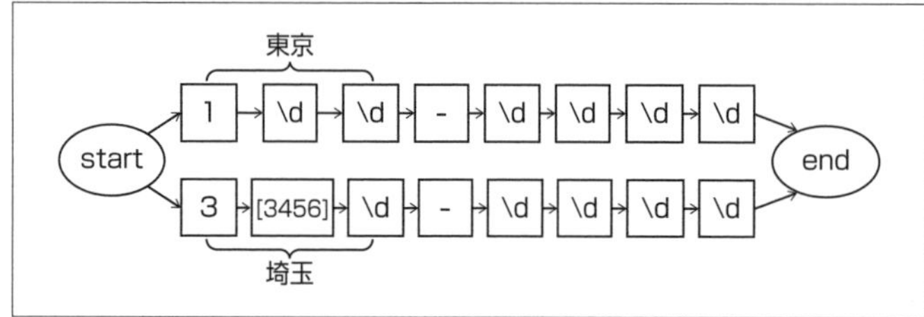

「100」から始まる、東京都の郵便番号を検出できていますね。

ところで、東京の郵便番号と埼玉の郵便番号は最初の2桁以外まったく同一なのに、この正規表現では、どちらもすべての桁のパターンを記述しています。

もう少し効率的に書けないでしょうか？　そんなときは、四則演算などと同じように、()を使って正規表現をグループ化できます。

東京の郵便番号の上2桁は1\d、埼玉の郵便番号の上2桁は3[3456]です。この2桁だけを()でくくって、(1\d|3[3456])\d-\d\d\d\dと書けます（図9）。

```
re.search(r'(1\d|3[3456])\d-\d\d\d\d', '200-⏎
0000 334-1234')
```

```
<re.Match object; span=(9, 17), match='334-⏎
1234'y>
```

Matchオブジェクトからグループを取り出す

東京と埼玉の郵便番号を検索する正規表現を作りましたが、この検索の結果が、東京の郵便番号なのか埼玉の郵便番号なのか知りたい場合、どうすればよいでしょうか？　たとえば、次のように検索すると、100-0000という郵便番号が見つかります。

```
match = re.search(r'(1\d\d-\d\d\d\d)|(3[345]\d-\⏎
d\d\d\d)', 'tokyo 100-0000')
match
```

```
<re.Match object; span=(6, 14), match='100-0000'>
```

この郵便番号は東京の郵便番号でしょうか、それとも埼玉のものでしょうか。

re.search()の戻り値であるMatchオブジェクトは、正規表現内にある括弧が、どの文字に一致したのかを記録しています。正規表現(1\d\d-\d\d\d\d)|(3[3456]\d-\d\d\d\d)には括弧で囲まれたグループが2つありますが、この場合、1つめのグループが文字列に一致していますね。

Python 3.6以降では、検索結果のMatchオブジェクトにインデックスとしてグループの番号を指定すると、その一致した文字を取得できます。次のように1を指定すると、1番めの括弧で指定した、東京の郵便番号の正規表現に一致した文字列を取り出せます。

```
match[1]
```

```
'100-0000'
```

2番めにある埼玉の正規表現には何も一致していませんので、match[2]はNoneを返します。

```
print(match[2])
```

```
None
```

グループの番号は1から始まりますが、0を指定するとグループとは無関係に一致した文字列全体を返します。

```
match[0]
```

```
'100-0000'
```

Match.group()メソッドの引数を省略するか0を指定することでも、一致した文字列全体が返されます。Python 3.5以前ではインデックス形式の参照ができませんので、こちらの方法で指定してください。

```
match.group(0)
```

```
'100-0000'
```

また、グループの番号を指定すれば、グループごとの文字列も取得できます。

```
match.group(1)
```

```
'100-0000'
```

全部のグループの結果をまとめて取得する場合は、Match.groups()を使います。

▼図9　図8の正規表現をさらにグループ化する

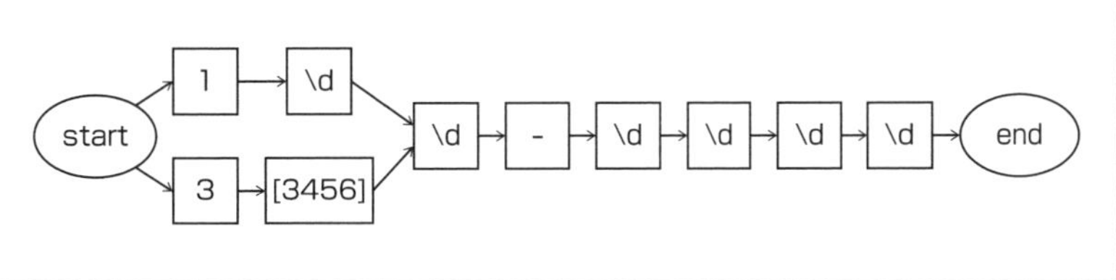

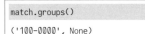

```
match.groups()
```
```
('100-0000', None)
```

1番めのグループが100-0000に一致し、2番めが一致していないのがひと目でわかります。東京と埼玉を区別するときは、これを利用して、

```
match = re.search(r'(1\d\d-\d\d\d\d)|(3[3456]\d-\d\d\d\d)', 'tokyo 100-0000')
if match:
    tokyo, saitama = match.groups()
    if tokyo:
        print("東京:", tokyo)
    else:
        print("埼玉:", saitama)
```
```
東京: 100-0000
```

のように書くと良いでしょう。

正規表現のグループに名前を付ける

正規表現のグループでデータを取り出すとき、グループに名前を付けると、データの取り出しが簡単になることがあります。グループを定義するときは、

```
(?P<グループ名>正規表現)
```

という形式で、名前を指定します。

次の例は、郵便番号の正規表現で、前3桁にlead、後4桁にtrailという名前を指定しています。

```
(?P<lead>\d\d\d)-(?P<trail>\d\d\d\d)
```

グループ名に名前を指定すると、検索結果のMatchオブジェクトから、辞書のように値を取得できるようになります。

```
match = re.search(r'(?P<lead>\d\d\d)-(?P<trail>\d\d\d\d)', '100-0000')
print(match['lead'], match['trail'])
```
```
100 0000
```

Match.group()メソッドでもグループ名を指定して値を取得できます。Python 3.5以前では辞書形式では参照できませんので、こちらのやり方を試してください。

```
print(match.group('lead'), match.group('trail'))
```
```
100 0000
```

正規表現で「教授」を探せ

近年では、大学の先生もいろいろと複雑になったようで、昔は見かけなかった役職名をいろいろ見かけるようです。以前は「助教授」と呼ばれていた方々は、現在では「准教授」と呼ばれるそうですね。こういった大学の先生の役職を検索する正規表現を考えてみましょう。

まず、「教授」を検索する正規表現は、これまで見てきたとおり、そのまま教授ですね。

```
re.search(r'教授', '私は教授です')
```
```
<re.Match object; span=(2, 4), match='教授'>
```

次に、「教授」と「准教授」の両方に一致する正規表現を考えてみましょう。どちらも最後は「教授」という文字ですが、「准教授」はその前に「准」という文字が付いています。

正規表現?を使うと、この「准」のように、あってもなくても一致する文字を指定できます。

?を使うと、「教授」または「准教授」に一致する正規表現は、准?教授と書けます。この正規表現は、准という文字が0文字または1文字あって、そのあとに教授という文字が続く文字列に一致します。ですから「准教授」ということばは、この定義に一致することがわかります(図10)。

▼図10　文字列「私は准教授です」を正規表現准?教授と照合する

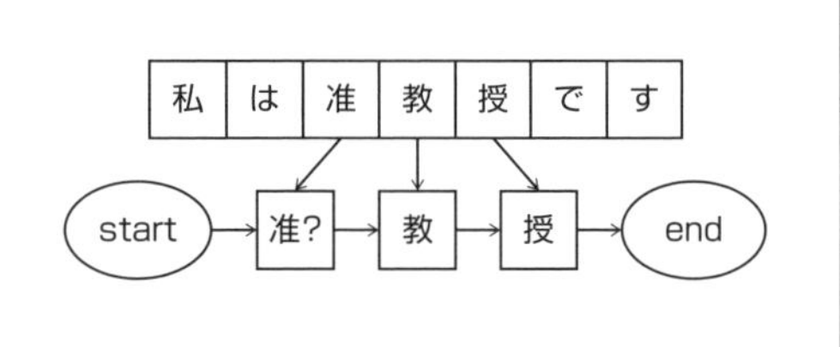

```
re.search(r'准?教授', '私は准教授です')
<re.Match object; span=(2, 5), match='准教授'>
```

また、「准」ではない普通の「教授」にも一致します（図11）。

```
re.search(r'准?教授', '私は教授です')
<re.Match object; span=(2, 4), match='教授'>
```

最近では「特任准教授」という役職も話題になっていますね。「特任准教授」は、「准教授」の前に、「特任」という文字が付いています。これも正規表現での検索のしかたを考えてみましょう。

「特任准教授」は、「准教授」の前に、「特任」が付いているだけですから、准教授を検索する正規表現准？教授の前に、特任？と付けて、特任？准？教授とすれば良いのではないでしょうか。

しかし残念ながら、これはうまくいきません。?は直前の文字である「任」にだけ作用しますので、「特任」の「特」が必ず一致する正規表現になってしまうのです。

このため、正規表現特任？准？教授は、「特教授」や「特准教授」という謎なポジションに一致してしまいます（図12）。

▼図11　文字列「私は教授です」を正規表現准？教授と照合する

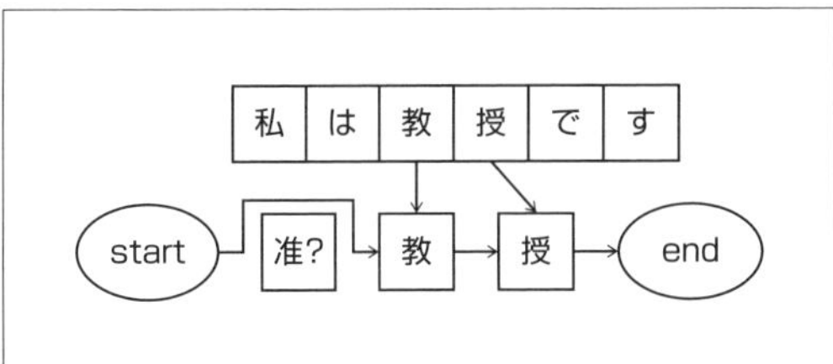

▼図12　文字列「私は特教授です」を正規表現特任？准？教授と照合する

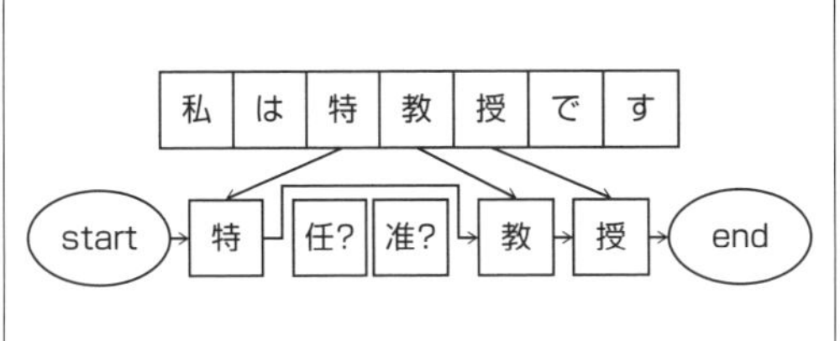

「特任」の2文字が0回または1回だけ出現する文字列を検索する場合は、「特任」を括弧で囲んで（特任）?准？教授とします。こうすれば、「任」だけではなく、括弧で指定したグループ全体が0回または1回だけ一致する正規表現となります（図13）。

```
re.search(r'(特任)?准?教授','私は特任准教授です')
<re.Match object; span=(2, 7), match='特任准教授'>
```

これなら、「教授」や「特任教授」にも一致しますね（図14）。

```
re.search(r'(特任)?准?教授', '私は教授です')
<re.Match object; span=(2, 4), match='教授'>
```

```
re.search(r'(特任)?准?教授', '私は特任教授です')
<re.Match object; span=(2, 6), match='特任教授'>
```

正規表現で成績を処理する

6-2では、データを次のようなテキストから読み込んで、集計する方法を解説しました。

```
生徒1 10,20,30
```

▼図13　「特任」が0回もしくは1回一致する正規表現特任？准？教授

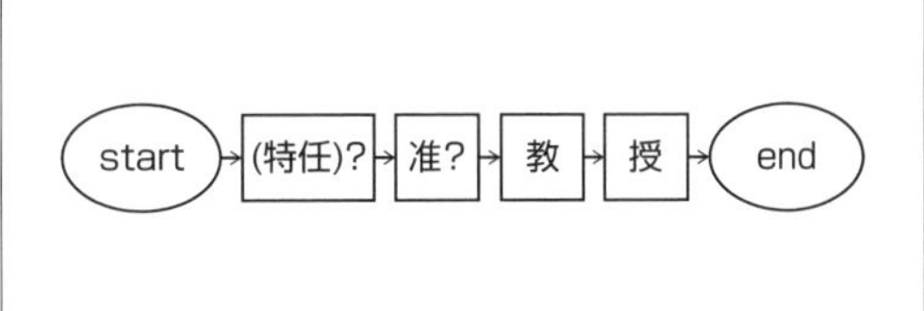

▼図14　文字列「私は特任教授です」を正規表現（特任）?准？教授と照合する

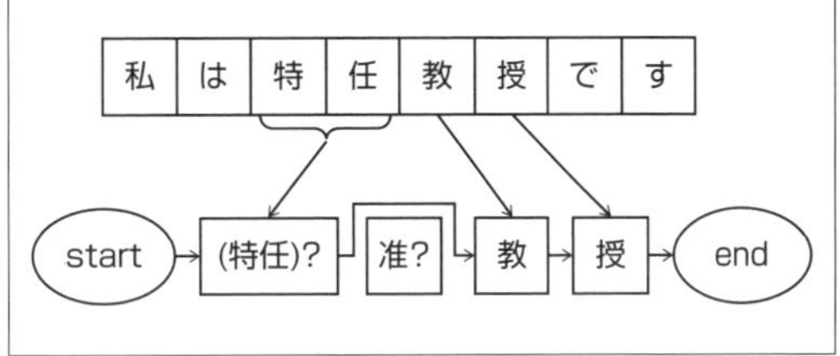

▼図15　「a」の1回以上の繰り返しに一致する正規表現a+

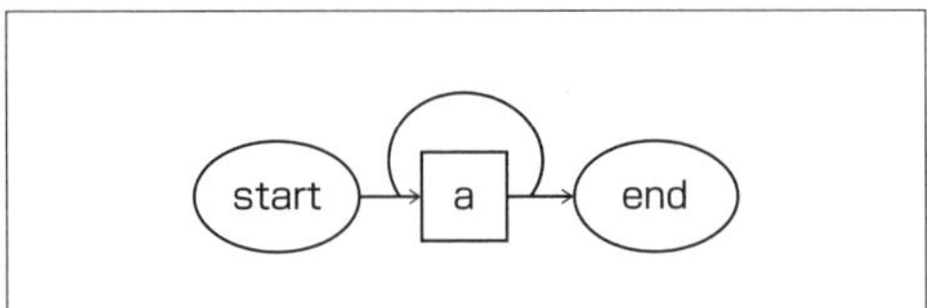

▼図16　文字列「aaa」を正規表現a+と照合する

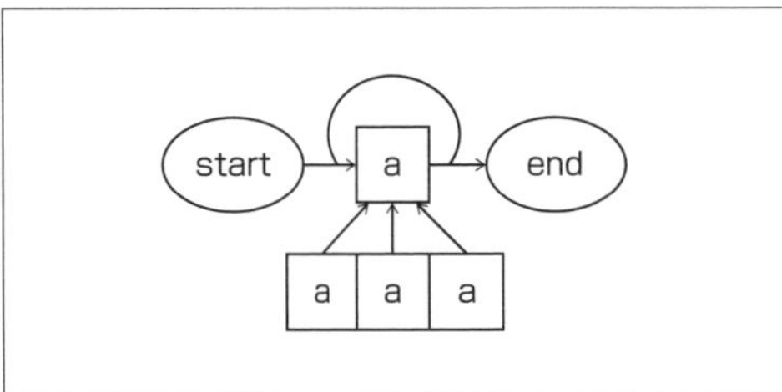

▼図17　空白文字以外に一致する正規表現\S

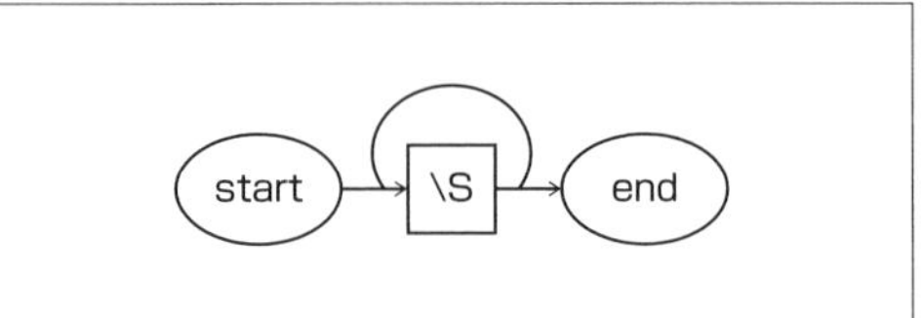

▼図18　文字列「生徒1 10,20,30」を正規表現\Sと照合する

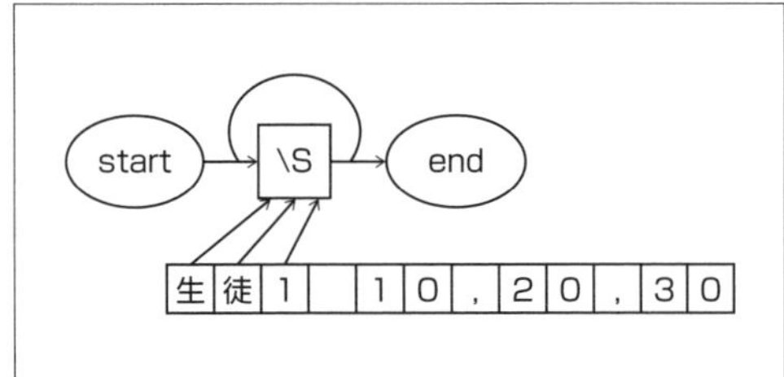

このデータの読み込みを、正規表現で行ってみましょう。このデータは学生の成績を表すデータで、先頭に学生の名前があり、その後に英語と数学と国語のテストの点数が並んでいます。

まず、先頭にある学生の名前を取り出してみましょう。このデータの学生名は、正規表現...で取得できます。正規表現.は、改行以外のすべての文字に一致する正規表現でしたね。...と.が3つ並んでいますので、この正規表現は先頭の3文字分、「生徒1」に一致します。

```
re.search(r'...', '生徒1 10,20,30')
<re.Match object; span=(0, 3), match='生徒1'>
```

しかし、生徒名は必ず3文字とは限りません。この例では「生徒1」となっていますが、これはあくまでサンプルであって、実際にはもっと長い名前だったり、あるいは短い名前だったりするかもしれません。

そのように長さが不明な文字列に一致する正規表現を書くときには、正規表現+を使います。正規表現+には、直前のパターンを1回以上繰り返す、という働きがあります。

たとえば、a+という正規表現は、aというパターンを1回以上繰り返した文字列に一致します（**図15**）。

aは、aを1回繰り返した文字列ですから、a+に一致します。

```
re.search(r'a+', 'a')
<re.Match object; span=(0, 1), match='a'>
```

aaaは、aを3回繰り返した文字列ですから、これもa+に一致します（**図16**）。

```
re.search(r'a+', 'aaa')
<re.Match object; span=(0, 3), match='aaa'>
```

正規表現+を使って、生徒名を取り出してみましょう。生徒名はスペース以外の文字ですので、\S+で指定します。

\Sは、**表2**で紹介した「空白文字以外」に一致する正規表現です。そのあとに「1回以上の繰り返し」を意味する+を指定すると、「空白以外の文字を、1文字以上繰り返す」という意味の正規表現になります（**図17**）。

文字の種類を指定する\Sを使っているのでちょっとわかりにくいかもしれませんが、構造は先ほどのa+と同じですね。

```
re.search(r'\S+', '生徒1 10,20,30')
<re.Match object; span=(0, 3), match='生徒1'>
```

生徒名の部分に一致する正規表現ができました（**図18**）。生徒名の文字列は、すべて\Sに一致していますね。また、生徒名のあとには、ス

ペースが続いています。これは先ほど紹介した\sで一致させましょう。\sは\Sの反対で、空白文字だけに一致する正規表現でしたね。

```
re.search(r'\S+\s', '生徒1 10,20,30')
<re.Match object; span=(0, 4), match='生徒1 '>
```

続いて、テストの成績部分を考えてみましょう。

成績は、数字が続いていますので、これは数字に一致する正規表現の\dを使って照合できます。ここも文字数は固定ではありませんから、生徒名と同じく+を指定して、1回以上の繰り返しを指定します。

```
re.search(r'\d+', '10')
<re.Match object; span=(0, 2), match='10'>
```

点数は3教科分ありますので、同じ\d+を3回繰り返します。教科と教科の間の,も正規表現に追加すると、最終的には\d+,\d+,\d+という正規表現になります（**図19**）。

```
re.search(r'\d+,\d+,\d+', '10,20,30')
<re.Match object; span=(0, 8), match='10,20,30'>
```

これで必要なパーツがそろいました。組み合わせると、「生徒1 10,20,30」というテキストからデータを取得する正規表現は\S+\s\d+,\d+,\d+となります。

```
re.search(r'\S+\s\d+,\d+,\d+', '生徒1 10,20,30')
<re.Match object; span=(0, 12), match='生徒1 10,20,30'>
```

仕上げに、正規表現にグループを指定して、データを取り出せるようにしましょう。

生徒名をname、英語の点数をenglish、数学の点数をmath、国語の点数をlanguageという名前のグループに指定すると、次のような正規表現になります。

```
(?P<name>\S+)\s(?P<english>\d+),
(?P<math>\d+),(?P<language>\d+)
```

matchオブジェクトにre.search()の結果を代入して、指定したグループの検索結果が出力されるようにします。

```
match = re.search(r'(?P<name>\S+)\s(?P<english>
\d+),(?P<math>\d+),(?P<language>\d+)', '生徒1 
10,20,30')
print(match)
<re.Match object; span=(0, 12), match='生徒1 
10,20,30'>
```

こうなれば、あとはmatchオブジェクトに名前を指定して、値を取得するだけです。試しに、生徒名と英語の成績を出力してみましょう。

```
print(match['name'], 'の英語の成績は', 
match['english'], '点です')
生徒1 の英語の成績は10点です
```

▼図19　正規表現\d+,\d+,\d+で3教科ごとの点数を照合する

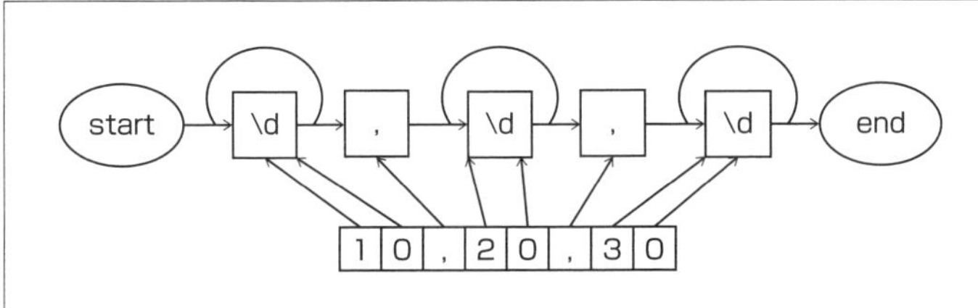

▼表3　よく使われる正規表現の記号と意味

記号	意味
?	直前のパターンを0回または1回繰り返す
+	直前のパターンを1回以上繰り返す
*	直前のパターンを0回以上繰り返す
^	文字列の先頭に位置する
$	文字列の最後尾に位置する

正規表現を使って、無事に成績処理ができていることがわかります。

最後に、本稿で紹介した?や+の記号と合わせて、よく使われる正規表現とその意味を**表3**に示します。正規表現を使えるようになるとテキスト処理の幅がぐっと広まりますので、ぜひいろいろな組み合わせを試してみてください。SD

6-5 テーブルデータをpandasで処理しPlotlyで可視化する

ライブラリを活用した実践にトライ

Author @driller（どりらん）
Twitter @patraqushe

データ加工の際に文字列の処理は欠かせません。本稿の前半では6-4までの内容を活かしつつ、pandasならではのデータ加工事例を紹介します。後半では昨今話題の可視化パッケージPlotly Expressを用いて、加工したデータをインタラクティブに可視化してみます。

pandasの文字列処理事例

サンプルデータとして、次のWikipediaのサイトからデータを取得します注1。

- *Wikipedia contributors, 'List of countries and dependencies by population density', Wikipedia, The Free Encyclopedia, 18 November 2019, at 09:13 UTC, [accessed 30 November 2019]*
  https://en.wikipedia.org/wiki/List_of_countries_and_dependencies_by_population_density
- *Wikipedia contributors, 'ISO 3166-1', Wikipedia, The Free Encyclopedia, 22 November 2019, 13:52 UTC, [accessed 30 November 2019]*
  https://en.wikipedia.org/wiki/ISO_3166-1

1つめのサイトは人口の多い上位100ヵ国の人口密度のデータが表形式で用意されています。2つめのサイトは国名コード（ISO 3166-1）のデータが表形式で用意されています。本稿ではラテン文字3文字による国名コードISO 3166-1 alpha-3を利用します。国名コードを用いることで地理データとして処理したいですが、前者

注1） 本稿のコードでは、執筆時の版のURLを入力。

▼図1　Density of the most populous countriesのテーブル取得と格納データの確認

```
import pandas as pd

population_url = (
    "https://en.wikipedia.org/w/index.php?"
    "title=List_of_countries_and_dependencies_by_population_density&"
    "oldid=926725292"
) # ❶ 文字列を分割して記述
population = (
    pd.read_html(population_url)[1]  # 2番目の要素
    # ❷ 最終行までの行と 1, 2, 4, 5番目の列を選択
    .iloc[:-1, [1, 2, 4, 5]]
)
population.head()  # 先頭の5行を抽出
```

	Country (or dependent territory)	Area (km2)	Population	Density(pop./km2)
0	Bangladesh	143998	167685548	1164
1	Taiwan	36197	23593794	652
2	South Korea	100210	51811167	517
3	Rwanda	26338	12374397	470
4	Netherlands	41526	17362428	418

の人口密度のデータでは国名コードが存在しないため、後者のデータを参照します。

本稿では次の内容をゴールとします。

①2つのデータを加工できるようクリーニングする
②国名をキーとして2つのデータを結合する
③人口を棒グラフに可視化する
④人口密度を階級区分図注2に可視化する

本稿のコードは筆者のGitHubリポジトリ注3に公開しています。併せて参照ください。

データの取得とクリーニング

pandasのread_html()関数を用いると、HTMLテーブルを取得できます。HTMLテーブルがpandas.DataFrame型注4に変換され、各テーブル(DataFrame)が格納されたリストが戻り値となります。

図1のコードでは「List of countries and dependencies by population density」の2番目のテーブル(Density of the most populous countries)をDataFrameとして取得しています。必要な列のみをilocインデクサで指定しています(**図1の❷**)。URLなどの長い文字列は分割して記述できます(**図1の❶**)。

同様に**図2**のように「ISO 3166-1」の「Current codes」テーブルを取得します。「Alpha-3 code」列は後に階級区分図に可視化する際に用います。

列名を短い名前に変更します。DataFrameのcolumns属性に代入すると列名が変更されます。

```
iso3166.columns = ["Country", "Alpha3"]
iso3166.head(3)
```

	Country	Alpha3
0	Afghanistan	AFG
1	Åland Islands	ALA
2	Albania	ALB

▼図2　ISO 3166-1のテーブル取得と格納データの確認

```
iso3166_url = (
    "https://en.wikipedia.org/w/index.php?"
    "title=ISO_3166-1&oldid=927432894"
)
iso3166 = pd.read_html(iso3166_url)[1].iloc[:, [0, 2]]
iso3166.head()
```

	English short name (using title case)	Alpha-3 code
0	Afghanistan	AFG
1	Åland Islands	ALA
2	Albania	ALB
3	Algeria	DZA
4	American Samoa	ASM

▼図3　脚注用の文字列が含まれたデータ

60	Tunisia	163,610
61	Ukraine[note 9]	603,000
62	Yemen	455,000

```
population.columns = ["Country", "Area", ➡
"Population", "Density"]
population.head(3)
```

	Country	Area	Population	Density
0	Bangladesh	143998	167685548	1164
1	Taiwan	36197	23593794	652
2	South Korea	100210	51811167	517

不要な文字列の削除

人口密度の元サイトを確認すると**図3**のように国名と関係のない「[note xx]」(xxは数字)という脚注用の文字列が含まれているのがわかります。populationの61行1列目を見てみましょう。pandasでは`iloc`インデクサを用いると、指定した位置の行や列を抽出できます。添字は「[行, 列]」の形式で指定します。

```
country61 = population.iloc[61, 0]
country61

'Ukraine[note 9]'
```

国名と関係のない「`[note xx]`」という脚注用の文字列が含まれていました。ほかの行にも存在するため、除去する方法を考えてみます。まずは**[**を区切り文字として分割してみましょう。

```
country61.split("[")

['Ukraine', 'note 9]']
```

最初の要素を取り出せば、国名のみを取得で

注2）統計地図の1つで、統計区ごとの統計量を、色で段階区分された指定色で塗った地図のこと。
注3）https://github.com/drillan/sd202002
注4）行と列のラベルを持つ2次元の表形式のデータ。

きます。

```
country61.split("[")[0]
'Ukraine'
```

この処理をすべての行に実施する方法もありますが、pandasには文字列をまとめて処理する機能が用意されています。まずは「Country」を取り出してみます。DataFrameの添字に列名を指定すると、指定した列を取り出します。

```
country = population["Country"]
country.iloc[60:63]  # 60-62を抽出
60           Tunisia
61    Ukraine[note 9]
62             Yemen
Name: Country, dtype: object
```

strアクセサを用いると、Pythonの文字列型のメソッドとほぼ同等の処理を、すべての要素に対して実行します。ここではstr.split()メソッドを実行して**[**の文字列で分割します。引数expandにTrueを渡すと、分割した文字列を列ごとのDataFrameに展開します。

```
split_data = country.str.split("[", expand=True)
split_data.iloc[60:63]
```

	0	1
60	Tunisia	None
61	Ukraine	note 9]
62	Yemen	None

split_dataの0列が国名のデータとなります。

```
split_data.iloc[60:63, 0]
60    Tunisia
61    Ukraine
62      Yemen
Name: 0, dtype: object
```

この加工したデータを「Country」列に代入して置き換えます。

```
population["Country"] = split_data[0]
population.iloc[60:63]
```

	Country	Area	Population	Density
60	Tunisia	163610	11551448	71
61	Ukraine	603000	41990278	70
62	Yemen	455000	28915284	64

「Country」列から「[note xx]」という文字列を除去できました。iso3166に対しても同じ処理を実施します。

```
iso3166["Country"] = iso3166["Country"].str.↩
split("[", expand=True)[0]
```

キーとなる列データを統一

populationとiso3166の「Country」列をキーにして、DataFrameを結合します。この場合はiso3166にはpopulationの国名と一致した国名がすべて含まれている必要があります（**図4**）。Pythonのset型[注5]を用いることで、2つのデータの差集合が求められます。

```
# populationに存在し、iso3166に存在しない国名を抽出
set(population["Country"]) - set(iso3166["Country"])
{'Bolivia',
 'Czech Republic',
 'Democratic Republic of the Congo',
 'Iran',
 'Ivory Coast',
 'North Korea',
 'Russia',
 'South Korea',
 'Syria',
 'Taiwan',
 'Tanzania',
 'United Kingdom',
 'United States',
 'Venezuela',
 'Vietnam'}
```

いくつかの国名が異なっていることがわかりました。例として「Bolivia」を確認してみましょう。str.contains()メソッドでは引数に渡した文字列が含まれているかを返します。

注5） https://docs.python.org/ja/3/library/stdtypes.html#set

▼図4　Country列におけるpopulationとiso3166の包含関係

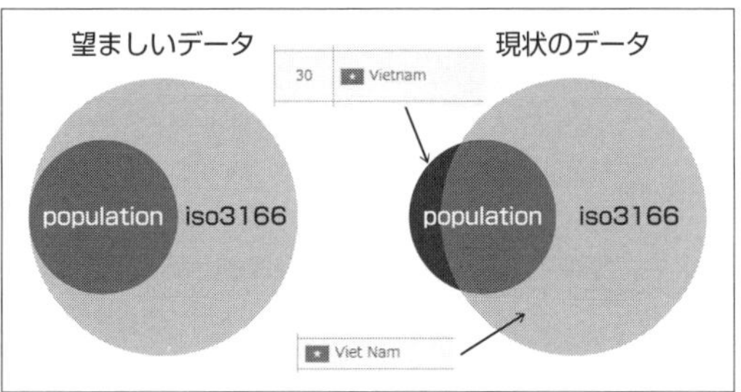

```
contains_Bolivia = iso3166["Country"].str.contains("Bolivia")
contains_Bolivia.iloc[25:28]

25    False
26     True
27    False
Name: Country, dtype: bool
```

iso3166の「Country」列からBoliviaが含まれている列を抽出します。添字に真理値を渡すと、Trueの要素のみが抽出されます。

```
iso3166[contains_Bolivia]
```

	Country	Alpha3
26	Bolivia (Plurinational State of)	BOL

国名が「Bolivia」と「Bolivia (Plurinational State of)」で異なることがわかりました。今回はpopulationの値に寄せます。

愚直な方法ですが、str.replace()メソッドを用いて、差分がある国名を置換します。**図5**のように、str.replace()メソッドの第1引数に置換前の文字列、第2引数に置換後の文字列を渡します。デフォルトでは正規表現の検索が有効となっているため、引数regexをFalseにして無効にします。

再度、国名に差分がないかを確認します。

```
set(population["Country"]) - set(iso3166["Country"])

set()
```

2つのデータを結合

キーとなる「Country」列に差分がないことが確認できたため、populationとiso3166を「Country」列をキーとして結合します。merge()関数を用いると特定の列をキーとした結合ができます。第1引数（left）と第2引数（right）に結合対象のDataFrame、引数onにキーとする列名を渡します。

```
merged_data = pd.merge(population, iso3166, on="Country")
merged_data.head()
```

	Country	Area	Population	Density	Alpha3
0	Bangladesh	143998	167685548	1164	BGD
1	Taiwan	36197	23593794	652	TWN
2	South Korea	100210	51811167	517	KOR
3	Rwanda	26338	12374397	470	RWA
4	Netherlands	41526	17362428	418	NLD

ここでDataFrameのデータ型をdtypes()メソッドで確認してみます。

```
merged_data.dtypes

Country       object
Area          object
Population    object
Density       object
Alpha3        object
dtype: object
```

すべての列でオブジェクトになっているため、数値データとして処理できません。「Area」列、「Population」列、「Density」列をastype()メソッ

▼図5　差分がある国名の置換

```
replace_list = [
    ("Bolivia (Plurinational State of)", "Bolivia"),
    ("Czechia", "Czech Republic"),
    ("Congo, Democratic Republic of the", "Democratic Republic of the Congo"),
    ("Iran (Islamic Republic of)", "Iran"),
    ("Côte d'Ivoire", "Ivory Coast"),
    ("Korea (Democratic People's Republic of)", "North Korea"),
    ("Russian Federation", "Russia"),
    ("Korea, Republic of", "South Korea"),
    ("Syrian Arab Republic", "Syria"),
    ("Taiwan, Province of China", "Taiwan"),
    ("Tanzania, United Republic of", "Tanzania"),
    ("United Kingdom of Great Britain and Northern Ireland", "United Kingdom"),
    ("United States of America", "United States"),
    ("Venezuela (Bolivarian Republic of)", "Venezuela"),
    ("Viet Nam", "Vietnam"),
]
for before, after in replace_list:
    iso3166["Country"] = iso3166["Country"].str.replace(before, after, regex=False)
```

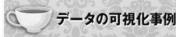

ドでint32型にキャスト注6します。

```
int_columns = ["Area", "Population", "Density"]
merged_data[int_columns] = merged_data[↵
int_columns].astype("int32")
merged_data.dtypes
```

```
Country        object
Area            int32
Population      int32
Density         int32
Alpha3         object
dtype: object
```

データの可視化事例

本節ではPlotly Express注7を用いて前節のDataFrameを可視化します。

plotly.py注8はホバーツールの表示、データの選択、アニメーション描画など、インタラクティブな可視化ができるパッケージです。Plotly Expressはplotly.pyのラッパで、統計的な情報を容易に可視化できます。seaborn注9と同等な機能が備わっており、すばやくインタラクティブな可視化ができるため、目下、非常に注目されているパッケージです。

人口データを棒グラフに可視化

まずは、Plotly Expressで人口のデータを棒グラフに可視化してみましょう。

前処理として、図6のように「Density」列をカンマ区切りにし、「1,000人/km²」のように変換します。データを降順に表示するために、sort_values()メソッドで引数に指定した列名でソートします。引数ascendingにFalseを渡すと降順になります（図6の❶）。apply()メソッドは引数に渡した関数を「Density」列すべてに対して適用します（図6の❷）。

人口データをPlotly Expressで棒グラフに可視化してみます。第1引数（data_frame）にDataFrame（❶）、引数xにX値となる列名（❷）、引数yにY値となる列名（❸）を渡します。引数hover_dataにはホバーツール上に表示する列名として、「Country」列と「人口密度」列をリストにして渡します（❹）。最後にshow()メソッドでJupyter上にグラフを描画します（❺）。

```
import plotly.express as px
px.bar(
    merged_data,  # ❶ DataFrame
    x="Alpha3",  # ❷ X値の列名
    y="Population",  # ❸ Y値の列名
    hover_data=["Country", "人口密度"],
    # ↑❹ ホバーツールに表示する列名
).show()  # ❺ Jupyter上にグラフを描画
```

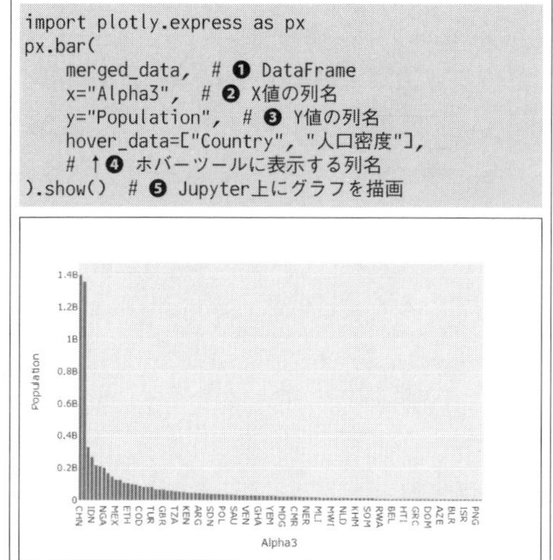

マウスで範囲選択をすると選択範囲が拡大表示されます。さらに、グラフの要素にマウスオーバーすると、図7のようにホバーツールが表示されます。グラフは「人口」のデータを描画し

注6）データ型を変換することを型キャストまたは単にキャストと言います。
注7）https://plot.ly/python/plotly-express/
注8）https://plot.ly/python/
注9）Pythonでのデータ可視化ツールとして人気のパッケージ。https://seaborn.pydata.org/

▼図6　人口データの前処理（6-2のf文字列などを参照）

```
# ❶ Population列で降順にソート、inplace=Trueは元のデータを書き換える
merged_data.sort_values("Population", ascending=False, inplace=True)
# ❷ 人/km²の形式に変換した列を挿入
merged_data["人口密度"] = merged_data["Density"].apply(lambda x: f"{x:,}人/km²")
merged_data.head(3)
```

	Country	Area	Population	Density	Alpha3	人口密度
26	China	9640821	1400258720	145	CHN	145人/km²
7	India	3287240	1355549300	412	IND	412人/km²
79	United States	9833517	330342551	34	USA	34人/km²

ていますが、ホバーツール上には「国名」および「人口密度」が表示されています。このように、Plotly Expressではインタラクティブな可視化により、1つのグラフで複数の情報を得られます。

人口密度データを階級区分図に可視化

次に、Plotly Expressを用いて階級区分図（コロプレスマップ）を描画してみます。choropleth()関数では階級区分図を描画します。第1引数（data_frame）にDataFrameを渡します（❶）。引数locationsにはISO 3166-1 alpha-3形式のコードを渡します（❷）。引数colorには色分け対象の列名を指定します（❸）。引数hover_dataにはホバーツール上に表示する列名を渡します。今回は「Population」列と「Density」列を指定しています（❹）。

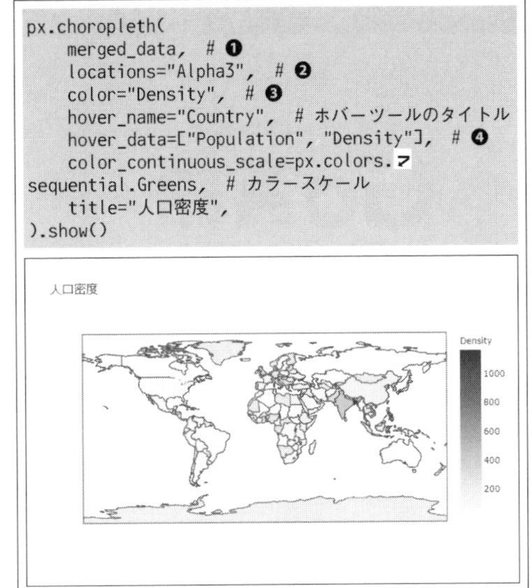

```
px.choropleth(
    merged_data, # ❶
    locations="Alpha3", # ❷
    color="Density", # ❸
    hover_name="Country", # ホバーツールのタイトル
    hover_data=["Population", "Density"], # ❹
    color_continuous_scale=px.colors.⏎
sequential.Greens, # カラースケール
    title="人口密度",
).show()
```


図8のように右上のモードバーを操作することで、拡大・縮小、移動などが行えます。加えて、ホバーツール上には国名や人口などの複数の情報を表示できます。インタラクティブな可視化ではさまざまな情報が対話的・探索的に行えます。

本稿では人口密度のデータを可視化する際に、数値データだけでなく、3文字の国名コードが必要となりました。このデータを得るためにテキスト処理をし、2つのデータを結合しました。データ分析を行ううえで、本稿で紹介したようなテキスト処理はよく使われます。

Plotlyの詳しい使い方は、共著『Pythonインタラクティブ・データビジュアライゼーション入門[注10]』で解説しています。インタラクティブな可視化について興味を持たれたらぜひお手にとってみてください。SD

▼図7　棒グラフをズームしてホバーツールを表示

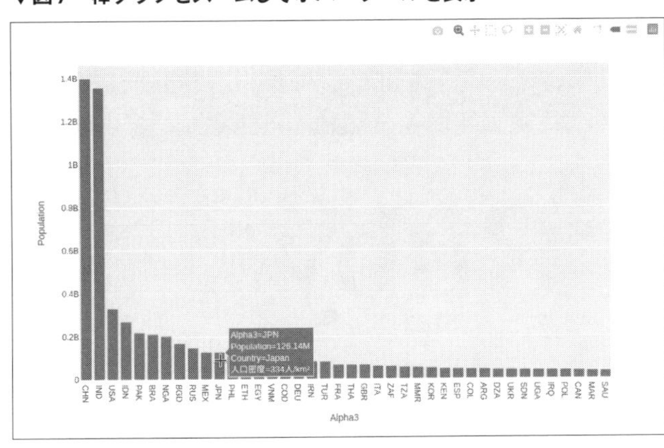

▼図8　階級区分図をズームしてホバーツールを表示

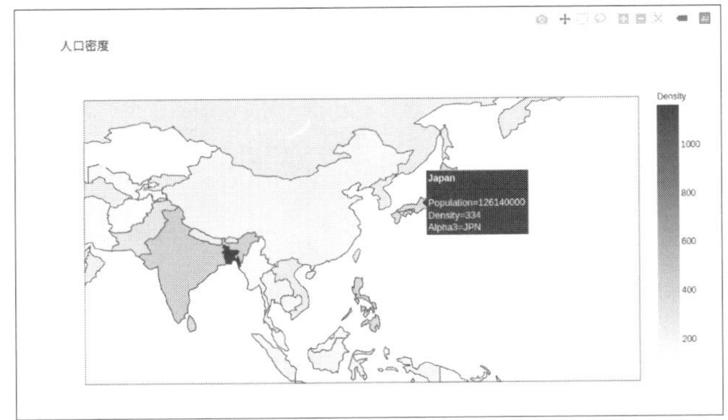

注10）@driller、小川英幸、古木友子 著、朝倉書店、2020年

Software Design plus
エキスパートたちの
Go言語
一流のコードから応用力を学ぶ
入門書で得られないノウハウはコードにある！
定石のコードの書き方
ライブラリを使いこなす術
有効な開発手法
技術評論社

Software Design plus
Ruby3.0対応
プロを目指す人のための
言語仕様からテスト駆動開発・デバッグ技法まで
Ruby入門
<改訂2版>
伊藤 淳一［著］
Rubyを知れば、Railsはもっと楽しくなる
技術評論社

第7章

コードで実践、ビジュアルで納得

Pythonではじめる統計学

知識ゼロからわかるデータ分析の数学

7-1
統計分析に必須のライブラリ
データを処理し、可視化する基本操作
Author driller —— P.184

7-2
平均からはじめる記述統計
データを正しく伝えるための基礎知識
Author 松井 健一 —— P.195

7-3
シミュレーションで学ぶ確率分布
統計学に欠かせない確率論を速習
Author 松井 健一 —— P.203

7-4
未知のデータを知るための推測統計
標本データを使った母集団の推定と信頼区間の考え方
Author 松井 健一 —— P.212

7-5
身近なテーマで理解する仮説検定
二項検定と χ^2 検定で基本の考え方を学ぶ
Author 馬場 真哉 —— P.219

統計学はデータ分析には欠かせない知識であり、それ以外にも資料作成やA/Bテストなど数多く活用の機会があります。本章はPythonコード（Jupyter Notebook形式）で統計学をインタラクティブに学べる入門パートです。手持ちのデータを正確に表し、整理するための「記述統計」、サンプルデータを用いて分析する「推測統計」、データをもとに判断を行うための「仮説検定」など統計学のエッセンスを、コイン投げやガチャ、A/Bテストといった具体例で学びます。数式に抵抗があるという方でも、Pythonで記述した処理と、出力されたグラフを照らし合わせることで、納得して読み進められるでしょう。

表記説明

本章の実行環境はGoogle Colaboratoryを想定しています。記事内で次のように書かれた囲みはJupyter NotebookやJupyterLabのセルをイメージしたもので、In（コードの入力）に相当する箇所はグレーの背景、Out（コードの出力や、出力結果のグラフ）に相当する箇所は白背景で表記しています。

```
input cell
```

```
output cell
```

7-1 統計分析に必須のライブラリ

データを処理し、可視化する基本操作

Author @driller(どりらん) Twitter @patraqushe

本稿ではPythonで統計処理を行ううえで必須のライブラリであるNumPyとpandasを利用して、データを処理する方法を紹介します。後半では統計データの可視化でよく使われるライブラリであるMatplotlibおよびseabornを利用した、データを可視化する方法も紹介します。

Google Colaboratory入門

Colaboratoryとは

Colaboratory(略称:Colab)とはブラウザからPythonを記述し実行できるほか、Markdown形式によりテキストを記述し、表示ができるサービスです。コードと実行結果およびテキストはノートブック(.ipynb)という形式に保存され、容易に共有できます。クラウド上に環境が用意されているため、ユーザーは実行環境を用意することなく、すぐにPythonコードを記述し実行できます。また、あらかじめデータ分析に必要なライブラリがインストールされており、環境構築の手間がかからないのも利点の1つです。

Colaboratoryの使い方

さっそく、Colaboratoryを使ってみましょう。ブラウザから次のリンクにアクセスします。

https://colab.research.google.com/

Googleアカウントによるログインを行っていない場合には[ログイン]ボタンよりログインし(図1の①)、[ノートブックを新規作成]を選択します(図2の②)。

ノートブックが作成され、このノートブックにコードやテキストを記述できます(図3)。

作成されたノートブック名を変更するには図3の③の「Untitled1.ipynb」を任意の名前に変更します。

図3の④はコードセルと呼ばれ、Pythonのコードを記述できます。コードセルにリスト1のコードを記述し、実行してみましょう。コードの実行は図3の⑤のボタンをクリックするか、Shift + Enter または Ctrl + Enter を入力します。

コードセルを実行すると図4のようにノートブックにグラフが埋め込まれます。このようにノートブックにコードと実行結果を保存することで、あとで読み返したり、第三者に共有したりするのに便利です。

▼図1 未ログイン時の画面

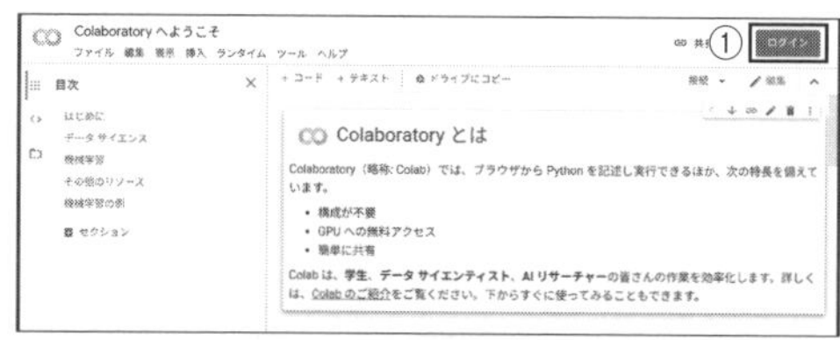

▼図2 Colaboratoryの初期画面

コードセルを追加するには図3の⑥をクリックするかセルの上下にカーソルを移動し、[+ コード] をクリックします (図5)。

次にテキストセルにテキストを記述します。テキストセルを作成するには図3の⑦またはセルの上下にカーソルを移動し、[+ テキスト] をクリックします (図5)。テキストセルにリスト2のように記述し、実行すると数式が表示されます[注1]。

Pythonで統計を学ぶうえで、図6のようにテキストセルに数式を記述し、この数式をPythonコードに実装することで効率よくコードと数式を記録できます。

NumPy入門

NumPyは数値演算に特化したライブラリです。Pythonを利用しているほぼすべてのデータサイエンティストがNumPyを直接的 (数値演算、行列演算など)・間接的 (pandasやMatplotlibなどのライブラリ) に活用しています。したがって、Pythonを利用して統計を学ぶうえで、NumPyの使い方を学ぶことは非常に重要です。本節ではNumPyで最も重要なデータ型ndarrayの基本となる操作方法や演算方法を解説します。

 ndarray型

ndarray型は多次元の配列を扱うためのデータ型です。Python組込みのリスト型に似ていますが、次のような特徴があります。

- 配列内の要素はすべて同じデータ型である
- C言語やFORTRAN言語で実装されており、高速に演算できる
- 多次元の要素にアクセスするためのインデックスやメソッドが用意されている
- ブロードキャストが行える
- 関数が適用できる

はじめにNumPyをインポートしてndarrayオブジェクトを作成してみましょう。ndarrayオブジェクトを作成する一例として、array関数の引数にリストやタプルなどを渡します。

```
import numpy as np

int_arr = np.array([1, 2])
```

オブジェクト内の要素はすべて同じデータ型

注1)「算術平均」(2017年7月15日 (土) 03:55 UTCの版)『ウィキペディア日本語版』。https://ja.wikipedia.org/w/index.php?title=算術平均 より引用。

▼図3 新規ノートブック

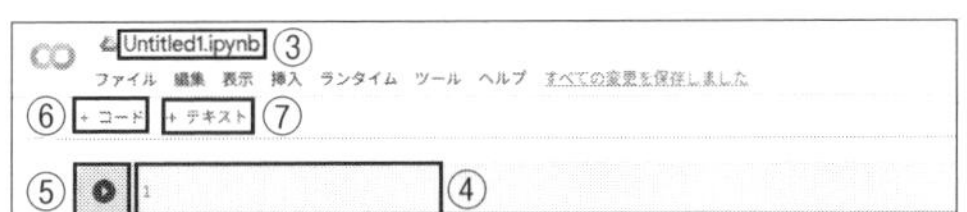

▼リスト1 Pythonのコードのサンプル

```
import seaborn as sns

tips = sns.load_dataset("tips")
sns.catplot(
 data=tips, x="time", y="tip", kind="violin"
)
```

▼リスト2 テキストのサンプル

```
標本空間が $\{a_1, \dotsc, a_n\}$ であるとき、その算
術平均 ${\displaystyle A}$ は次のとおりに定義される。

$$A = \frac{1}{n}\sum_{k=1}^{n} a_k =
\frac{a_1 + a_2 + \dotsb + a_n}{n}$$
```

▼図4 Pythonコードを実行

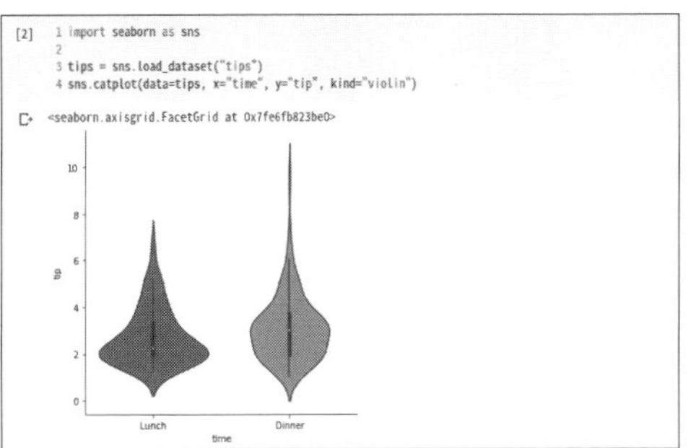

▼図5 セルの追加

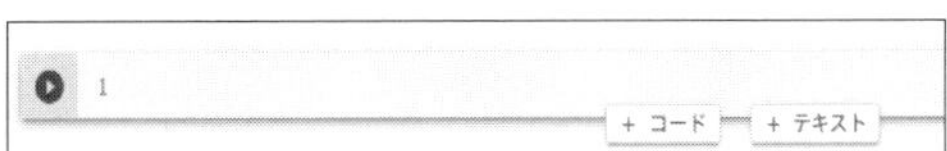

▼図6 テキストセルに数式を記述

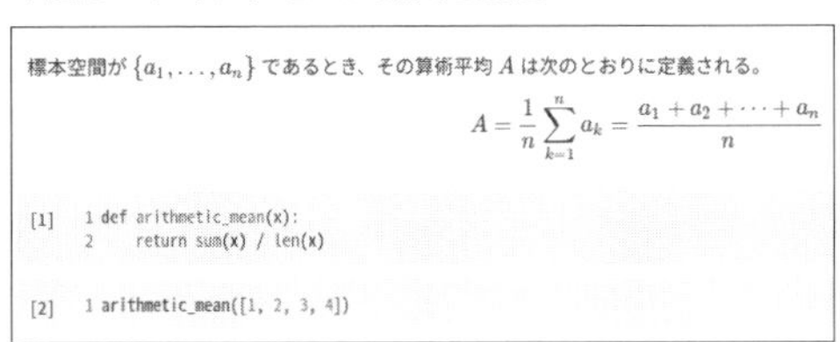

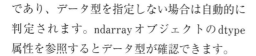

であり、データ型を指定しない場合は自動的に判定されます。ndarrayオブジェクトのdtype属性を参照するとデータ型が確認できます。

```
int_arr.dtype
```

```
dtype('int64')
```

ndarray生成時にデータ型を明示する場合には、引数dtypeにデータ型を渡します。データ型の詳細は公式ドキュメント[注2]を参照してください。

```
float_arr = np.array([1, 2], dtype=np.float32)
```

```
float_arr.dtype
```

```
dtype('float32')
```

型変換を行うにはastypeメソッドの引数にデータ型を渡します。

```
float_arr.astype(np.int)
```

```
array([1, 2])
```

本稿ではndarrayオブジェクトを便宜上「配列」と表記する場合があります。

 ndarrayオブジェクトの生成

NumPyでは形状(各次元の要素数)を指定したり、特定の値や乱数で埋めたndarrayオブジェクトを生成したりできます。本項ではndarrayオブジェクトのさまざまな生成方法を紹介します。

arange関数は指定した範囲の等差数列を生成します。基本的な使い方はPython組込みのrange関数と同様です。引数を1つ渡した場合には渡した値が要素数となり、0から自然数が連番で割り当てられます。

```
np.arange(3)
```

```
array([0, 1, 2])
```

第1引数に開始位置、第2引数に終了位置(第2引数の値は含まれない)を指定すると、指定した範囲で配列を生成します。また、第3引数に増分値を指定できます。range関数とは異なり、arange関数は小数値も扱えます。

```
np.arange(0, 2.5, 0.5)
```

```
array([0. , 0.5, 1. , 1.5, 2. ])
```

zeros関数では指定した要素分の配列を0で埋めて生成します。

```
np.zeros(3)
```

```
array([0., 0., 0.])
```

ones関数は1で埋めた配列を生成します。使い方はzeros関数と同様です。要素数をリストやタプルで渡すと、多次元の配列を生成できます。次のコードでは2行3列の2次元配列を生成しています。

```
np.ones([2, 3])
```

```
array([[1., 1., 1.],
       [1., 1., 1.]])
```

numpy.randomモジュールにはさまざまな乱数を生成する関数が用意されています。次のコードでは連続一様分布で生成した乱数から3行3列の配列を生成しています。

```
np.random.seed(1)
np.random.rand(3, 3)
```

```
array([[4.17022005e-01, 7.20324493e-01, ⏎
1.14374817e-04],
       [3.02332573e-01, 1.46755891e-01, ⏎
9.23385948e-02],
       [1.86260211e-01, 3.45560727e-01, ⏎
3.96767474e-01]])
```

random.seed関数は乱数値を固定します。本稿では誌面の出力結果を再現するためにこの関数を実行しています。

 要素へのアクセス

ndarrayオブジェクトはリスト型と同様に要素の参照や代入が行えます。インデックスが多次元のデータに対応しており、組込みのリスト型などと比較してより柔軟に扱えます。本項では2つの配列(arr1、arr2)にアクセスします。

注2) https://numpy.org/doc/stable/reference/generated/numpy.dtype.html

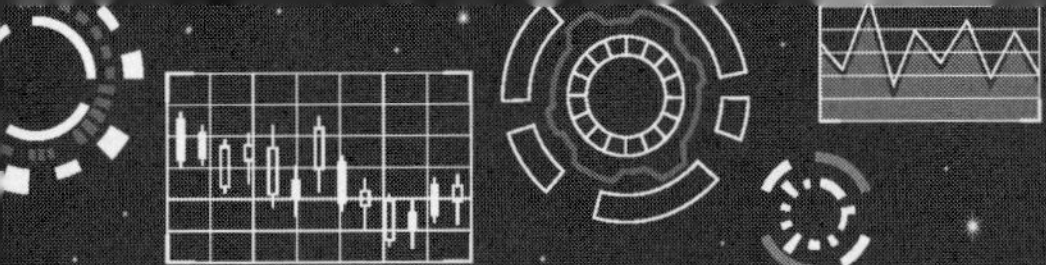


```
arr1 = np.arange(1, 4)
arr1

array([1, 2, 3])
```

ndarrayオブジェクトのreshapeメソッドでは配列の形状を変更できます。次のコードでは12個の要素を持つ1次元配列を4行3列の2次元配列に変換しています。

```
arr2 = np.arange(1, 13).reshape(4, 3)
arr2

array([[ 1,  2,  3],
       [ 4,  5,  6],
       [ 7,  8,  9],
       [10, 11, 12]])
```

要素を参照するには添字に位置を指定します。

```
arr1[0]

1
```

添字にはスライス記法が利用できます。次のコードでは2番めから3番めの位置の要素を参照しています。

```
arr1[1:3]

array([2, 3])
```

2次元の配列の場合、1次元の配列の各要素が1次元の配列を持つ構造になります。2次元の配列の位置を添字で指定すると、指定した位置の行が参照されます。

```
arr2[0]

array([1, 2, 3])
```

添字には各次元の位置をカンマで区切って指定できます。次のコードでは2行3列めの要素を参照できます。

```
arr2[1, 2]

6
```

多次元の配列でもスライス記法が利用できます。次のコードでは1行2〜3列めの要素を参照しています。

```
arr2[0, 1:3]

array([2, 3])
```

リスト型と同様に添字に指定した位置に値を代入できます。

```
arr1[1] = 10
arr1

array([ 1, 10,  3])
```

```
arr2[1, :2] = 100
arr2

array([[  1,   2,   3],
       [100, 100,   6],
       [  7,   8,   9],
       [ 10,  11,  12]])
```

ブロードキャスト

複数の要素を数値演算するケースを考えてみます。さまざまな方法がありますが、例としてPythonの組込みのリストを次のコードのようにfor文で繰り返して処理する方法が挙げられます。

```
li = [1, 2, 3]
[x + 1 for x in li]

[2, 3, 4]
```

このように、組込み型で数値演算を行うには冗長となり、データが大きくなった場合には処理速度にも課題があります。ndarrayオブジェクトではブロードキャスト注3が行えます。次のコードのように配列に対して演算子を利用した演算ができ、高速に処理できます。**図7**はコード実行時のイメージです。

```
arr1 = np.array([1, 2, 3])
arr1 + 1

array([2, 3, 4])
```

注3) 異なる形状の配列をそろえて演算するしくみのこと。

▼図7　配列とスカラ型のブロードキャスト

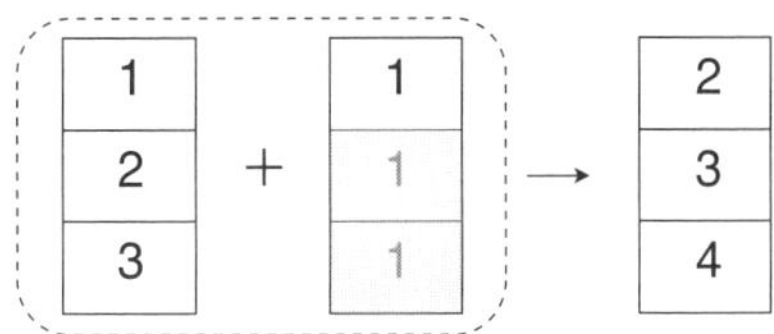

次のコードのように配列同士の演算も演算子が利用できます。図8はコード実行時のイメージです。

```
arr2 = np.arange(1, 13).reshape(4, 3)
arr1 + arr2

array([[ 2,  4,  6],
       [ 5,  7,  9],
       [ 8, 10, 12],
       [11, 13, 15]])
```

関数の適用

ndarrayオブジェクトにはすべての要素に対して関数を適用して配列を返すしくみがあります。このような関数をユニバーサル関数または略してufuncなどと表記します[注4]。

次のコードではpower関数を利用して配列のべき乗を算出しています。

```
np.power(arr1, arr2)

array([[      1,       4,      27],
       [      1,      32,     729],
       [      1,     256,   19683],
       [      1,    2048,  531441]])
```

ndarrayオブジェクトにはNumPyの関数のほか、組込み関数やユーザーが作成した関数を適用できます。次のコードでは組込みのabs関数を利用して絶対値を算出しています。このabs関数のように単一の値（スカラ型）を引数とする関数を適用した場合には、それぞれの要素に対して関数が適用されます。

```
abs(np.array([1, -2, 3]))

array([1, 2, 3])
```

ndarrayオブジェクトはsum関数のようなイテラブルな引数をとる関数にも渡せます。次のコードでは配列の合計値を算出しています。

```
sum(np.array([1, 2, 3]))

6
```

次のコードではmy_funcという関数を作成し、配列に適用しています。

```
def my_func(x):
    return x ** 2 + 1


my_func(arr1)

array([ 2,  5, 10])
```

pandas入門

pandasはデータを容易にかつ直感的に扱えるライブラリです。pandasの2つの主要なデータ構造であるSeries（1次元のデータ）とDataFrame（2次元のデータ）は、前節で紹介したndarray型のデータにラベルが付いており、このラベルにアクセスすることで、直感的なデータ処理が行えます。

Series型

Seriesはインデックスと呼ばれるラベルを持った同一のデータ型を持つ1次元のデータです。Seriesオブジェクトを生成するにはSeriesクラスの第1引数にリストやタプルなどのデータを渡します。引数indexにラベルとなるデータを渡すことで、各要素にラベルが付きます。

```
import pandas as pd

ser = pd.Series([1, 2, 3], index=["a", "b", "c"])
ser

a    1
b    2
c    3
dtype: int64
```

前述のとおり、Seriesのデータ部分はndarray型です。Seriesオブジェクトのvalues属性を参照すると、ndarrayオブジェクトが返ります。

▼図8　配列同士のブロードキャスト

1	2	3
1	2	3
1	2	3
1	2	3

＋

1	2	3
4	5	6
7	8	9
10	11	12

→

2	4	6
5	7	9
8	10	12
11	13	15

注4）https://numpy.org/doc/stable/reference/ufuncs.html#math-operations

```
ser.values
```

```
array([1, 2, 3])
```

DataFrame型

DataFrameは行と列にラベルを持つ2次元のデータです。DataFrameオブジェクトを生成するにはDataFrameクラスの第1引数にリストやタプルなどの2次元のデータを渡します。引数indexに行ラベルとなるデータを渡すことで、各行にラベルが付き、引数columnsにデータを渡すことで各列にラベルが付きます。

```
pd.DataFrame(
    [[1, 10], [2, 20]],
    index=["r1", "r2"],
    columns=["c1", "c2"],
)
```

	c1	c2
r1	1	10
r2	2	20

DataFrameの各列は異なるデータ型を持てます。dtypes属性を参照すると、各列のデータ型を確認できます。

```
diff_types_df = pd.DataFrame(
    [[0.1, 1], [0.2, 2]]
)
diff_types_df.dtypes
```

```
0    float64
1      int64
dtype: object
```

Seriesと同様にvalues属性を参照すると、ndarrayオブジェクトが返ります。

```
diff_types_df.values
```

```
array([[0.1, 1. ],
       [0.2, 2. ]])
```

列ごとにデータ型が異なる場合にはvalues属性は同じデータ型に変換されます。

```
diff_types_df.values.dtype
```

```
dtype('float64')
```

要素へのアクセス

SeriesおよびDataFrameにはインデクサと呼ばれるしくみがあり、インデクサを利用することでデータを効率よく処理できます。本項ではSeries型の項で作成したserオブジェクト(Series)と次のようなrc_dfオブジェクト(DataFrame)に対し、インデクサを利用して要素にアクセスします。

```
rc_df = pd.DataFrame(
    [
        ["r1c1", "r1c2", "r1c3"],
        ["r2r1", "r2c2", "r2c3"],
        ["r3c3", "r3c2", "r3c3"],
    ],
    index=["r1", "r2", "r3"],
    columns=["c1", "c2", "c3"]
)
rc_df
```

	c1	c2	c3
r1	r1c1	r1c2	r1c3
r2	r2r1	r2c2	r2c3
r3	r3c3	r3c2	r3c3

ラベルからアクセス(locインデクサ)

locインデクサはラベルを指定して要素を特定します。Seriesの場合はインデックスのラベルを指定します。

```
ser.loc["b"]
```

```
2
```

DataFrameの場合は`.loc[行名, 列名]`の記法で指定します。次のコードでは"r2"行"c2"列のデータを参照しています。

```
rc_df.loc["r2", "c2"]
```

```
'r2c2'
```

次のコードのように、スライスを利用して要素の範囲を指定できます。`:`はすべてのデータを指定しています。

```
rc_df.loc["r2":"r3", :]
```

	c1	c2	c3
r2	r2r1	r2c2	r2c3
r3	r3c3	r3c2	r3c3

次のコードのように、リストでラベルを指定することもできます。

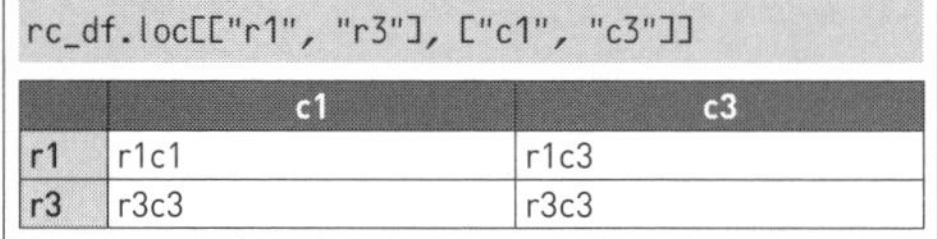

```
rc_df.loc[["r1", "r3"], ["c1", "c3"]]
```

	c1	c3
r1	r1c1	r1c3
r3	r3c3	r3c3

位置からアクセス（ilocインデクサ）

ilocインデクサは要素の位置を指定して要素を指定します。次のコードではSeriesの2番めの要素を参照しています。

```
ser.iloc[1]
```

```
2
```

DataFrameの場合は`.iloc[行の位置, 列の位置]`の記法で指定します。次のコードでは2行3列めのデータを参照しています。

```
rc_df.iloc[1, 2]
```

```
'r2c3'
```

locインデクサのように、スライスやリストの指定ができます。

```
rc_df.iloc[1:, [0, 2]]
```

	c1	c3
r2	r2r1	r2c3
r3	r3c3	r3c3

要素の変更

データを変更する場合は指定した要素に値を代入します。次のコードではlocインデクサを利用してSeriesのインデックスが"b"の値を22に変更しています。

```
ser.loc["b"] = 22
ser
```

```
a     1
b    22
c     3
dtype: int64
```

次のコードではlocインデクサを利用してDataFrameの"r1"行"c1"列の値を"R1C1"に変更しています。

```
rc_df.loc["r1", "c1"] = "R1C1"
rc_df
```

	c1	c2	c3
r1	R1C1	r1c2	r1c3
r2	r2r1	r2c2	r2c3
r3	r3c3	r3c2	r3c3

ilocを利用する場合も同様です。次のコードでは2行2列めの値を"R2C2"に変更しています。

```
rc_df.iloc[1, 1] = "R2C2"
rc_df
```

	c1	c2	c3
r1	R1C1	r1c2	r1c3
r2	r2r1	R2C2	r2c3
r3	r3c3	r3c2	r3c3

ブロードキャスト

SeriesおよびDataFrameにはndarray型と同様のブロードキャストが行えます。本項では次のSeriesとDataFrameに対して演算を行います。

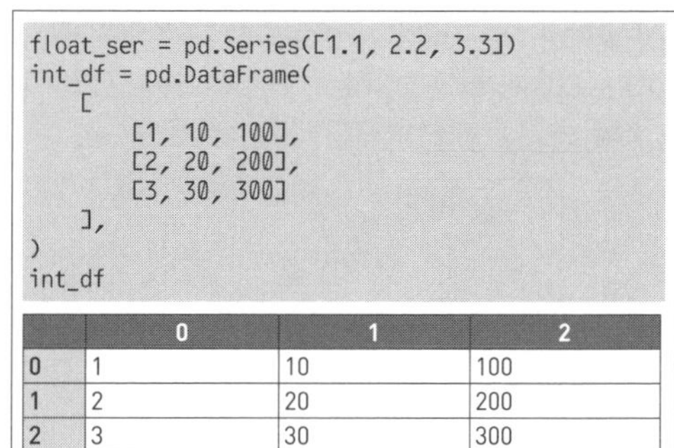

```
float_ser = pd.Series([1.1, 2.2, 3.3])
int_df = pd.DataFrame(
    [
        [1, 10, 100],
        [2, 20, 200],
        [3, 30, 300]
    ],
)
int_df
```

	0	1	2
0	1	10	100
1	2	20	200
2	3	30	300

演算子の対象に値を渡した場合には、すべてのデータが演算されます。

```
float_ser + 1
```

```
0    2.1
1    3.2
2    4.3
dtype: float64
```

```
int_df + 1
```

	0	1	2
0	2	11	101
1	3	21	201
2	4	31	301

DataFrameの要素と同数の要素を持つリスト型やSeriesと演算ができます。

```
int_df + float_ser
```

	0	1	2
0	2.1	12.2	103.3
1	3.1	22.2	203.3
2	4.1	32.2	303.3

関数の適用

SeriesおよびDataFrameには任意の関数が適用できます。次のコードではSeriesに対して組込みのround関数を適用しています。round関数のように、単一の値（スカラ型）を引数とする関数を適用した場合には、それぞれの要素に対して関数が適用されます。

```
round(float_ser)
```

```
0    1.0
1    2.0
2    3.0
dtype: float64
```

```
round(int_df)
```

	0	1	2
0	1	10	100
1	2	20	200
2	3	30	300

次のコードのようにNumPyの関数やユーザーが作成した関数も適用できます。

```
import numpy as np

np.median(float_ser)
```

```
2.2
```

```
def my_func(x):
    return x ** 2 + 1
```

```
my_func(float_ser)
```

```
0     2.21
1     5.84
2    11.89
dtype: float64
```

applyメソッドを利用して関数を適用する方法もあります。Seriesのapplyメソッドに渡す関数は単一の値を引数にとる必要があります。次のコードではfloor関数を利用して小数部を切り捨てています。

```
float_ser.apply(np.floor)
```

```
0    1.0
1    2.0
2    3.0
dtype: float64
```

DataFrameからapplyメソッドを実行すると列ごとに関数を適用します。次のコードでは各列の合計値を算出しています。

```
int_df.apply(sum)
```

```
0      6
1     60
2    600
dtype: int64
```

applyメソッドを各行に対して適用する場合は引数axisに1を渡します。

```
int_df.apply(sum, axis=1)
```

```
0    111
1    222
2    333
dtype: int64
```

基本統計量

SeriesおよびDataFrameには統計に関連したさまざまなメソッドが用意されています。本項では連続一様分布の乱数で生成したSeriesとDataFrameからメソッドを実行した統計に関する処理を紹介します。

```
np.random.seed(1)
random_ser = pd.Series(np.random.rand(100))
random_df = pd.DataFrame(
    np.random.rand(100, 4),
    columns=["A", "B", "C", "D"],
)
```

describeメソッドは**表1**の基本統計量を算出します。次のコードはSeriesに対してdescribeメソッドを実行しています。

```
random_ser.describe()
```

```
count    100.000000
mean       0.485878
std        0.295885
min        0.000114
25%        0.209834
50%        0.470743
75%        0.721743
max        0.988861
dtype: float64
```

DataFrameからdescribeメソッドを実行す

▼表1　describeメソッドの項目

count	データ数
mean	平均値
std	標準偏差
min、max	最小値、最大値
25%、50%、75%	パーセンタイル値

ると各列ごとの基本統計量を算出します。

```
random_df.describe()
```

	A	B	C	D
count	100.000000	100.000000	100.000000	100.000000
mean	0.512182	0.512229	0.497681	0.533416
std	0.282876	0.299402	0.309680	0.299485
min	0.013952	0.010364	0.000402	0.003018
25%	0.260161	0.264233	0.219065	0.266053
50%	0.530040	0.510404	0.533171	0.559521
75%	0.790094	0.780124	0.771148	0.797880
max	0.974740	0.997323	0.993913	0.990472

次のコードでは分散を算出しています。ほかの統計的なメソッドについては公式ドキュメント注5を参照してください。

```
random_ser.var()

0.08754775517241396
```

```
random_df.var()

A     0.080019
B     0.089642
C     0.095902
D     0.089692
dtype: float64
```

Pythonによる可視化入門

本節ではMatplotlibおよびseabornを活用し、データの分布を可視化する方法を紹介します。まずは基礎となるMatplotlibの基本を学び、これを活用したseabornからの可視化方法を解説します。

Matplotlib入門

MatplotlibはPythonで最も広く使われているデータ可視化のためのライブラリです。本稿で扱うseabornの可視化処理も内部ではMatplotlibが利用されています。

注5）https://pandas.pydata.org/pandas-docs/stable/reference/series.html#computations-descriptive-stats

▼図9　FigureオブジェクトとAxesオブジェクトの関係

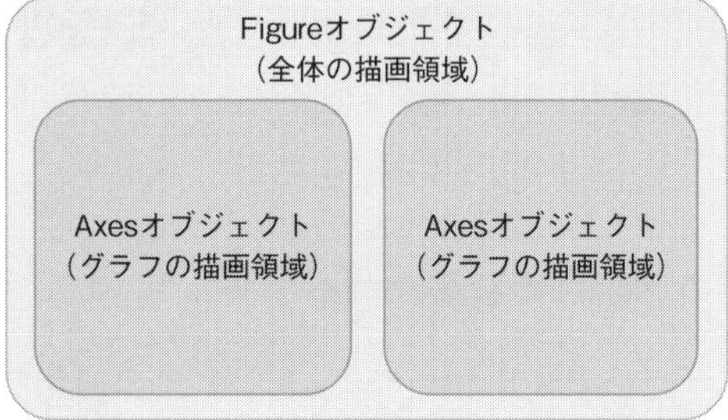

Matplotlibを利用してグラフを描画するには、グラフ全体の描画領域となるFigureオブジェクトを生成し、グラフ領域となるAxesオブジェクトを生成します。AxesオブジェクトはFigureオブジェクトに属しており、単数または複数の描画領域を生成できます（図9）。

FigureオブジェクトおよびAxesオブジェクトを生成する方法はいくつかありますが、本節ではsubplots関数を利用する方法を紹介します。次のコードではsubplots関数を実行してFigureオブジェクトとそれに属するAxesオブジェクトを生成しています。ノートブック（Colaboratory）から実行すると、ノートブックにグラフが描画されます。

```
import matplotlib.pyplot as plt

fig, ax = plt.subplots()
```

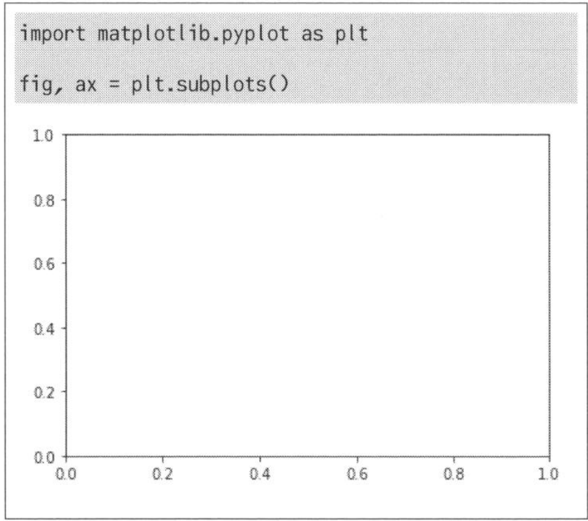

描画領域を複数生成するには、subplots関数の引数nrowsに行数、引数ncolsに列数を渡します。次のコードでは1行2列のAxesオブジェクトを生成しています。Figureオブジェクト（fig）のsuptitleメソッドはFigureのタイトル、

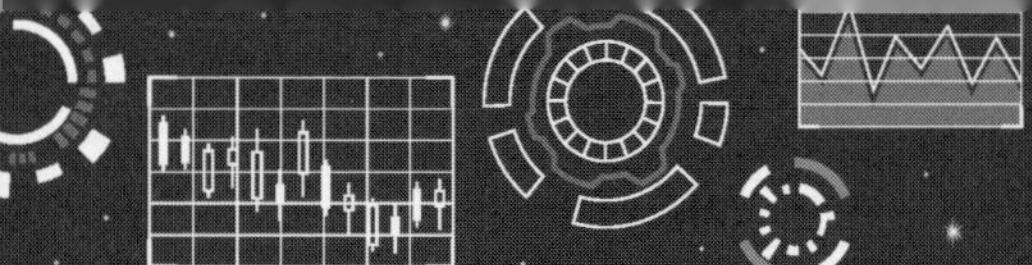

Axesオブジェクトのset_titleメソッドではAxesオブジェクト（ax）のタイトルを設定しています。

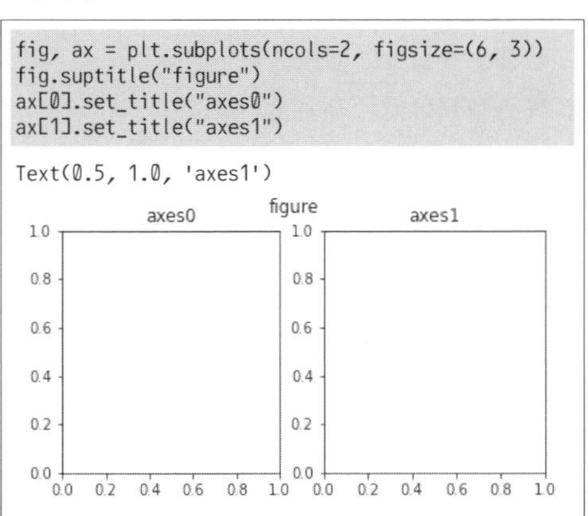

```
fig, ax = plt.subplots(ncols=2, figsize=(6, 3))
fig.suptitle("figure")
ax[0].set_title("axes0")
ax[1].set_title("axes1")
```

```
Text(0.5, 1.0, 'axes1')
```


これまでのコードでは描画領域を生成しただけで、グラフを描画していません。グラフを描画するにはAxesオブジェクトからグラフを描画するメソッドを実行します。次のコードではhistメソッドを実行して、ヒストグラムを描画しています。histメソッドの引数にはリストやndarrayオブジェクトなどの1次元のデータを渡します。今回使用したデータはNumPyのrandom.randn関数を利用して、標準正規分布に従う乱数（平均値＝0、標準偏差＝1）を10,000個生成しています。

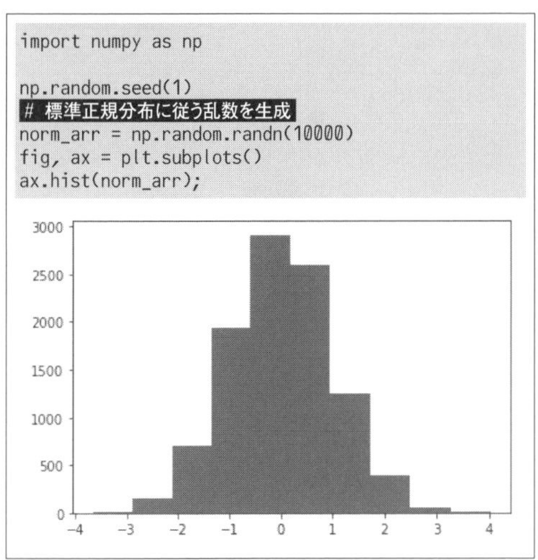

```
import numpy as np

np.random.seed(1)
# 標準正規分布に従う乱数を生成
norm_arr = np.random.randn(10000)
fig, ax = plt.subplots()
ax.hist(norm_arr);
```

Axesオブジェクトにはhistメソッドのほか、さまざまなグラフを描画するメソッドが用意されています。詳細については公式ドキュメント注6を参照してください。

描画領域にグラフを重ねて描画するには、Axesオブジェクトからグラフを描画するメソッドを複数実行します。次のコードではヒストグラムに分布を近似した折れ線グラフを重ねて描画しています。

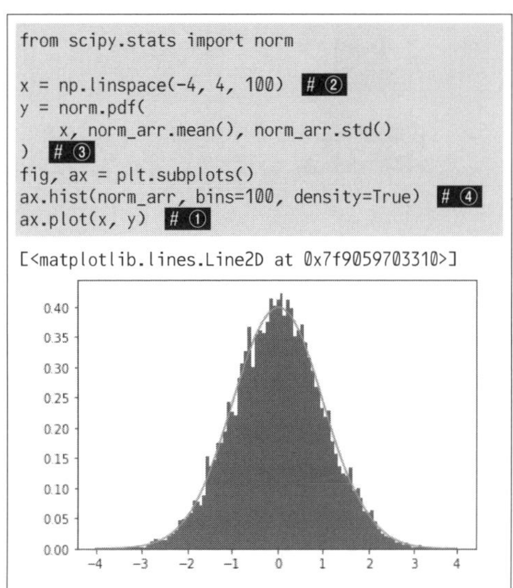

```
from scipy.stats import norm

x = np.linspace(-4, 4, 100)  # ②
y = norm.pdf(
    x, norm_arr.mean(), norm_arr.std()
)  # ③
fig, ax = plt.subplots()
ax.hist(norm_arr, bins=100, density=True)  # ④
ax.plot(x, y)  # ①
```

```
[<matplotlib.lines.Line2D at 0x7f9059703310>]
```

plotメソッドは折れ線グラフを描画します。plotメソッドの第1引数にはX値、第2引数にはY値を渡します（①）。折れ線グラフのX値にはNumPyのlinspace関数を利用して、－4から4まで、100個の等差数列を生成しています（②）。Y値にはSciPy注7のnorm.pdfメソッドでX値に対する確率密度関数を利用した標準正規分布の近似値を算出しています。norm.pdfメソッドの第1引数に元データの配列、第2引数に平均値、第3引数に標準偏差を渡します（③）。histメソッドの引数binsにヒストグラムのビン数を指定でき、引数densityにTrueを渡すと相対度数としたヒストグラムになります（④）。

複数の描画領域にグラフを描画するには、それぞれのAxesオブジェクトからグラフを描画するメソッドを実行します。

注6） https://matplotlib.org/stable/api/axes_api.html#plotting

注7） SciPyについては7-3で紹介します。

```
fig, ax = plt.subplots(ncols=2)
ax[0].hist(norm_arr, bins=100, density=True)
ax[1].plot(x, y)
```

```
[<matplotlib.lines.Line2D at 0x7f9059595e20>]
```

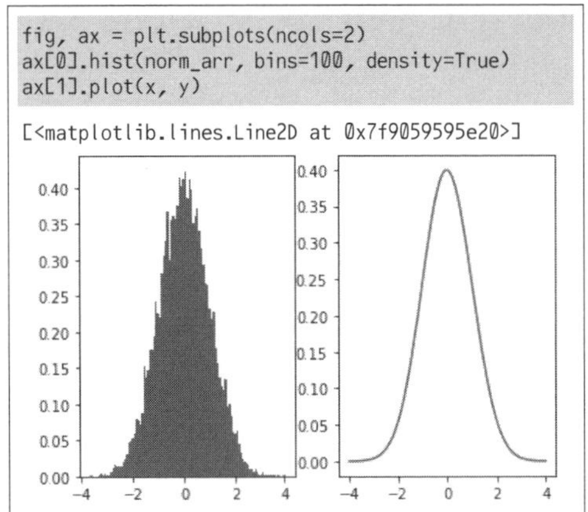

seaborn入門

seabornは、Matplotlibをベースにした可視化を実現するライブラリです。次のようなデータサイエンスの分野でよく使われる可視化手法を簡潔なコードで記述できるのが特徴です。

- カテゴリデータを分類した可視化
- データの関係を可視化
- データの分布を可視化
- 回帰を可視化

次のコードではseabornのdistplot関数を利用して分布を可視化しています。ヒストグラムに加え、カーネル密度推定したグラフが描画されます。distplot関数の第1引数には描画対象のリストやndarrayオブジェクトなどの1次元のデータを渡します。

```
import seaborn as sns

sns.distplot(norm_arr)
```

```
<matplotlib.axes._subplots.AxesSubplot at
0x7f9051cac670>
```

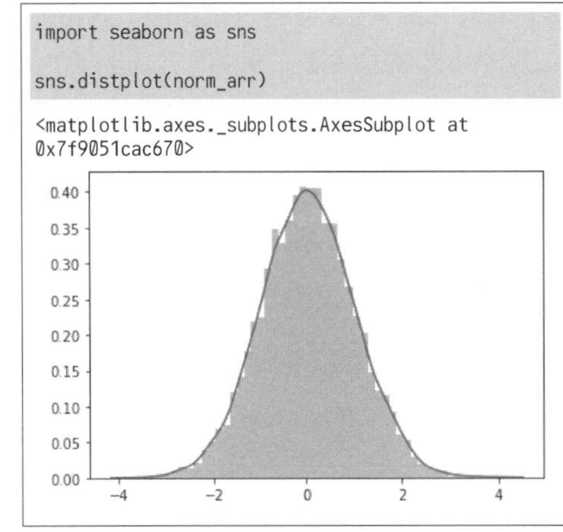

これまでの可視化処理では次のような工程を行っていましたが、seabornを利用することで1回の処理で行えます。

1. ヒストグラムの描画
2. 等差数列の配列を生成
3. 2をもとにした確率密度関数によるデータを生成
4. 2と3のデータを折れ線グラフに描画

distplot関数はAxesオブジェクトを返します。したがって、前項と同様にMatplotlibで生成したAxesオブジェクトに対しての可視化が行えます。次のコードではdistplot関数にさまざまな引数を渡したグラフを2つの描画領域に描画しています。

```
fig, ax = plt.subplots(ncols=2)
# カーネル密度推定をしない
sns.distplot(norm_arr, ax=ax[0], kde=False)
# ヒストグラムを描画しない、ラグプロットを描画する
sns.distplot(
    norm_arr, ax=ax[1], hist=False, rug=True
)
```

```
<matplotlib.axes._subplots.AxesSubplot at
0x7f9051bb5d90>
```

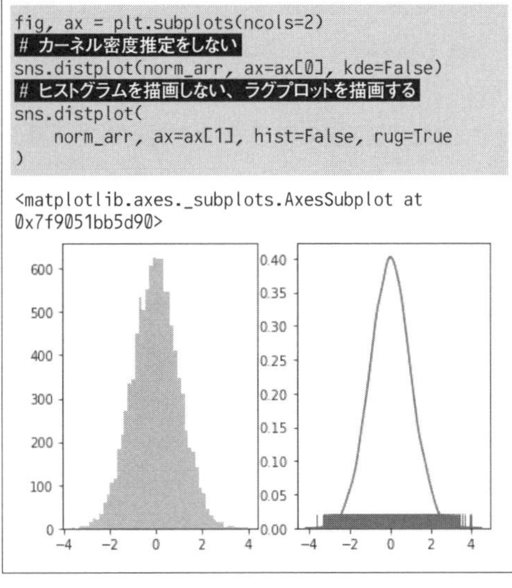

本稿では誌面の都合上、ライブラリの導入部分のみの解説となりますが、最低限押さえておきたいポイントを凝縮しました。本稿で紹介したライブラリについては、共著『改訂版 Pythonユーザのための Jupyter［実践］入門』注8で詳しく解説しています。ライブラリの使い方をしっかり学んでみたい方は、ぜひお手にとってご覧ください。SD

注8） 池内孝啓、片柳薫子、@driller 著、技術評論社 刊、2020年8月

7-2 平均からはじめる記述統計

データを正しく伝えるための基礎知識

Author 松井 健一（まつい けんいち）株式会社 Mobility Technologies、Kaggle Master
Twitter @kenmatsu4

統計学といえばデータを整理したり、可視化したりするというイメージが強いと思います。それらは記述統計と呼ばれ、平均や分散、標準偏差といった指標を用いてデータを説明するために用いられます。本稿では導入として、みなさんにもなじみの深い平均から1つずつひも解いていきます。

記述統計と推測統計の違い

本章では、ある集団から入手したデータをもとに、その集団がどのような特性を持っているかを調べる記述統計について学びます。また、複数の集団がどのように異なるかを知るための手法についても解説します。

記述統計：手持ちのデータを正確に表す

調べたい対象の集団について、データをすべて持っている場合を考えます。このとき、その集団について不確実性なく特性を調べることができます。データの中心を知るための指標として平均、中央値などを計算したり、データの散らばり具合を知るために分散や標準偏差といった値を算出したりできます。

本稿で扱う記述統計とは、このように知りたい集団に関するデータをすべて保持しているとき、そのデータについての特徴を正確に記述するための方法です。たとえば、学校の先生が自分の担当クラスの生徒たちの数学の成績がどのような特徴であるかを調べるには、全生徒のデータを用いて計算することで明らかにできます。

推測統計：一部のデータから全体を推測する

しかし一般的には、知りたい集団（母集団と呼ぶ）に対するデータをすべて集められないケースが多々あります。そのような場合に一部のデータから母集団全体の様子を推測する必要があります。母集団の推測については、7-4の推測統計で解説します。また、推測統計には前提知識として確率論の一部も知っておく必要があり、それについては7-3で解説します。

まずは可視化してみよう

データを入手したときには、まず可視化をしてデータの様子を理解しましょう。ヒストグラムという図を作成して、データの分布を見てみるのが定石です。

図1は成人男性1,000人分の身長を模してデータを作成し、それをヒストグラムにして可視化したものです。横軸に身長をとり、2.5cmごとにデータを区切ってカウントし、その人数を縦軸で表現しています。160cmから162.5cmのように、横軸を集計する各範囲のことを階級といい、その階級に含まれるデータの個数のことを度数といいます。

また、階級を代表する値として、各階級のちょうど中央に位置する値（たとえば、160cmから162.5cmの階級の場合は161.25cm）を階級値と呼びます。

図1を見るだけでも、どのくらいの身長の人

が何人いるのか、データのばらつきや、人数が多い階級などが一目でわかります。PythonライブラリのMatplotlibを用いると、hist()を使うだけで簡単に描画できます。**図1**[注1]では階級の幅をplt.histのbins引数で指定しており、150から195までの間を、2.5刻みで階級分けしています。

また、2つのデータセットを比較するときにもヒストグラムは便利です。**図2**は男性の身長データに加え、女性の身長データも重ねてプロットしたものです。こちらも、見るだけでおおよその分布の特徴の違いを理解できます。

こわくない数学記号入門

統計学では、定量的にデータの分布を理解するための指標がいくつか用意されています。

それらの指標を紹介する前に、統計学における各種計算を理解するのに役立つ数学記号の紹介から始めたいと思います。本記事では基本的に数式の利用は最低限としますが、説明上必要なもののみ解説のうえ、利用していきます。

 絶対値記号

絶対値とは、数直線上における原点との距離を表す値です。計算としてはマイナスの値はマイナス記号を取り除き、プラスの値はそのままとする処理になります。数式では|で文字式を囲うことで絶対値を表し、たとえばxという値の絶対値は$|x|$です。具体的な数値の例ではマイナスが除去される$|-5| = 5$となり、プラスの値は変化せず$|5| = 5$となります。NumPyではnumpy.abs()を使うことでこの処理を行えます。

 ルート記号

ルートは数学記号で$\sqrt{\ }$と表記され、2乗するとこのルート記号の中にある値と一致するような値のことを表します。たとえば2の2乗は4ですが、4のルートは2となります。この例を数式で表すと$\sqrt{4}=\sqrt{2^2}=2$です。NumPyではnumpy.sqrt()で計算できます。

 総和記号

まず、データを数式で表すための表現について解説します。身長のデータ1,000人分が**表1**のように記録されているとします。

たとえば、リストの上から3人分の身長を合計したいとき、数式では

<u>田中さんの身長</u>＋<u>高橋さんの身長</u>＋<u>鈴木さんの身長</u> = 168.9 + 164.5 + 168.8 = 502.2

注1) 7-2、7-3、7-4で掲載するPythonコードは、本書サポートページ(http://gihyo.jp/magazine/book/2022/978-4-297-12639-1/support)からダウンロードできます。

▼図1　身長データのヒストグラム

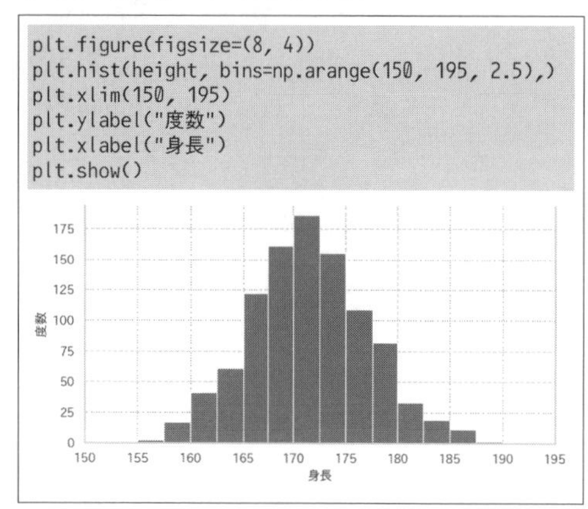

```
plt.figure(figsize=(8, 4))
plt.hist(height, bins=np.arange(150, 195, 2.5),)
plt.xlim(150, 195)
plt.ylabel("度数")
plt.xlabel("身長")
plt.show()
```


▼図2　2つのデータセットのヒストグラム

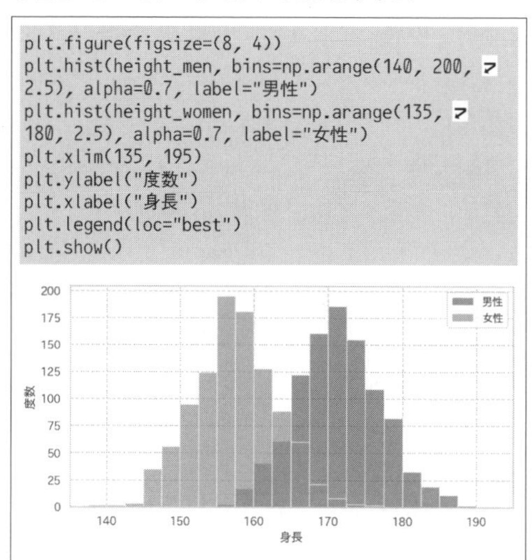

```
plt.figure(figsize=(8, 4))
plt.hist(height_men, bins=np.arange(140, 200, ⏎
2.5), alpha=0.7, label="男性")
plt.hist(height_women, bins=np.arange(135, ⏎
180, 2.5), alpha=0.7, label="女性")
plt.xlim(135, 195)
plt.ylabel("度数")
plt.xlabel("身長")
plt.legend(loc="best")
plt.show()
```

のように表現できます。しかし、1,000人分の合計を表現しようとすると膨大な文字数となってしまいます。そこで各行にIDが振られていることを利用し、文字式として表すと便利です。ID：1のデータはx_1と表現し、同様にID：2のデータはx_2と表現します。これを使えば1,000人分の合計も、$x_1 + x_2 + x_3 + \cdots + x_{999} + x_{1000}$と表現できます。

しかし、この表現も少し冗長です。そこで便利な数学記号が用意されているので使ってみましょう。**図3**のように表します。かなり簡潔に表現できますね。このΣ（ギリシャ文字の大文字のシグマ注2）を総和記号と呼びます。この総和記号に現れる文字iは添字と呼ばれ、データのIDを表します。Σの下側は添字の最初の値を指し示し、Σの上側は添字の終わりの値を示し、添字の範囲を表しています。実際に足し合わせるのはこの範囲の添字を持つx_iです。この例ではIDが1から1000までのx_iをすべて足し合わせるという意味になります。**図4**も合わせて参照してください。数式に慣れていない人でもPythonコードを合わせて見てもらうとスッと理解できるのではないでしょうか。NumPyを使うとnumpy.sum()で総和を計算できます。

注2）シグマは英語で書くとsigmaで、sの代用で用いられることがあります。総和は英語でsummationですのでその先頭文字のsをギリシャ語に置き換えたものが由来です。

▼表1　身長データのリスト

ID	名前	身長
1	田中	168.9
2	高橋	164.5
3	鈴木	168.8
4	渡辺	174.2
5	清水	168.8
6	木村	174.8
…	…	…
1000	山本	173.6

▼図3　総和記号への書き換え

$$1{,}000\text{人分の合計} = x_1 + x_2 + x_3 + \cdots + x_{999} + x_{1000}$$

$$= \sum_{i=1}^{1000} x_i$$

← 書き換えると

▼図4　総和記号の意味

```
# 総和記号がやっていることをPythonコードで表したもの
# より効率的な書き方は多数あるが、本記事では直感的な理解を優先する
height_sum = 0
for i in range(len(height_men)):
  height_sum += height_men[i]
```

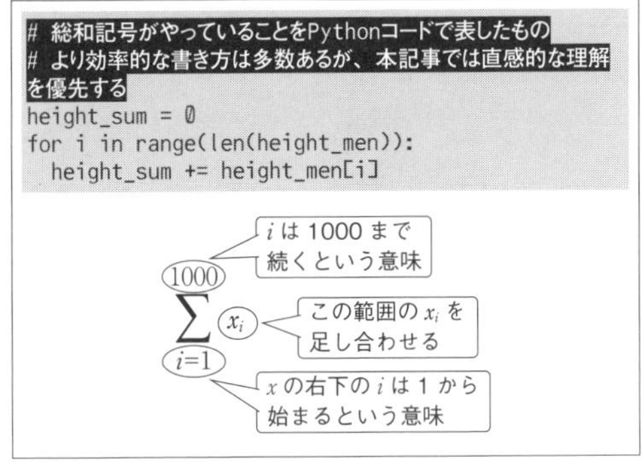

階乗記号

1×2×3×4×5のように、1から指定の数までの整数を全部掛け合わせることを階乗といいます。この場合、1から5までの整数を指定しているので5の階乗といい、数学記号では5!と表現します。

1000!のように大きい数を表現するときにこの階乗記号を使うと、表記が短くなり便利です。Pythonではmath.factorial(x)で計算できます。

exp関数

ネイピア数と呼ばれ、2.71828……と無限に小数が続く定数を数学記号でeと表現します。このようなeのx乗を表す関数をexp()と表現し、

▼図5　exp関数の描画コードおよびグラフ

```
x = np.linspace(-2, 2, 301)
plt.plot(x, np.exp(x))
plt.ylabel("exp(x)")
plt.xlabel("x")
plt.show()
```

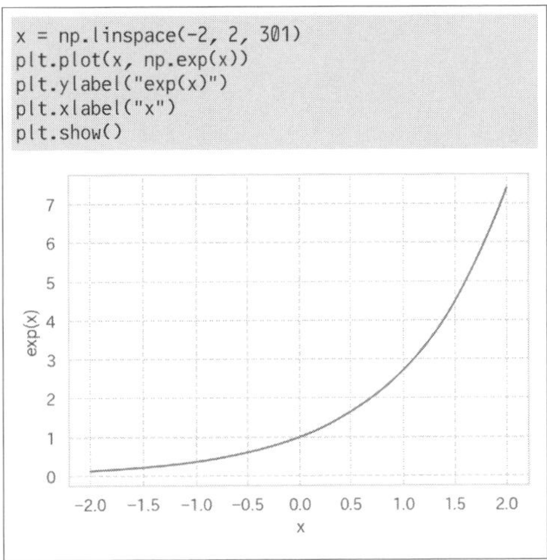

$\exp(x)=e^x$ という関係にあります。つまり $x=2$ のときは

$$\begin{aligned}\exp(2) &= e^2 = e \times e \\ &= 2.71828\cdots \times 2.71828\cdots \\ &= 7.3891\cdots\end{aligned}$$

という値です。

x が -2 から2までの間のexp(x)の値をプロットすると、**図5**のような処理およびグラフになります。NumPyではnumpy.exp()でこの関数の値を計算できます。exp()の値はマイナスの戻り値をとらないことがポイントです。

代表値からデータの特徴を知る

平均

それでは、数式を使う準備ができましたので、データの中心を表す指標（代表値）について解説していきます。はじめに、みなさんも馴染み（なじみ）が深い平均を扱います。平均とは、データの総和をデータの総数で割ったものです。数式では、文字の上にバーを付加した $\bar{x}$ と表現します。

この平均の計算を数式で表すと、

$$\begin{aligned}\bar{x} &= \frac{x_1 + x_2 + \cdots + x_n}{n} \\ &= \frac{1}{n}\sum_{i=1}^{n} x_i\end{aligned}$$

となります。n はデータの数を表します。この計算をPythonで表したものを**リスト1**に記しました。総和記号の理解の復習として、確認してみましょう。上記の数式と**リスト1**を比べて同じ計算がされていることがわかれば、総和記号は十分に理解できたといえるでしょう。

平均を計算するのに毎回**リスト1**のように自前でコードを書くのは煩雑ですので、NumPyにあるnumpy.mean()を用いると容易に平均の計算ができます。

平均は一般によく用いられるので、データの分布がイメージできていれば、平均の値がどのあたりか直感的に推測できることもあるでしょう。しかし、直感に反する平均値をとるケースも存在します。テストの得点の分布を例に見ていきましょう。

図6の得点分布x = [96, 63, 85, 66, 91, 89, 77]に対する平均の値は、データが集まっている箇所の中央付近にあり、これは直感に近い値といえます。

ところが、**図7**ではデータがx = [98, 23, 14, 26, 20, 11, 17]のように、多くの人が10点から30点の得点であるなか、1人だけ98点のような飛び抜けて高い値になっています。このようなときに、平均の値は多くの人の得点範囲の中央付近ではなく、大きな値となります。このケースでは平均の値を超えた得点を獲得しているのは x_1 の人だけとなり、このような平均値はデータの中心を表す代表的な値とすべきでないこともあります。このような、多数を占めるデータの範囲とはかけ離れた値を「外れ値」と呼び、この外れ値が平均に与える影響を考慮することで、平均を正しく解釈・活用できます。

中央値

それでは、このような偏ったデータを扱うために、違う角度からデータの中心を理解する指標を導入しましょう。中央値（メディアン）はデータを大きさの順番に並べたときにちょうど真ん中のデータの値です。**図7**と同じデータ

▼リスト1　平均の計算のPythonコード

```
sum_val = 0
n = len(x)
for i in range(n):
  sum_val += x[i]
mean_val = sum_val / n
```

▼図6　平均値の位置

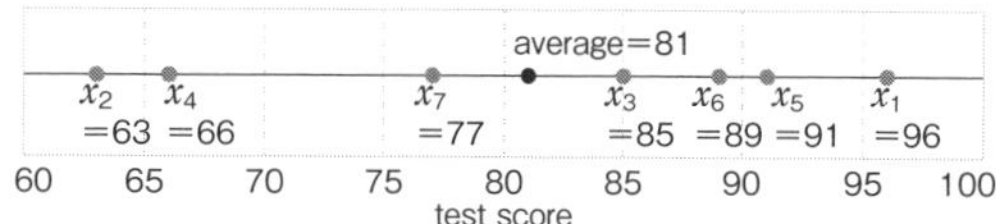

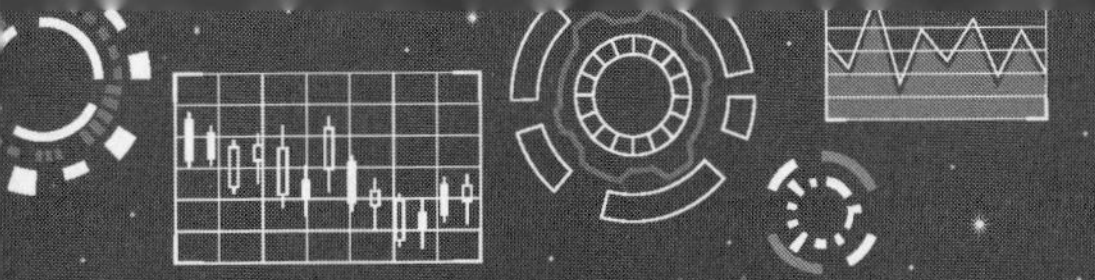

x = [98, 23, 14, 26, 20, 11, 17]を大きさの順に並び替えると[11, 14, 17, 20, 23, 26, 98]となります。真ん中のデータは4番めの20ですので、これが中央値となります。**図8**を見ると外れ値があってもデータの中心として妥当な位置としてこの値を使えることがわかります。NumPyを利用するとnumpy.median()でこの値を算出できます。

最頻値

次に紹介する中心を表す指標は最頻値（モード）です。ヒストグラムを作るときに階級を定義し、その各階級に入る値を度数というのでした。この度数が一番多い階級の階級値を最頻値と呼びます。つまり、もっとも多くデータが含まれる箇所を指す指標です。**図9**は6,000人の収入を模して作成したデータの分布です。**図9**における最頻値は、度数の一番多い200万円から300万円の階級値である250万円です。

この年収のデータは分布が左右対称ではなく、右に向かってかなり大きな値までデータが存在します。このような右に裾が長い分布を「右に歪んだ分布」と呼びます。右に歪んだ分布では、代表値は

最頻値＜中央値＜平均

のように並びます。この仮想収入データでは最頻値が250万円、中央値が422万円、平均値が610万円です。このとき、平均値を超えるデータは全体の32%しかないため、平均値はこの収入データの中央を表す数字としては必ずしも適切ではなく、その値より多い人が半分、少ない人が半分である中央値や、人数が一番多い階級値である最頻値のほうが代表値として適切な場合があります。

各代表値の特性を理解したうえで、指標として活用することがデータを読むうえで肝要です。

分位点

中央値は、データを大きさ順に並べたときの真ん中、つまり下から50%の点を示していました。この50%を可変にしたものが分位点と呼ばれます。このうち、よく用いられるものが第1四分位点（25%分位点）と第3四分位点（75%分位点）です。NumPyで分位点を計算す

▼図7　平均値の位置（外れ値がある場合）

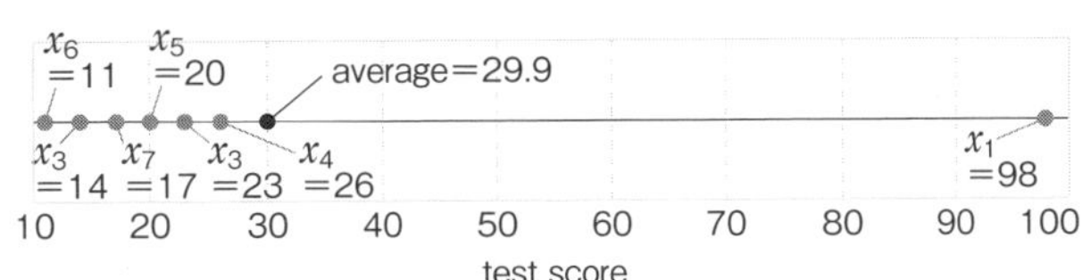

▼図8　中央値の位置

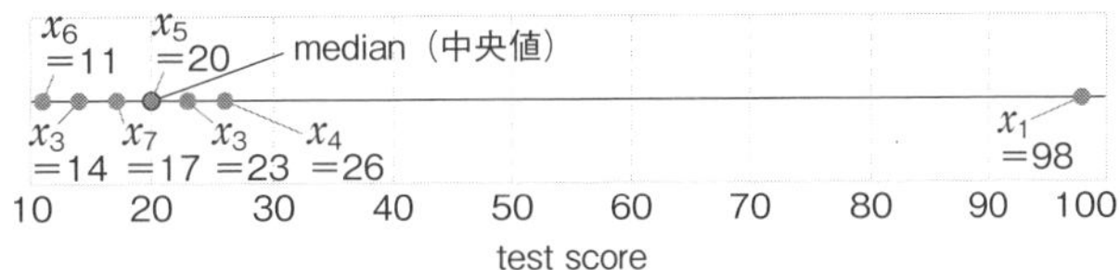

▼図9　収入データのヒストグラム

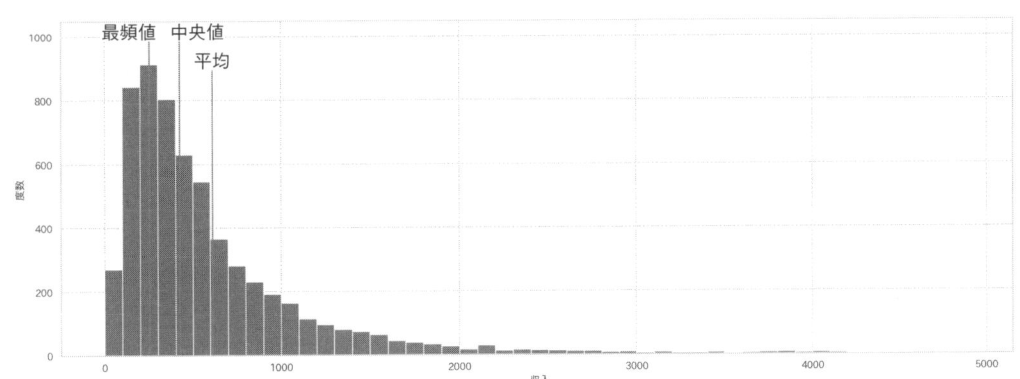

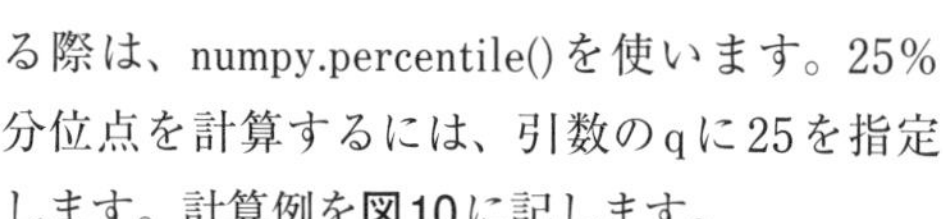

る際は、numpy.percentile()を使います。25%分位点を計算するには、引数のqに25を指定します。計算例を図10に記します。

散布度からデータの散らばり具合を知る

次に、データがどれくらい散らばっているかを知るための指標である散布度を紹介します。本記事では平均偏差、分散、標準偏差の3種類を紹介します。図11はそれぞれ1,000人の身長を模して作成した2つのグループのデータです。グループ1の平均値は171.4cm、グループ2の平均値は171.2cmでほぼ同じですが、この2つのグループのデータはこの平均値が同じということで、ほぼ同じデータであると判断して良いでしょうか？　しかし、図11を見ると明らかに2つのグループの分布は異なっています。それを定量的に表すために、散らばり具合を知る指標が役に立ちます。

平均偏差

平均偏差という指標を説明する前に、まず偏差とは何かを解説します。

表2のようなテストの結果データがあり、このテストの平均点が81点だとします。偏差とは各データの値とある定数の差のことで、とくに平均からの偏差が重要な概念です。本記事では以降、偏差と記載した場合は平均からの偏差を表します。

表2のデータを可視化したものが図12になります。横棒の長さが偏差を示しており、平均より左に伸びた棒はマイナスを付けて長さを測ります。

この偏差を用いて、最初の散らばりを示す指標である平均偏差を理解します。その名のとおり偏差を平均したものなのですが、偏差をそのまま平均すると値が0になってしまいます。そのため、平均値からの差について絶対値をとり、マイナスの値を消した値を使います。図12の横棒の向きは気にせず、長さだけを使うということですね。

絶対値を適用するとすべての長さが0のときを除き、平均しても0になりませんのでこの問題は解決します。偏差に絶対値をとりすべてプラスの値にした図13を参照してください。この長さの平均をとることで平均値からどのくらい離れているかを表す平均偏差が算出できます。

このケースでは平均偏差は10.6になります。

▼図10　四分位を計算するPythonコード

```
height_men_25 = np.percentile(height_men, 25)
height_men_75 = np.percentile(height_men, 75)
print(f"男性の身長の第1四分位点: {height_ ↵
men_25:.3f}, 第3四分位点: {height_men_75:.3f}")

男性の身長の第1四分位点: 167.632, 第3四分位点: ↵
175.085
```

▼図11　2つのグループの身長の分布

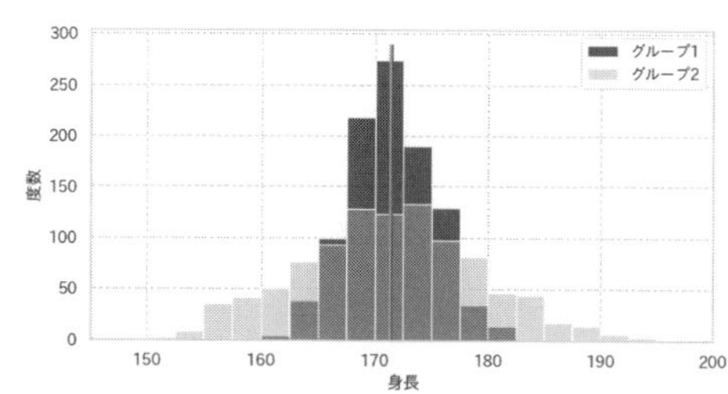

▼表2　テストの点数と偏差

ID	点数	偏差	偏差の絶対値
1	96	96－81＝15	15
2	63	63－81＝－18	18
3	85	85－81＝4	4
4	66	66－81＝－15	15
5	91	91－81＝10	10
6	89	89－81＝8	8
7	77	77－81＝－4	4

▼図12　偏差を可視化して理解する

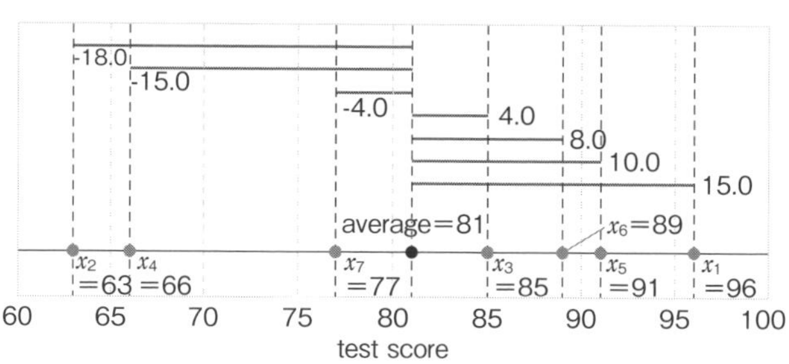

つまり、このデータは平均偏差で測ると平均値の81点から10.6点ほどばらついているのです。

数式で平均偏差を表すと、**図14**のようになります。

図11の身長データで平均偏差を計算するとグループ1は2.9cm、グループ2は6.3cmになり、グループ2のほうが平均的に中心から遠いところにある、つまり散らばり度合いが高いことが定量的にわかります。これはグラフで見た直感に沿う結果となります。

分散

平均偏差では、偏差を扱う際にマイナスの値をプラスに変えるために絶対値を使いました。しかしながら絶対値は数学的な取り扱いが難しいので注3、ほかの方法として値を2乗することが行われます。この、偏差を2乗で処理した散らばりの指標が、分散と標準偏差です。

まずは分散から見ていきましょう。分散の式を**図15**に示します。

平均偏差とほとんど同じ式で、違いは絶対値をとっていた部分が2乗になった点です。2乗をとるという処理がどのような効果をもたらしているかを**図16**で見てみましょう。

2乗するということは、偏差の長さを1辺と考えたときの正方形の面積と考えられます。よって**図17**のようにこの正方形の面積を平均したものが分散なのです。**図11**の身長データで分散を計算すると、グループ1は13.3cm^2、グループ2は62.8cm^{2}となり、やはりグループ2のほ

注3) なぜ絶対値が数学的に扱いにくいかについては本稿の範囲を超えるためここでは説明を省略します。

▼図13　偏差の絶対値をとった値を可視化

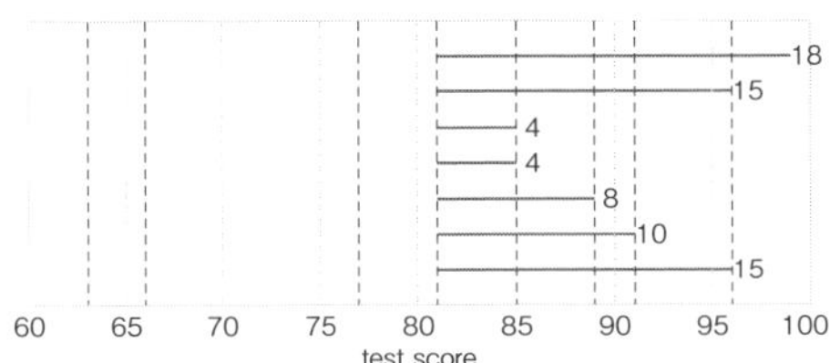

▼図14　平均偏差を計算するPythonコードと、実際の計算式

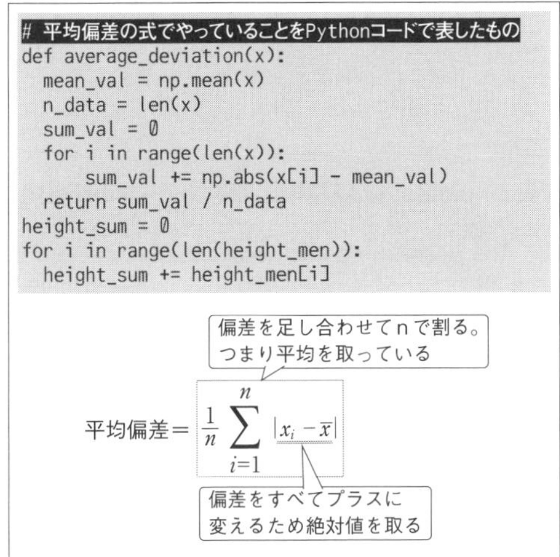

```
# 平均偏差の式でやっていることをPythonコードで表したもの
def average_deviation(x):
  mean_val = np.mean(x)
  n_data = len(x)
  sum_val = 0
  for i in range(len(x)):
      sum_val += np.abs(x[i] - mean_val)
  return sum_val / n_data
height_sum = 0
for i in range(len(height_men)):
  height_sum += height_men[i]
```


▼図15　分散を計算するPythonコードと、実際の計算式

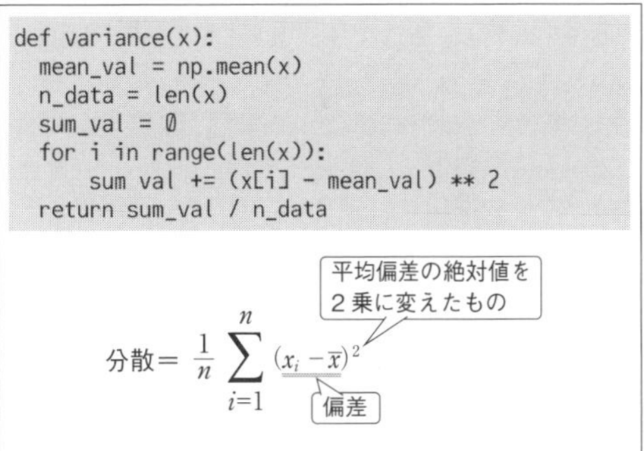

```
def variance(x):
  mean_val = np.mean(x)
  n_data = len(x)
  sum_val = 0
  for i in range(len(x)):
      sum_val += (x[i] - mean_val) ** 2
  return sum_val / n_data
```


▼図16　偏差の2乗を可視化

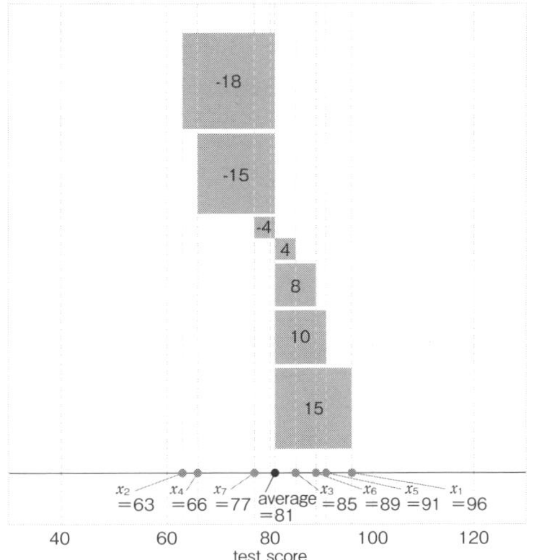

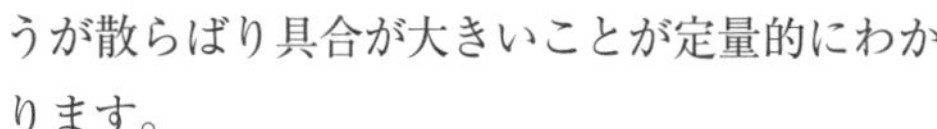

うが散らばり具合が大きいことが定量的にわかります。

しかし、この分散を解釈するときに1つ課題があります。2乗をしているため数値がかなり大きくなっており、元の単位と違うものになってしまっています注4。身長のデータに対して散らばり具合をcm^2のように面積で得られても、この数値自体で散らばり具合の大きさを直感的に理解できません。その問題を解決するのが、次項で解説する標準偏差です。

標準偏差

分散で求めた面積の平均の値は、**図18**で示すようにルートをとることで長さに戻すことができます。つまり分散にルートをとることで単位を元に戻すことができるのです。標準偏差の式（**図19**）は一見複雑そうな式ですが、このように1つずつ解きほぐしていくと直感的に理解ができるようになります。

注4）数値は大きくなっていますが、2乗しても前後関係は変わらないため、散らばり具合を比較するだけなら分散のままで定量的に測ることができます。

▼図17　分散の直感的理解

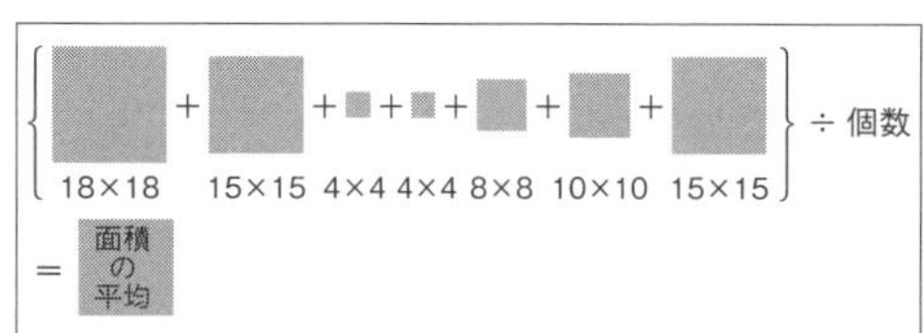

▼図18　ルートの操作の直感的意義

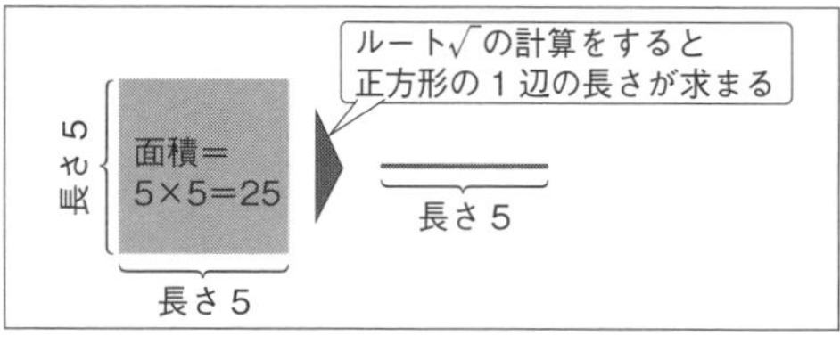

▼図19　標準偏差の式

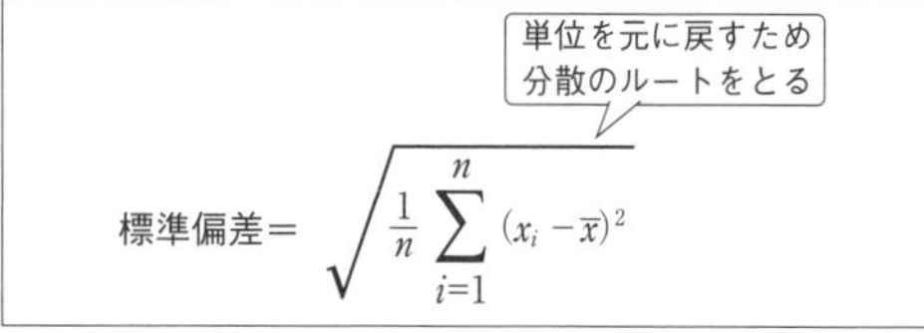

$$標準偏差 = \sqrt{\frac{1}{n}\sum_{i=1}^{n}(x_i - \bar{x})^2}$$

図11の身長データで分散を計算するとグループ1は3.6cm、グループ2は7.9cmとなります。標準偏差を用いることで、身長データと同じ単位で散らばりの具合を理解できます。**図20**のようにグラフに載せても横軸の単位が標準偏差と合うため、直感的に理解しやすいです。

pandasで統計値を一括算出してみよう

pandasのDataFrameで扱うデータについて、describe()を用いることで各種統計値が一括で簡単に計算できます（**リスト2**）。describe()による計算結果をまとめたものが**表3**です。デフォルトではcount（データ数）、mean（平均）、std（標準偏差）、min（最小値）、25%（第1四分位点）、50%（中央値）、75%（第3四分位点）が算出できます。**SD**

▼図20　身長データの分布と標準偏差

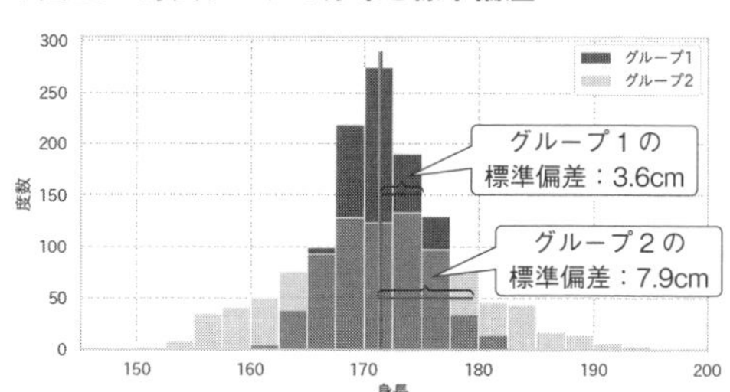

▼リスト2　pandasを用いた複数データの一括統計値算出

```
height_df = pd.DataFrame({"men": ↵
height_men, "women":height_women})
height_df.describe()
```

▼表3　pandasにより算出した身長データの統計値

	men	women
count	1000.000000	1000.000000
mean	171.409283	157.409554
std	5.583598	5.488843
min	157.374672	139.473176
25%	167.632105	153.853533
50%	171.231193	157.356507
75%	175.084984	161.109156
max	187.664545	175.292621

7-3 シミュレーションで学ぶ確率分布

統計学に欠かせない確率論を速習

Author 松井 健一（まつい けんいち）株式会社 Mobility Technologies、Kaggle Master
Twitter @kenmatsu4

7-2では、手持ちのデータを整理し、表現する記述統計を学びました。7-3からは、サンプルとして抽出した一部のデータを使って、調査対象の母集団について推測する手法を解説します。まず本稿では、母集団の推測に必要な確率の前提知識を、Pythonを使って実際にシミュレーションしながら解説していきます。

なぜ統計学に確率が必要なのか

7-2では、知りたい集団のデータをすべて持っているときに、データの特徴について知る記述統計の手法を見てきました。7-2で例に挙げた身長データの収集では、母集団は有限であるため、原理的には全数を集めることができます。しかし工場のラインで日々生産される製品などは数が増え続けることから、無限の母集団となり、こちらは全数集めることが不可能です。

そのようなときでも対象の集団の中から一部のデータのみを集めて、集団の特徴となる指標を算出することで、母集団の様子を知ることができます。検品のために一部の製品を抜き取り検査したり、日本全国の男性の身長を知るために調査対象をサンプリングしたりすることはその一例です（**図1**）。このように、抽出した一部のデータのことを標本と呼びます。ところが、標本から得られる特徴は母集団の特徴とは正確には一致しないため、ある程度の不確実性を伴います。

この不確実性の程度を確率を用いて表現することで、不確実性込みで集団の特徴を定量化できます。このように確率を用いて標本から母集団の特徴を推測することを推測統計といいます。本稿では7-4で扱う推測統計に必要な確率の知識を、道具として使えるようにイメージを持てるようにしたいと思います。

データ分析に欠かせない確率分布

標本から母集団の特性を推測する際は、母集団に対して、どのようなモデルが当てはめられるかを考慮することが重要です。本稿で解説する確率分布を用いることで母集団のモデル化ができます。現実世界で生み出されるデータは必ずしも確率分布で示されるきれいなモデルに沿っているとは限りませんが、どのモデルに近いのかを考えながら当てはめていくことでより良い推測をすることができます。

▼図1 標本抽出で母集団の特性を推測する

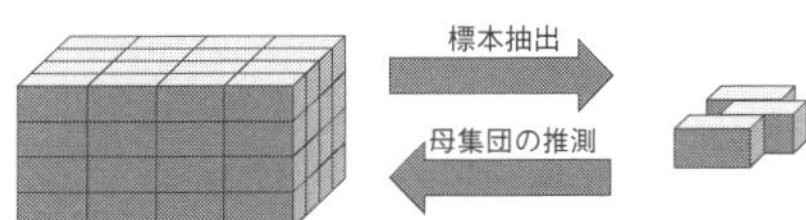

検品のために一部の製品を抜き取り検査

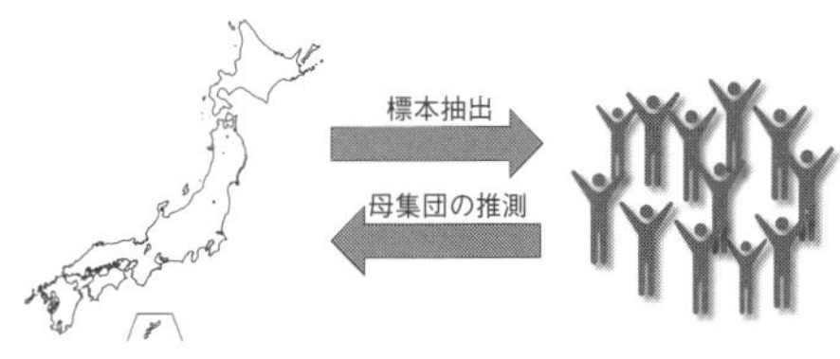

日本全国の男性の身長を知るために調査対象をサンプリング

本稿では確率分布の理論の詳細には立ち入らず、Pythonによる乱数シミュレーションを用いて実験的に確率分布を理解することを目指します。

ベルヌーイ分布

実行のたびに結果が確率的に変動し、成功・失敗のように2値であるものをベルヌーイ試行といい、その結果はベルヌーイ分布に従う、といいます。たとえば、コイン投げは投げるたびに結果が異なり、その結果は表が出る、裏が出る、のいずれかになるのでベルヌーイ試行といえます。

ベルヌーイ分布は成功確率pという1つのパラメータを持ちます。表が出る確率と裏が出る確率が同じであるコイン投げの場合は$p = 0.5$のベルヌーイ分布に従うことになります。

SciPyを使って、確率分布に従うデータの生成をシミュレーションしてみましょう(**図2**)。コイン投げの表を1、裏を0として、scipy.stats.bernoulli.rvs()の引数pに表が出る確率、引数sizeに試行回数を与えます。10回コイン投げを行い、表が6回、裏が4回という結果が出ています。

n_trial(実行回数)を10,000回に増やして実験してみると表が出た回数が4,991回、表の回数の比率は0.499となり、理論値$p = 0.5$に近い値が出ていることがわかります。

図2の実行例ではnp.random.seed()に定数を与えて実行しているため、毎回同じ結果が出ます。この行をコメントアウトすると毎回異なる結果が返されます注1。

▼図2　ベルヌーイ分布のシミュレーション例

```
import scipy
from collections import Counter
np.random.seed(71)
n_trial = 10
x = scipy.stats.bernoulli.rvs(p=0.5, size=n_trial)
print(f"10回のベルヌーイ試行の結果：{x}")
cnt = Counter(x)
print(f"表が出た回数{cnt[1]}、裏が出た回数{cnt[0]}")
```

```
10回のベルヌーイ試行の結果：[0 0 1 0 1 1 1 1 1 0]
表が出た回数6、裏が出た回数4
```

二項分布

フリースローが10回すべて成功する確率は？

ベルヌーイ試行を複数回実行したものを1セットと定め、1回のベルヌーイ試行である事象が起こることを成功とします。このとき、ベルヌーイ試行の複数回実行において、決められた実行回数のうち何回成功するかを表す確率分布を二項分布といいます。

たとえば、バスケットボールのフリースロー10回を1セットとする場合を考えます。対象のAさんは今までの記録からフリースロー1回の成功確率pは0.2だったとします。このとき、10回中0回成功する確率、1回成功する確率……、10回成功する確率、それぞれの確率がどれくらいであるかを、二項分布を使うことで知ることができます。**図3**に二項分布の式を示します。pは1回あたりの成功確率、nは1セットの試行回数、xは1セットの試行で成功した数です。今回のフリースローの例の場合、$n = 10$、$p = 0.2$でxには成功した数をセットするので、0から10の数を順番に与えてみましょう。

なお、**図3**の式の理論的な解説は本記事の範囲を超えるため取り扱いません。詳しく知りたい方は、統計学の教科書を参照してください。

論より証拠、Pythonで計算してみましょう(**図4**)。binomial()が**図3**の式と同じ計算をしていることに注目です。また、$x = 0$から$x = 10$までのすべての$P(x)$の値を足すと1になります。これは、10回のフリースローを実施したときに、0回の成功から10回の成功のうちどれか1つは

注1) コンピュータが扱う確率的な挙動は擬似乱数と呼ばれ、乱数生成アルゴリズムを用いて生成した結果を用いています。np.random.seed()に値を指定することでこのアルゴリズムを初期化できるため、これを同じ値に指定することで何度でも同じ挙動をさせることができます。逆に値を指定しないことで、実行のたびに異なる結果を返すこともできます。

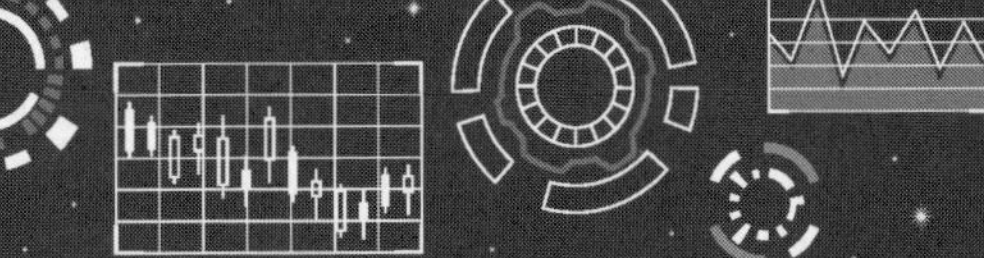

▼**図3　二項分布の式**

$$P(x, p, n) = \frac{n!}{x!(n-x)!}\ p^x(1-p)^{n-x}$$

▼**図4　二項分布を使って各値が出る確率を算出**

```
def binomial(x, p, n):
 return (math.factorial(n) /(math.factorial(x) * math.factorial(n - x))) * (p ** x) * (1 - p) ** (n - x)

n = 10
p = 0.2
binomial_prob = {}
for x in range(n + 1):
 binomial_prob[x] = binomial(x, p, n)

for x in range(n + 1):
 print(f"x:{x}, {binomial_prob[x]*100:.1f}%")
```

```
x:0, 10.7%
x:1, 26.8%
x:2, 30.2%
x:3, 20.1%
x:4, 8.8%
x:5, 2.6%
x:6, 0.6%
x:7, 0.1%
x:8, 0.0%
x:9, 0.0%
x:10, 0.0%
```

必ず発生するので、足し合わせると確率が100%になるためです。**図5**はこの成功回数ごとの確率をグラフにしたものです。

シミュレーションの結果から、10回すべて成功する確率はかなり低い（0.0%以下）ことがわかります。

図4では、Python標準のmathライブラリを使って二項分布の式を模して計算しましたが、SciPyで検算を行ったものが**図6**になります。前節でコイン投げのデータ生成に用いたscipy.stats.bernoulli.rvs()を**図6**でも使っています。二項分布はこのベルヌーイ分布に従うデータを複数回発生させて成功回数を数えるものですので、gen_bern_var()でscipy.stats.bernoulli.rvs()を複数回呼び出して二項分布に従うデータを生成しています。n = 10、p = 0.2をセットして、これを10,000回実行します。

確率分布の有用性

図6で計算結果としてグラフを出力させていますが、理論的な予測結果の**図5**と同じ結果になっていることがわかると思います。このように注目する現象にマッチした確率分布を選び、その数式を活用することで、実験をしなくても結果の予測ができることがわかります。コンピュータの性能が高い現代ではこのような10,000回の繰り返し実験を行うことも容易ですが、同じようなことを電卓で計算してノートに取る労力を考えると、確率分布の式を用いた予測がとても有用ということがわかると思います。

▼**図5　p=0.2、n=10の二項分布**

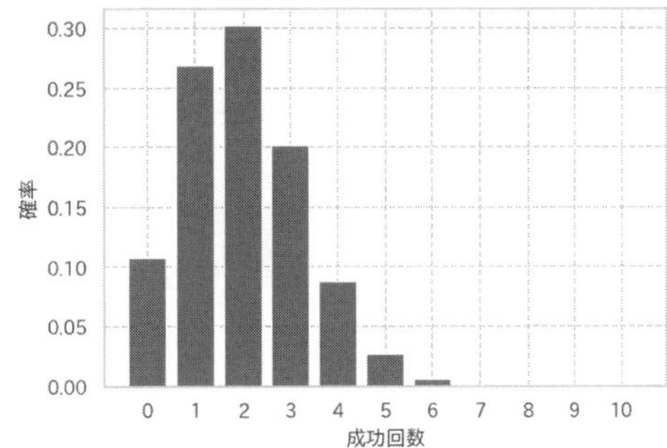

平均と標準偏差の算出

また、**図3**の式から平均と標準偏差を算出でき、平均はnp、標準偏差は$\sqrt{np(1-p)}$となります[注2]。今回のケースだと、平均 = np = 10 × 0.2 = 2、標準偏差 = $\sqrt{np(1-p)} = \sqrt{10 \times 0.2 \times 0.8}$ = 1.2649になります。**図6**でシミュレーションした結果の平均と標準偏差をデータから直接計算すると、平均 = 2.0099、標準偏差 = 1.2594と理論値とかなり近しい値が出ることがわかります。

図4、**図6**では理解のために自作関数を用いて二項分布の各値の確率を計算しましたが、SciPyのscipy.stats.binom.pmf()を用いて、`[binom.pmf(x, n=10, p=0.2) for x in`

注2)　二項分布の平均と標準偏差の理論的な求め方は本稿の範囲を超えるため省略します。

▼図6　二項分布のシミュレーション

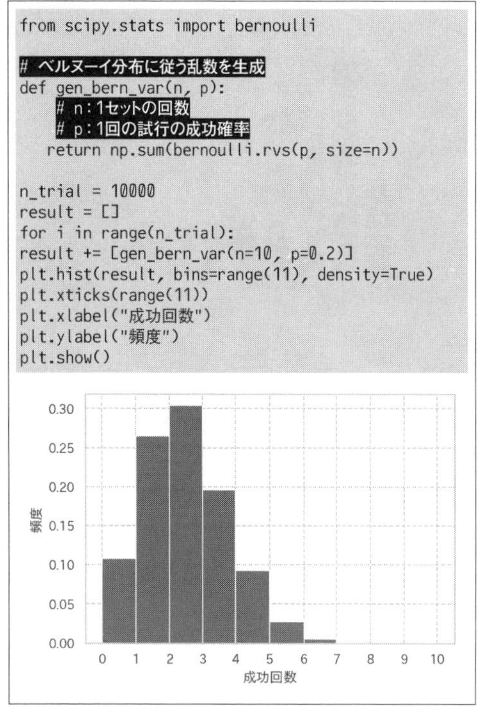

```
from scipy.stats import bernoulli

# ベルヌーイ分布に従う乱数を生成
def gen_bern_var(n, p):
    # n：1セットの回数
    # p：1回の試行の成功確率
   return np.sum(bernoulli.rvs(p, size=n))

n_trial = 10000
result = []
for i in range(n_trial):
result += [gen_bern_var(n=10, p=0.2)]
plt.hist(result, bins=range(11), density=True)
plt.xticks(range(11))
plt.xlabel("成功回数")
plt.ylabel("頻度")
plt.show()
```


range(11)]とすることで、簡単に二項分布の各値の確率を求めることができます。

大数の法則

前項では、確率分布のパラメータ（成功確率など）がわかっているときにどのようなデータが生成されるかを見てきました。しかし、実際は事前にパラメータがわかっていることは少なく、手持ちのデータからパラメータを推測することが多いでしょう。ベルヌーイ分布を例に、どのようにパラメータを推測すればいいかを考えていきたいと思います。

今、手元に形がひしゃげており、表と裏の出る確率がわからないコインがあったとしましょう。たくさんコインを投げて表の出る回数、裏の出る回数を記録し、表の比率＝表の出る回数÷投げた回数を計算することで表の出る確率が予測できそうです。**図7**はコイン投げ10万回分をシミュレーションするためのPythonコードと、その結果をグラフにしたものです。グラフを見ると、ひしゃげたコインの表の出る確率は0.6ではないかという仮説が思い浮かぶと思います。

▼図7　コイン投げを10万回実行した結果
（出力グラフは一部抜粋）

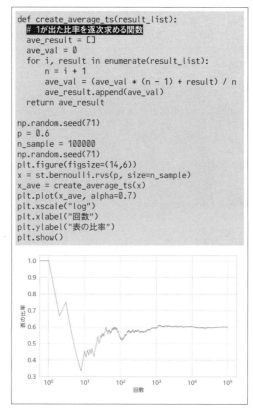

```
def create_average_ts(result_list):
  # 1が出た比率を逐次求める関数
  ave_result = []
  ave_val = 0
  for i, result in enumerate(result_list):
      n = i + 1
      ave_val = (ave_val * (n - 1) + result) / n
      ave_result.append(ave_val)
  return ave_result

np.random.seed(71)
p = 0.6
n_sample = 100000
np.random.seed(71)
plt.figure(figsize=(14,6))
x = st.bernoulli.rvs(p, size=n_sample)
x_ave = create_average_ts(x)
plt.plot(x_ave, alpha=0.7)
plt.xscale("log")
plt.xlabel("回数")
plt.ylabel("表の比率")
plt.show()
```

これを大数の法則といい、試行回数を増やせば増やすほど、実験結果の表の比率と真の表の確率pとの差がどんどん小さくなっていきます。**図8**にはこの10万回の試行を30セット行った結果を示します。何回やっても同じ値に近づいていくことが見てとれます。

正規分布

確率分布は無数に種類がありますが、その中で最も重要な確率分布が正規分布です。二項分布では、xは成功した回数を表していたため、xのとり得る値が整数でした。しかし、世の中には身長のデータのように小数の値、つまり連続

▼図8　10万回の試行を30セット行った結果

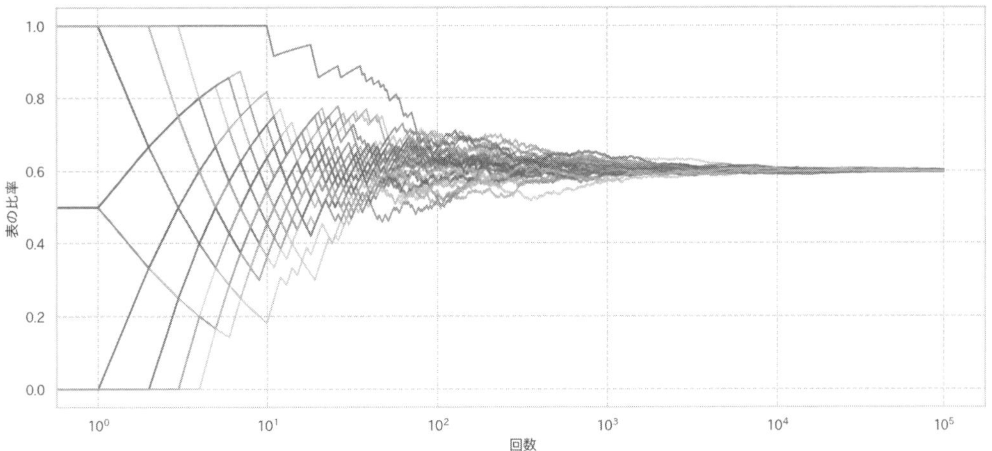

▼図9　確率密度関数と累積分布関数の関係

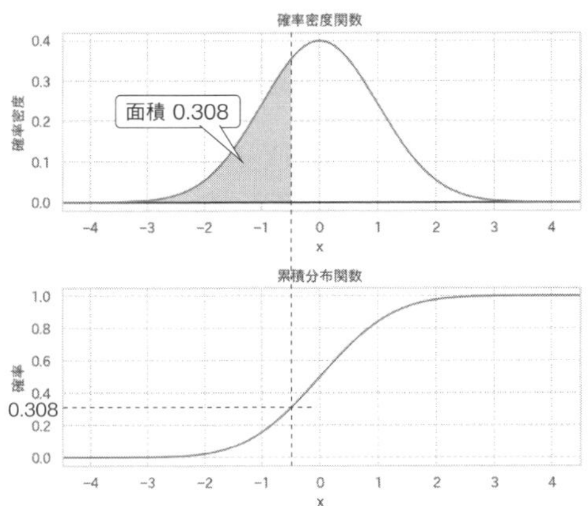

値をとるデータを扱う場面も多々あります。

本節から正規分布について説明しますが、連続値のxに関する確率といっても計算のイメージがしづらいため、先立って確率密度関数と累積分布関数について説明します。

確率密度関数：連続した値のデータを扱う

図9上段の曲線は確率密度関数の値をプロットしたものです。二項分布では各xの値に対して確率が割り当てられており棒グラフで表現されていましたが、確率密度関数では横軸xの値が連続値ですので、xの値ひとつひとつに確率の値を割り当てられません。そのため、xの値の範囲を定めてその間に入る確率を考えます。

図9のように、－0.5以下の値が発生する確率を求める場合は、その区間の確率密度（縦軸）とx（横軸）との間の面積が確率に相当します。

累積分布関数：確率を面積として求める

確率密度関数の面積を求めるには**図9**下段に示した累積分布関数を使うのが便利です。$x = -0.5$の場合の累積分布関数の値は0.308となっていますが、これは対応する確率密度関数のxが$-\infty$から$x = -0.5$までの面積の値と一致します。実際、確率密度関数を使う場合は$x = 0$から$x = 1$の間の確率、のようにxの範囲の最小値と最大値を指定して考えることも多いです。

$x = 0$から$x = 1$の範囲の例を**図10**に示しています。面積1を求めたい場合は、面積2（$x = -\infty$から$x = 1$までの面積、**図10**の2段め）から、面積3（$x = -\infty$から$x = 0$の面積、**図10**の3段め）を引くことで与えられ、累積分布関数の$x = 1$の値から$x = 0$の値を引くことでも計算できます（**図10**の4段め）。

確率密度関数の$x = -\infty$から$x = \infty$（つまりすべての面積）を合計すると1になります。累積分布関数のグラフを見ると、上限が1になっていることからもわかります。

▼図10　特定の範囲に入る確率を考える

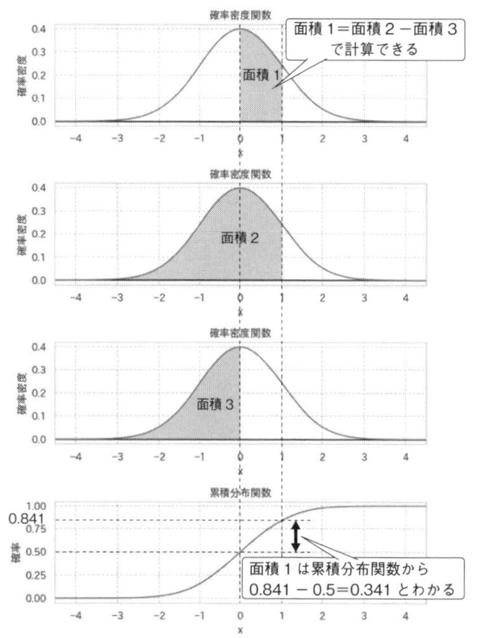

▼図11　正規分布の確率密度関数

$$P(x,\mu,\sigma)=\frac{1}{\sqrt{2\pi}\,\sigma}\exp\left(-\frac{(x-\mu)^2}{2\sigma^2}\right)$$

平均（μ）　標準偏差（σ）

正規分布をシミュレーションしてみよう

正規分布について見ていきましょう。**図11**に示した正規分布の確率密度関数の式を見ると、かなり複雑に見えますが、まずはPythonで計算ができることを目標にこの式を見ていきたいと思います。μはミューと読み、正規分布の平均を表すパラメータです。σはシグマと読み、正規分布の標準偏差を表すパラメータです。σは総和記号Σと同じ読みですが、σが小文字、Σが大文字表記になります。

図12に、**図11**の式を再現したPythonコードを示します。normal_distribution()が**図11**の計算を行う部分です。数式とコードの各パーツが対応しており、同じものを表していることを確認してみてください。np.piは円周率3.14……を表す定数です。

▼図12　平均5、標準偏差2の正規分布の確率密度関数

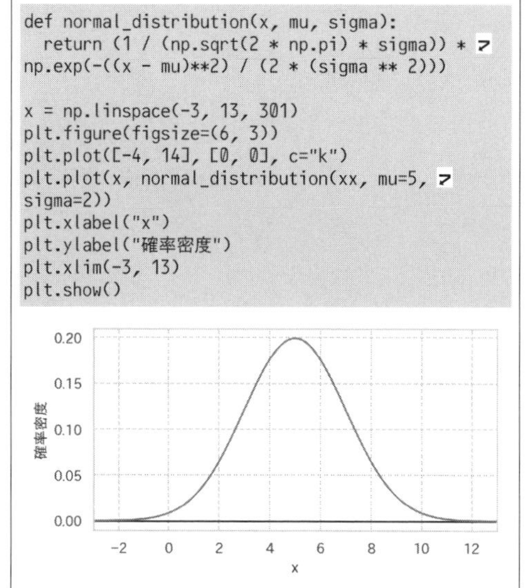

```
def normal_distribution(x, mu, sigma):
  return (1 / (np.sqrt(2 * np.pi) * sigma)) * np.exp(-((x - mu)**2) / (2 * (sigma ** 2)))

x = np.linspace(-3, 13, 301)
plt.figure(figsize=(6, 3))
plt.plot([-4, 14], [0, 0], c="k")
plt.plot(x, normal_distribution(xx, mu=5, sigma=2))
plt.xlabel("x")
plt.ylabel("確率密度")
plt.xlim(-3, 13)
plt.show()
```


▼図13　SciPyを使って正規分布の確率密度関数を描く

```
from scipy.stats import norm
x = np.linspace(-3, 13, 301)
plt.figure(figsize=(6, 3))
plt.plot([-4, 14], [0, 0], c="k")
plt.plot(x, norm.pdf(x, loc=5, scale=2))
plt.xlabel("x")
plt.ylabel("確率密度")
plt.xlim(-3, 13)
plt.show()
```

normal_distribution()に平均$\mu=5$、標準偏差$\sigma=2$というパラメータに対して、xの値を-3から13まで少しずつずらしたときの確率密度の各値を、曲線にプロットしたものが**図12**です。

正規分布の形状はつりがね型で、次のような特徴があります。

1. 平均μを中心に左右対称
2. 平均μを変えると左右に移動する
3. 標準偏差σを大きくすると平べったくなり、小さくするととがった形となる

図12では確率密度関数の計算を理解するために自作の関数を使いましたが、SciPyにも便利な関数があります。scipy.stats.norm.pdf()を

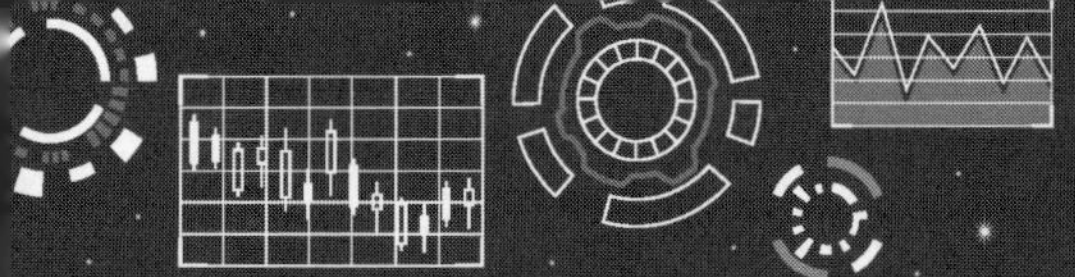

使うことで正規分布の確率密度関数を算出でき、scipy.stats.norm.cdf()で正規分布の累積密度関数を計算できます(**図13**)。pdfはprobability density functionの略、cdfはcumulative distribution functionの略です。

図13では平均を引数loc、標準偏差を引数scaleで渡しています。描画されるグラフは**図12**と同じものになります。**図10**で計算した面積、つまり指定した範囲の確率は**図14**のようにcdf関数を使って計算できます。

また、正規分布において、標準偏差を単位として範囲を指定したときにどれくらいの確率になるかを押さえておくと便利です。

標準偏差と正規分布における確率の関係について、**図15**にまとめました。平均μを中心に$\pm\sigma$の範囲の確率は0.6827、$\pm 2\sigma$の範囲の確率は0.9545、$\pm 3\sigma$の範囲の確率は0.9973です。

正規分布を仮定できるデータに対して標準偏差を入手できると、どのくらいの範囲にどれくらいのデータが集まっているかを簡単に理解できます。

コイン投げの結果を使った二項分布のシミュレーション結果は、1セットあたりの数が大きいときに正規分布で近似できる[注3]ので紹介します。前節で二項分布を紹介したときには、例としてパラメータを10回1セットとしていましたが、この1セットの回数をかなり大きくすることで、各値の出る確率を正規分布で近似できます。

実際にシミュレーションを行って確認してみましょう。**図16**では、1セットの

注3) 二項分布の代わりに正規分布を使っても、結果がほぼ同じになること。

▼図14　正規分布のx=0からx=1の範囲の確率を求める

```
prob2 = norm.cdf(x=1, loc=0, scale=1)
prob3 = norm.cdf(x=0, loc=0, scale=1)
prob1 = prob2 - prob3
print(f"確率1: {prob1: .3f}, 確率2: {prob2: ↵
.3f}, 確率3: {prob3: .3f}")
```

```
確率1:  0.341, 確率2:  0.841, 確率3:  0.500
```

▼図15　正規分布において、標準偏差を用いて範囲指定したときの確率

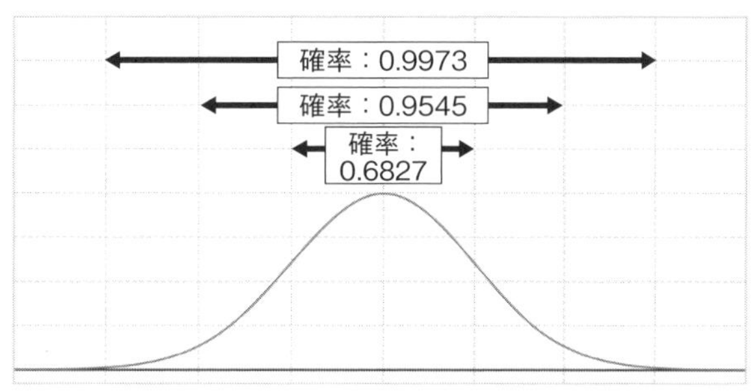

▼図16　正規分布を二項分布で近似するPythonコード

```
n = 10000
p = 0.2
trial_size = 100000

np.random.seed(71)
result = [gen_bern_var(n, p) for _ in range(trial_size)]
xx = np.arange(np.percentile(result, 0.01), ↵
np.percentile(result, 99.99))

plt.plot(xx, st.norm.pdf(xx, n * p, np.sqrt ↵
(n * p * (1 - p))), alpha=0.8, label="正規分布の確率密度")

plt.hist(result, density=True, bins=30, color=red, ↵
label="実験結果", alpha=0.7)

plt.legend(loc="best")
plt.xlabel("表の回数")
plt.show()
```

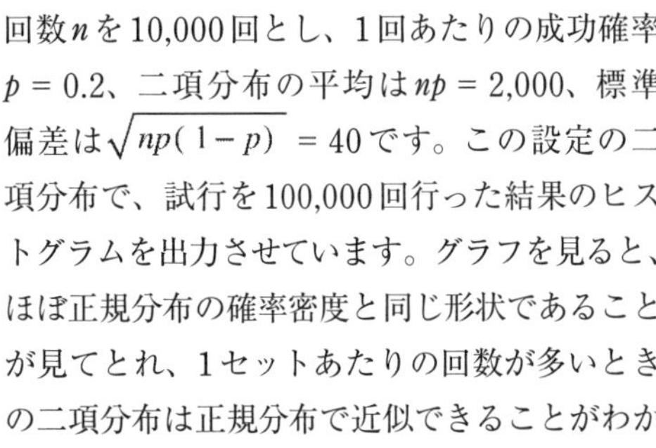

回数nを10,000回とし、1回あたりの成功確率$p=0.2$、二項分布の平均は$np=2{,}000$、標準偏差は$\sqrt{np(1-p)}=40$です。この設定の二項分布で、試行を100,000回行った結果のヒストグラムを出力させています。グラフを見ると、ほぼ正規分布の確率密度と同じ形状であることが見てとれ、1セットあたりの回数が多いときの二項分布は正規分布で近似できることがわかります。

標準正規分布

標準正規分布とは平均が0、標準偏差が1の場合に成り立つ、特別な正規分布のことをいいます。統計学ではこの標準正規分布を前提としたものがいくつもありますので、ここで紹介しておきます。

本記事の範囲外になりますが、さまざまな確率論の現象を数学的に扱うときに、この標準正規分布を用いて一般化した理論が構築されています。第5章で扱うカイ二乗分布なども、標準正規分布を利用して作られている分布です。

データの標準化

通常の正規分布は平均、標準偏差のように2つのパラメータがありました。この通常の正規分布に従うデータに標準化と呼ばれる処理をすることで、標準正規分布に従うように加工できるため、その過程を紹介します。

図17は、

・x1：平均171.4、標準偏差5.8の正規分布に

▼図17　正規分布に従うデータから定数を足し引きしたヒストグラム

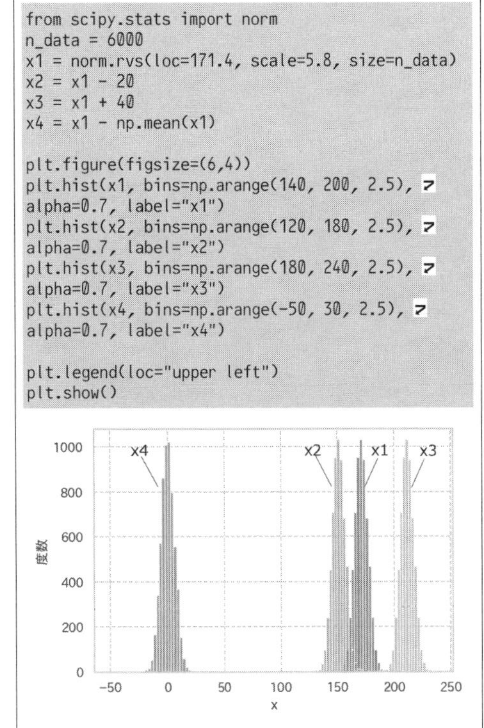

```
from scipy.stats import norm
n_data = 6000
x1 = norm.rvs(loc=171.4, scale=5.8, size=n_data)
x2 = x1 - 20
x3 = x1 + 40
x4 = x1 - np.mean(x1)

plt.figure(figsize=(6,4))
plt.hist(x1, bins=np.arange(140, 200, 2.5), ↩
alpha=0.7, label="x1")
plt.hist(x2, bins=np.arange(120, 180, 2.5), ↩
alpha=0.7, label="x2")
plt.hist(x3, bins=np.arange(180, 240, 2.5), ↩
alpha=0.7, label="x3")
plt.hist(x4, bins=np.arange(-50, 30, 2.5), ↩
alpha=0.7, label="x4")

plt.legend(loc="upper left")
plt.show()
```


▼図18　平均0の正規分布に定数をかけたデータを作成するコード（グラフ描画に関係する部分は省略）

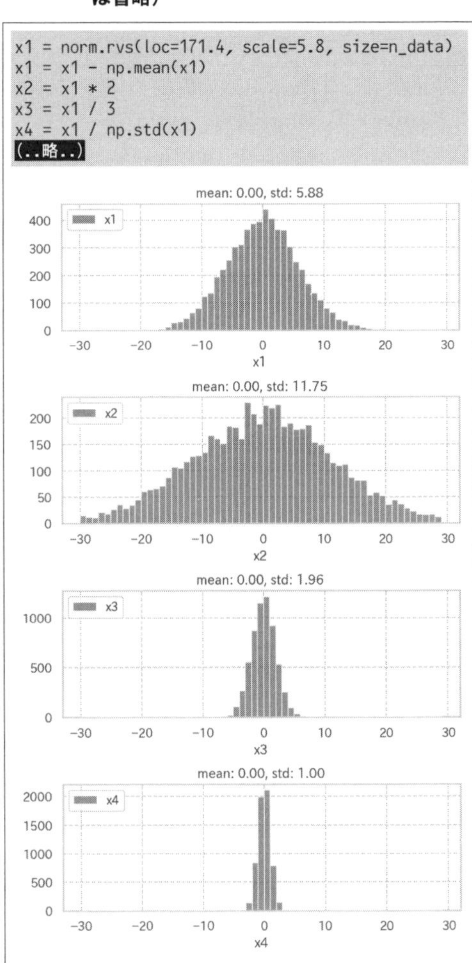

```
x1 = norm.rvs(loc=171.4, scale=5.8, size=n_data)
x1 = x1 - np.mean(x1)
x2 = x1 * 2
x3 = x1 / 3
x4 = x1 / np.std(x1)
(..略..)
```

従うデータ
・x2：x1から20を引いたもの
・x3：x1に40を足したもの
・x4：x1から平均の値171.4を引いたもの

のヒストグラムです。定数を引いたx2は左に、定数を足したx3は右に分布全体が移動していることが見てとれます。平均の値をすべて引いたx4は、平均（分布の中心）が0になっています。このように定数の足し引きで分布の位置が変化し、標準正規分布の特徴の1つである平均$\mu=0$は、通常の正規分布から平均を引くことで実現できることがわかりました。平均を引くことを数式で表現すると$x-\bar{x}$となります。

標準化した正規分布の挙動

次に、平均μが0になった正規分布に対して定数を掛けたり割ったりしたときの挙動を見ていきます。図18にその様子をヒストグラムにしました。各データは次のように計算したものです。

・x1：平均0、標準偏差5.8の正規分布に従うデータ
・x2：x1に対し、2を掛けたもの
・x3：x1を3で割ったもの
・x4：x1を標準偏差で割ったもの

定数を掛けると散らばりが大きくなり、定数で割ると散らばりが小さくなる様子がわかります。標準偏差も定数で割った分が反映されており、x1は標準偏差5.88ですが、それを3で割ったx3の標準偏差は5.88/3 = 1.96になっていることがわかります。x4はx1の標準偏差で割っているので、x4の標準偏差は1となりました。つまり、これは標準正規分布に従うデータとなったといえます。

x1の標準偏差をsとおくと、この操作を数式で$\frac{(x-\bar{x})}{s}$のように表せます。この$\frac{(x-\bar{x})}{s}$の操作を行い、平均を0、標準偏差を1に変換することを標準化と呼びます。SD

偏差値のしくみ

COLUMN

受験を経験したことのある方であれば、偏差値という用語はよく耳にしたのではないかと思います。この偏差値の計算には、7-2で紹介した標準偏差が活用されています。

偏差値がどのような計算式になっているのか、**図A**を見てみましょう。対象のデータは、あるテストを受けた人たち全員のテストの得点とします。x_iは今着目している人の得点、$\bar{x}$はこのテストを受けた全員の平均点です。今、偏差値を計算したい集団のデータはすべて手に入っている前提とします。そのため標準偏差sには$n-1$ではなく、nで割るほうの標準偏差を用います。

このとき、$z_i=(x_i-\bar{x})/s$はこれらを用いて標準化をした得点とみなせます。つまり平均点を取ると0となり、標準偏差1つ分平均より高い得点をとると1、1つ分平均より低い得点をとると−1です。その前提で**図A**の式を見ると、平均点を取ったときの偏差値50を基準に、平均点より標準偏差1つ分だけ良い点数を取ると偏差値60、標準偏差1つ分だけ悪い点数を取ると偏差値40となります。

たとえば、平均点が60点、標準偏差が20点だったときに80点を取ると偏差値60ですが、平均点が60点、標準偏差が5点の場合に80点を取ると偏差値90になり、偏差値が小さいときに平均点よりも大きく上回る得点を取ると、偏差値はかなり高い値となります。

▼図A　偏差値の計算式

$$z_i=\frac{(x_i-\bar{x})}{s}$$

sは、nで割るほうの標準偏差

偏差値 $=50+10\cdot z_i$

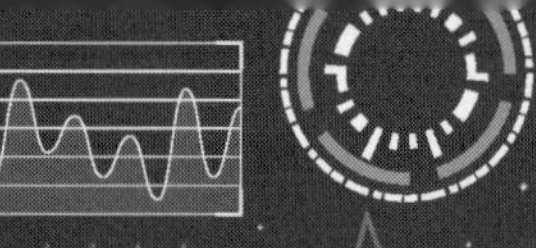
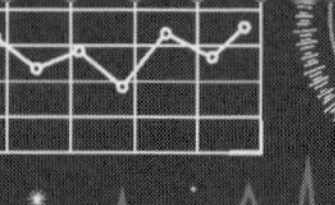

7-4 未知のデータを知るための推測統計

標本データを使った母集団の推定と信頼区間の考え方

Author 松井 健一（まつい けんいち）株式会社 Mobility Technologies、Kaggle Master
Twitter @kenmatsu4

7-2で統計データを記述する方法を学び、7-3で確率論の下地を作りました。続く7-4では、いよいよ推測統計について見ていきます。ランダムサンプリングを行うことの重要性を確かめたあとに、標本データから母集団の推測手法をシミュレーションします。信頼区間の考え方を活用し、1つの標本からの推測も試してみましょう。

ランダムサンプリングで母集団を推測する

7-3の冒頭で推測統計について触れましたが、7-4では7-3で準備した確率の知識を使って、実際に標本から母集団を推測する方法について解説します。

推測したい母集団の特徴としてよく使われるのは、母平均と母標準偏差（もしくはその2乗の母分散）で、この2つでデータの中心の位置と散らばり具合を推測できます。本記事では、おもに母平均の推測について扱います。

母集団の推測で重要なことは、ランダムサンプリングをすることです。ランダムサンプリングとは、母集団から標本を抜き出すときに、無作為に抜き出すことをいいます。つまり母集団の中の、どのデータも抜き出される確率が均等な状態にして抜き出すのです。

ランダムサンプリングの重要性を表現したものとして、「みそ汁の味見をするのに、鍋いっぱい全部飲む必要があるか」という数学者、秋山仁先生の有名な言葉があります。小皿で少々確認するだけでも、みそ汁の味は十分に確認できます。つまり、サンプリングしたもので十分全体を予測できることを比喩（ひゆ）しているのです。さらに、そのときに重要なのはみそ汁をよくかき混ぜておくことです。みそが沈んでしまっている状態で、みそ汁の上澄みを飲んでも薄い箇所に偏っており、みそ汁全体の味を表しているとは言えません。

このように標本による母集団の推測をする際は、ランダムサンプリングを行い母集団全体の小さなミニチュアを作ることが重要なのです。

図1は母集団データとして、5,000万人の日本人男性の身長を模したデータを作成するPythonコードです。この母集団データは手元に入手できていない前提で、ここから標本を抽出して母集団データをどれくらい精度よくとらえられるかを実験します。

図2は母集団データから、10個のデータからなる標本をランダムサンプリングした例です。ランダム化の手法としては、NumPyのnumpy.random.shuffle()を用いて添字リストをシャッフルしたあと、ほしい個数だけ先頭から取るという形で実装しています[注1]。

標本平均から母平均を推定する

図3は**図1**の母集団からサンプルサイズ100でランダムサンプリングした標本のヒストグラムです。サンプルサイズとは、標本に含まれるデータの数のことを指します。以降、母平均を

注1） サンプリングの効率を考えるともっと良いやり方がありますが、サンプリングのイメージをつかむためにこの方法で記述しています。

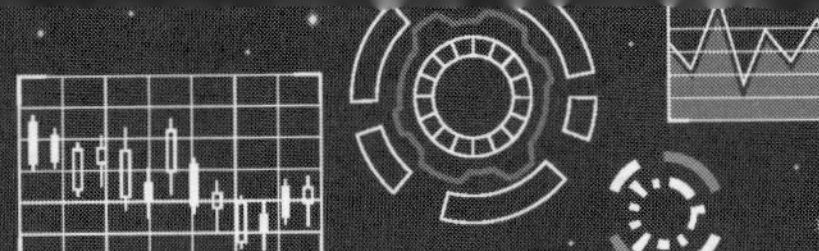

▼図1　5,000万人の身長データの母集団を生成する

```
n_data = 50000000

# 日本人男性5,000万人の身長を模したデータを生成。これを母集団とする
# 母平均 171.4cm, 母標準偏差 5.8cm
height_men = norm.rvs(loc=171.4, scale=5.8, ↵
size=n_data)
population_mean = np.mean(height_men)
population_std = np.std(height_men)
print(f"母平均: {population_mean:.1f}, ↵
母標準偏差: {population_std:.1f}")
```

```
母平均: 171.4, 母標準偏差: 5.8
```

▼図2　10個のデータからなる標本を抽出した例

```
# ランダムサンプリングするための添字をシャッフルして作る
index = np.arange(n_data)
np.random.shuffle(index)

# 試しに最初の10個を見てみる
print("ランダムサンプリング対象の添字：")
print(index[:10].tolist())

height_men_sampled = height_men[index[:10]]
print("ランダムサンプリングされた身長データ：")
print(height_men_sampled)
```

```
ランダムサンプリング対象の添字：
[828356, 46136347, 17344906, 34132860, ↵
48809383, 34778100, 43945431, 20780887, ↵
32401764, 46842498]
ランダムサンプリングされた身長データ：
[173.68608975 180.44404174 161.66773558 ↵
175.32291427 167.8998898
 166.79531723 176.93333008 169.00385705 ↵
171.8846459  165.51519627]
```

μ、母標準偏差をσで表し、標本の平均である標本平均を$\bar{x}$（エックスバーと読む）、標本標準偏差をsで表します。

標本平均と標本標準偏差の式を**図4**に示します。標本標準偏差の計算が標準偏差で用いたものと違い、ルートの中の分数の分母がnではなく$n-1$になっていることに注意しましょう。詳しくは本記事の範囲を超えるため解説を省略しますが、標本から母標準偏差σを推定するときは、この$n-1$を利用することで偏りなく推定できるようになります。

ここで注意すべきは、母集団のデータは手元になく、標本のみが手元にあるということです。よって母平均μと母標準偏差σは未知の値であり、標本平均$\bar{x}$と標本標準偏差sのみ計算して得ることができます。

正規分布に従うデータの平均は、これもまた正規分布に従うことが知られています。標本抽

▼図3　母集団からのサンプルサイズ100個の標本データのヒストグラム

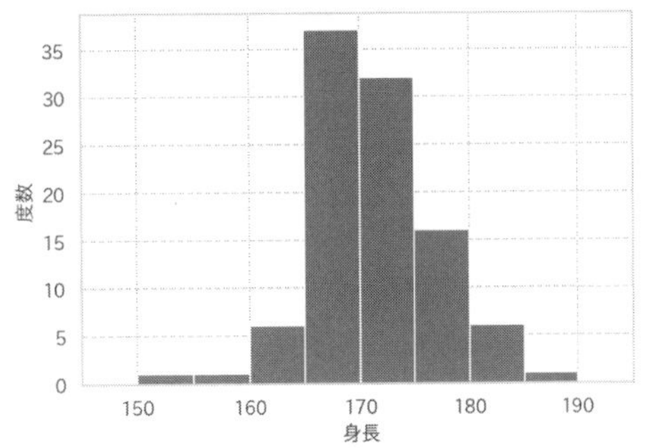

▼図4　標本平均、標本標準偏差の式

$$\bar{x} = \frac{1}{n}\sum_{i=1}^{n} x_i$$

$$s = \sqrt{\frac{1}{n-1}\sum_{i=1}^{n}(x_i - \bar{x})^2}$$

n：標本のサンプルサイズ

出のたびにランダムに違う標本が選ばれれば、それぞれの標本平均の値も異なり、その揺らぎが正規分布に従うのです。

図5はサンプルサイズ100の標本を9回ランダムサンプリングした結果のヒストグラムと、各平均の値を縦棒で示したものです。サンプルサイズが100だと、それぞれの標本平均の値はだいたい似通った値ではあるものの、少しブレがあることがわかると思います。

サンプリングの数を増やすとこの標本平均のブレがどうなるか見てみましょう。**図6**の中央左に位置するn_sample = 100のグラフが同様にサンプルサイズ100の標本を10,000回繰り返しサンプリングし、得られた標本平均のヒストグラムです。母集団の標準偏差が5.8ですから、それに比べてかなり狭い範囲で散らばっている、つまり標本平均の標準偏差が母標準偏差よりも小さくなっていることがわかります。

これは統計学の定理の1つで示されており、母集団の分布が正規分布で、平均がμ、標準偏差がσのときのランダムサンプル標本の標本平

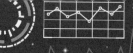

▼図5　サンプルサイズ100の標本を9回サンプリングするコードと、実行結果のヒストグラム

```
ncol = 3
nrow = 3
n_sample = 100

index_sampled = []
index = np.arange(n_data)
for i in tqdm(range(ncol * nrow)):
    np.random.shuffle(index)
    index_sampled.append(index[:n_sample].copy())

_, axes = plt.subplots(nrow, ncol, figsize=(nrow*4, ncol*3))

for i in range(nrow):
    for j in range(ncol):
        ax = axes[i, j]
        height_men_samplee = height_men[index_sampled[i*ncol+j]]
        m = np.mean(height_men_samplee)
        sns.distplot(height_men_samplee, hist=True, kde=True, rug=False,
                     color="g", ax=ax)
        ax.set_title(f"平均:{m:.3f}")
        ax.vlines(m, 0, ax.get_ylim()[1], "r")
        ax.set_xlim(150, 190)
plt.tight_layout()
plt.show()
```

平均:171.068　平均:171.543　平均:170.893
平均:171.121　平均:171.154　平均:171.397
平均:170.715　平均:172.117　平均:171.540

均 $\bar{x}$ は、平均が母集団と同じ μ、標準偏差が $\sigma/\sqrt{n}$ の正規分布に従うというものです。

この標準偏差の分母に $\sqrt{n}$ があることがポイントです。これにより n が大きいほど標本平均の標準偏差が小さくなり、散らばりが小さくなります。実際、この標本平均の標準偏差は0.582で、理論値 $\sigma/\sqrt{n} = 5.8/\sqrt{100} = 0.58$ とほぼ一致していることがわかります。

ちなみに混乱しやすい点として、標本自体の分布と、標本から計算される標本平均の分布は異なりますのでご注意ください。

図6ではサンプルサイズ10、50、100、500、1,000、5,000と6種類のパターンで実験しています。各パターンの標本平均の平均値は真の平均値の171.4に近く、また、標準偏差も理論値と近くなっています。また、サンプルサイズが大き

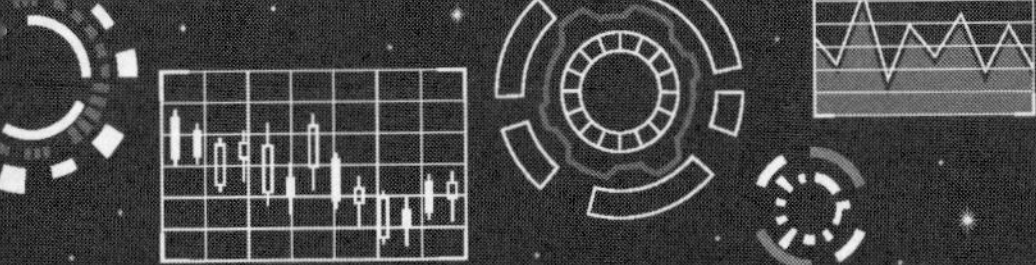

▼図6　サンプルサイズごとの標本平均の分布を求める

```
n_trial = 10000
n_sample_list = [10, 50, 100, 500, 1000, 5000]
mean_result = {}
for n_sample in tqdm(n_sample_list):
    np.random.shuffle(index)
    mean_result[n_sample] = []
    for i in range(n_trial):
        index_sampled = index[i*n_sample:(i+1)*n_sample]
        height_men_sampled = height_men[index_sampled]
        mean_result[n_sample].append(np.mean(height_men_sampled))

plt.figure(figsize=(10,7))
for i, n_sample in enumerate(n_sample_list):
    m = np.mean(mean_result[n_sample])
    s = np.std(mean_result[n_sample])
    plt.subplot(3, 2, i+1)
    res = plt.hist(mean_result[n_sample], bins=30, color="pink",
                   edgecolor='black', linewidth=0.1)
    plt.vlines(m, 0, np.max(res[0]), "r", lw=1)
    plt.title(f"n_sample={n_sample}, mean={m:0.3f} std={s:0.3f}")
    plt.xlim(165, 178)
plt.tight_layout()
plt.show()
```

n_sample=10, mean=171.399 std=1.832

n_sample=50, mean=171.395 std=0.827

n_sample=100, mean=171.398 std=0.582

n_sample=500, mean=171.400 std=0.258

n_sample=1000, mean=171.400 std=0.183

n_sample=5000, mean=171.400 std=0.083

ければ大きいほど小さくなり、平均の値の近くに集中して分布していることがわかります。つまり、サンプルサイズを大きくした標本平均の値は、母平均に非常に近くなる可能性が高いのです。

ここで1つ問題があります。標本平均の標準偏差$\sigma / \sqrt{n}$をあらかじめ知るために、未知の値である母標準偏差σを使ってしまっているのです。しかし、十分大きなサンプルサイズn（$n \geqq 30$）の標本を対象にするときは、σを標本標準偏差sに置き換えてもほぼ結果が変わらないことが知られています。そのため、十分なサンプルサイズがあれば標本から計算できる標本平均の標準偏差を用いて、標本平均の散らばり具合を推定できます。

図6ではいくつかの異なるサンプルサイズについて、標本平均の分布をグラフに描画しています。これらのヒストグラムは、理解のために10,000回サンプリングを繰り返して描いたグラフです。

実際に標本から母集団を推測するときは10,000回もサンプリングできず、基本的には1回の標本抽出となるでしょう。その場合、このヒストグラムのうちの1つのデータがその抽出に対応しており、このヒストグラムを構成する個々のデータのどれか1つに確率的に決まると考えてもよいでしょう注2。

その前提でもう一度**図6**を見てみると、サンプルサイズにより散らばる範囲が異なり、n_sample = 5000の場合は10,000回の標本抽出のどの結果も平均にかなり近いところにしか結果が現れておらず、1回の標本抽出でも十分に母平均の推定ができることがわかります。

次節では、このような範囲を定量的に考える方法を説明します。

信頼区間を使って母平均を推定する

前節では標本抽出を10,000回繰り返すことで、標本平均がどのように分布するかを見ました。ここからは、標本抽出を1回だけ行ったときにどのように母平均を推測すればいいか、信頼区間という概念を用いた方法を説明します。まず、信頼区間をどの程度の広さにするかを定めるため、信頼係数というものを定めます。これは今回は95%としますが、99%など、ほかの値を選ぶこともできます（この値が示す意味については後述します）。

標本平均$\bar{x}$は平均μ、サンプルサイズ$n \geqq 30$のときに標準偏差$s/\sqrt{n}$の正規分布に従うのでした。ここで、目的とする式を導き出すため、7-3（本誌p.210）の「標準正規分布」節で紹介したデータの標準化処理を行います。

まず$\bar{x}-\mu$を考えます。7-3の図17にて説明したように$\bar{x}$から定数μを引いているので、$\bar{x}-\mu$は平均0になります。定数を引いただけであれば標準偏差は変わらず、$s/\sqrt{n}$の正規分布に従うように変換されます。また、7-3の図18にて説明したように、$\bar{x}-\mu$を標準偏差で割った$(\bar{x}-\mu)/(s/\sqrt{n})$は標準偏差が1となります。

ここまでの計算で、$(\bar{x}-\mu)/(s/\sqrt{n})$は平均0、標準偏差1となり標準正規分布に従うことがわかりました。

標準正規分布の中心から信頼係数で指定した割合（今回は95%）までの領域を考えると、その領域の両端は**図7**で示すとおり±1.96になります。Pythonでこの両端の値を求める場合（**図8**）はscipy.statsのnorm.isfを使います。norm.isfは確率の値を渡すとそれに対応するzの値を返します。ここで言うzは$(\bar{x}-\mu)/(s/\sqrt{n})$と等しく、**図7**の横軸に相当します。つまり、得られたzの値より大きい区間に対する確率密度関数の面積が、引数に与える確率と一致します。下側2.5%に対応するzの値を求めるために0.975を引数にとると、1.96を返します。同様に、上側2.5%に対応するzの値を求めるために0.025を引数にとると、−1.96を返します。

整理すると、標準化された標本平均$\bar{x}$を表すzが、−1.96から1.96の範囲（つまり、±1.96の範囲）に入る確率が95%になるということです。

数式で書くと、

$$P(-1.96 < (\bar{x}-\mu)/(s/\sqrt{n}) < 1.96) = 0.95$$

注2）実際はこの結果は実現値のヒストグラムですので確率分布ではありませんが、標本平均が従う確率分布を十分近似できていることを表現しています。

▼図7　標準正規分布の95%区画

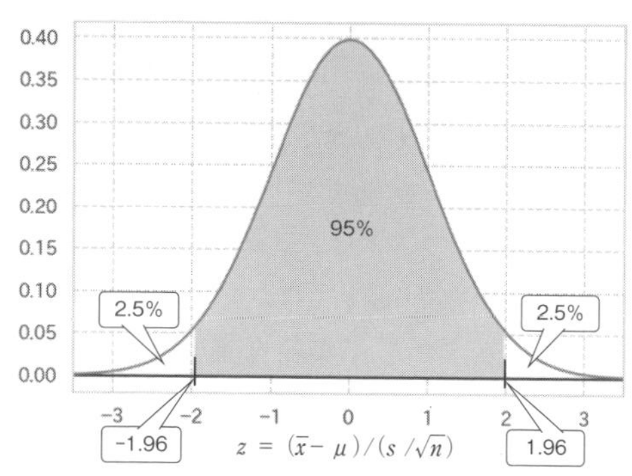

▼図8　標準正規分布の下側2.5%、上側2.5%点を求める

```
alpha = 0.05
z_025_1 = norm.isf(1-alpha/2, loc=0, scale=1)
z_025_2 = norm.isf(alpha/2, loc=0, scale=1)
print(f"z(下側2.5%): {z_025_1:.2f}, ↵
z(上側2.5%): {z_025_2:.2f}")
```

```
z(下側2.5%): -1.96, z(上側2.5%): 1.96
```

です（P(条件)はカッコ内の条件を満たす確率を返す関数）。この不等式は図9に示した式変形を行っても同じ条件を表していますので、適用すると、

$$P(\bar{x}-1.96s/\sqrt{n} < \mu < \bar{x}+1.96s/\sqrt{n}) = 0.95$$

になります。

標本から計算できる標本平均$\bar{x}$と標本標準偏差sは計算で求められますが、母平均μは未知の値でした。しかしこの式が表しているのは、母平均μが$\bar{x}-1.96s/\sqrt{n}$より大きく、$\bar{x}+1.96s/\sqrt{n}$未満の区間に入っている確率が95%であることを示しています。

未知の値である母平均μが、確率的な表現ではあるものの、どのあたりにあるか定量的に算出できることがわかります。

ここに現れているx、s、nはすべて計算可能で値がわかっているものですから、

$$P(171.07-1.96\times 5.47/\sqrt{100} < \mu < 171.07 + 1.96\times 5.47/\sqrt{100}) = 0.95$$
$$P(169.99 < \mu < 172.14) = 0.95$$

となり、区間を「169.99より大きく172.14未満」と定めた場合に、母平均がその中に入る確率は95%と言えることがわかります。この区間を母平均の95%信頼区間と言います。

この信頼区間の解釈を誤解して、「母平均自体が確率的に変動し、その変動範囲が95%の確率でこの区間である」としてしまうケースがありますが、実はそうではないのです。正しくは「算出した信頼区間が母平均を捕捉できる確率が95%」という解釈が正しいのです（これはのちほどシミュレーションで確認します）。

Pythonで計算したものを図10に示します。

ここではnumpy.std()を使って標準偏差を計算していますが、標本から母集団を推測しているため$n-1$で割るほうの標準偏差を用います。この場合引数ddofに1を設定すると$n-1$が表現できるのでそのようにしています。このddofはnから引く数値をセットしています。

これを実験で示すために標本を50回抽出して、それぞれの信頼区間をグラフにしたものが図11です。50本の横棒が、各標本から算出した95%信頼区間にあたります。中央の点線が母平均を表しており、今回は171.4でした。各信頼区間がこの母平均を含んでいるものがほとんどですが、少数の信頼区間は母平均を外しています。

また、50個の信頼区間のうち、母平均を範囲に含むものの比率を計算すると96%でした。これは理論的には95%であることからするとかなり理論に近い値となっていることがわかります。標本を10,000個まで増やすとさらに理論に近くなり、94.8%の信頼区間が母平均を含むようになります。

▼図10　サンプルサイズ100の1つの標本から95%信頼区間を計算

```
# サンプルサイズ100の標本を1つ取り出す
index = np.arange(len(height_men))
np.random.shuffle(index)
index_sampled = index[:100]
height_men_sampled = height_men[index_sampled]

# 95%信頼区間
alpha = 0.05
z_025 = norm.isf(alpha/2, loc=0, scale=1)
x_bar = np.mean(height_men_sampled)
x_std = np.std(height_men_sampled, ddof=1)
n = len(height_men_sampled)
lower = x_bar - z_025*(x_std/np.sqrt(n))
upper = x_bar + z_025*(x_std/np.sqrt(n))
print(f"下側境界: {lower: .3f}, 上側境界: ↵
{upper: .3f}")
```

```
標本平均：171.068, 標本標準偏差: 5.479
下側境界:  169.994, 上側境界:  172.141
```

▼図9　信頼区間の式変形

$$-1.96 < (\bar{x}-\mu)/(s/\sqrt{n}) < 1.96$$

各辺に $s/\sqrt{n}$ を掛ける

$$-1.96s/\sqrt{n} < \bar{x}-\mu < 1.96s/\sqrt{n}$$

各辺から $\bar{x}$ を引く

$$-\bar{x}-1.96s/\sqrt{n} < -\mu < -\bar{x}+1.96s/\sqrt{n}$$

各辺に－1をかけ、右側が大きくなるように並び替える

$$\bar{x}-1.96s/\sqrt{n} < \mu < \bar{x}+1.96s/\sqrt{n}$$

おわりに

7-2、7-3、7-4では数理的な解説を極力省き、Pythonコードによるシミュレーションを援用して、統計学のエッセンスを実験に基づいて理解することを目指しました。本記事で統計学の手法の感覚をつかんでいただけましたら、ぜひ統計学の入門書で理論と合わせて学んでいただければと思います。本稿がその入り口となりましたら幸いです。SD

▼図11　50回のサンプリングで各標本から95%信頼区間を求めるPythonコードと、実行結果のプロット

```
p.random.seed(71)
# 100個のデータからなる標本を50回取得する
n_sample = 100
n_trial = 50
index_sampled = []
index = np.arange(len(height_men))
for i in tqdm(np.arange(n_trial)):
    np.random.shuffle(index)
    index_sampled.append(index[:n_sample].copy())

alpha = 0.05
result = []
for i in range(n_trial):
    height_men_sample = height_men[index_sampled[i]]
    m = np.mean(height_men_sample)
    sd = np.std(height_men_sample, ddof=1)
    n = len(height_men_sample)

    # 信頼区間を計算
    lower = m - norm.isf(alpha/2) * (sd/np.sqrt(n))
    upper = m + norm.isf(alpha/2) * (sd/np.sqrt(n))

    result.append({"lower":lower, "upper":upper})

plt.figure(figsize=(14, 7))
n_inside = 0
for i, r in enumerate(result):
    plt.plot([r["lower"], r["upper"]], [i+1, i+1], "b")
    if r["lower"] <= population_mean and population_mean <= r["upper"]:
        n_inside += 1

plt.vlines(population_mean, 0, 52, color="k", linestyle="--", zorder=100)
plt.xlabel("身長")
print(f"capture ratio:{n_inside/n_trial:.4f}")
```

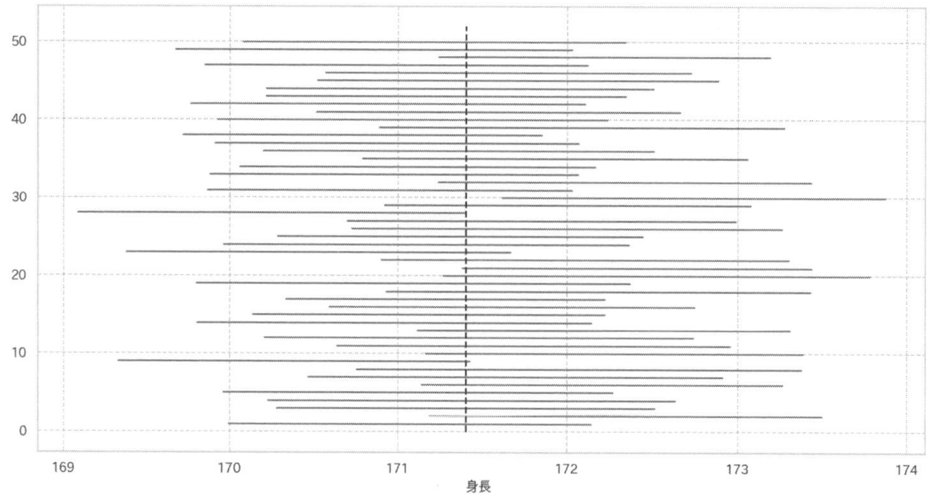

身近なテーマで理解する仮説検定

二項検定とχ^2検定で基本の考え方を学ぶ

Author 馬場 真哉（ばば しんや） URL https://logics-of-blue.com/

7-5では、統計的仮説検定（単に仮説検定や検定と呼ばれることもあります）の基本を解説します。まず二項検定を題材にして、統計的仮説検定の基本を解説します。最後にやや実践的な話題としてχ^2検定を取り上げます。本稿を通じて仮説検定の勘所と誤用を防ぐ基本的な考え方をお伝えします。

二項検定（母比率の検定）

最初に二項検定の解説をします。ここで説明される検定手法は、母比率の検定と呼ぶこともあります。仮説検定の中では、計算が簡単で理解がしやすい手法だと思います。

まずは二項検定の直観的な解説をして、のちほど仮説検定の詳細な解説に移ります。

二項検定を用いるシチュエーション

仮説検定は、データから何かの判断を下すサポートとして使います。二項検定はたとえば次のシチュエーションで使います。

- ガチャの当たり割合が2%と記載されている。100回ガチャを引いてもまったく当たらない。このガチャは不正をしており、当たり割合は2%よりも低いと判断するべきだろうか
- コインを100回投げたら、60回表だった。このコインは、表が出る確率が50%よりも大きいイカサマコインだと判断すべきだろうか

このように、二項検定は「データから計算された比率」と「ある特定の比率」に差があるかどうかを判断する手法です。

ガチャで学ぶ二項検定

ガチャの問題（図1）を事例として、二項検定を実行します。

有意差を判断する難しさ

仮説検定では「単なる差」ではなく「有意差」という言葉がしばしば使われます。有意差の有

▼図1　ガチャで学ぶ二項検定

無はどのようにして判断するのでしょうか。たとえば比率の差を計算してあげて「10%以上の差があるかどうか」を判断基準にする方法は簡単に適用できそうです。しかし、これには問題があります。

まず、今回の事例だとガチャの当たり割合が2%ですので、10%の差がある状況が「当たり割合がマイナス8%」という常識的にあり得ない値になります。また、「100回ガチャを引いたが、1回も当たらなかった」と「500回ガチャを引いたが、1回も当たらなかった」では、ともに当たり割合は0%ですが、意味合いが変わるはずです。単に比率の差の大きさで、有意差を判断することには無理がありそうです。

有意差と確率

仮説検定では確率を使って有意差の有無を判断します。「仮に○○だと想定したら」という仮定を置いて確率を計算します。

ガチャの問題の場合は「仮に、ガチャの当たり割合が本当に2%だとしたら」という仮定を置きます。そして「この仮定が正しいときに、100回ガチャを回して一度も当たらない確率」を計算します。この確率がたとえば5%よりも小さいならば、有意差ありと判断します。

それでは「ガチャの本当の当たり割合が2%であると仮定して、“100回引いて1回も当たりが出ない”という結果になる確率」を計算しましょう。高校までの確率の知識で計算できます。

まず「1回引いてはずれる確率」を計算します。当たり割合が0.02ですので、はずれ割合は1 − 0.02 = 0.98です。98%ですね。続いて「98%で失敗するガチャを、100回引いてすべてはずれる確率」を計算します。たとえば2回引いて2回ともはずれになる確率は0.98 × 0.98で計算できます。100回引いて100回ともはずれになる確率は0.98を100回掛け合わせる、すなわち0.98の100乗として計算され、およそ0.133となります。

ガチャの本当の当たり割合が2%だと仮定すると「100回ガチャを引いても、1回も当たらない」という結果には、およそ13%の確率でなるわけです。13%というのはなかなか高い確率ですね。全部はずれというのは、珍しい結果ではなさそうです。この結果から「ガチャの当たり割合が2%より有意に小さいとは言えない」と判断することになります。

Pythonで実装する二項検定

Pythonで実行します。本稿では、PythonをJupyter Notebookで実行した結果を載せています。なお**は累乗の演算子です。手計算と同じ結果になることを確認してください。

▼二項検定の初歩

```
p_value_1 = (1 - 0.02) ** 100
round(p_value_1, 3)
```

```
0.133
```

なお、scipyライブラリのstatsモジュールを使うこともできます。二項検定を行うためのstats.binom_test関数が用意されているのでそれを使います。引数には当たりが出た回数x、ガチャを引いた回数n、比較対象となる比率pを指定します。最後の`alternative = 'less'`は、ガチャの当たり割合が2%よりも“小さい”かどうかを調べることを目的にしているのでlessを指定したと考えてください。

▼ライブラリを使った二項検定

```
# ライブラリの読み込み
from scipy import stats
# 関数を使って二項検定を実行する
p_value_2 = stats.binom_test(
    x=0, n=100, p=0.02,
    alternative='less')
# 結果の出力
round(p_value_2, 3)
```

```
0.133
```

 コイン投げで学ぶ二項検定

続いて「コインを100回投げたら、60回表だった。このコインは、表が出る確率が50%よりも大きいイカサマコインだと判断すべきか」と

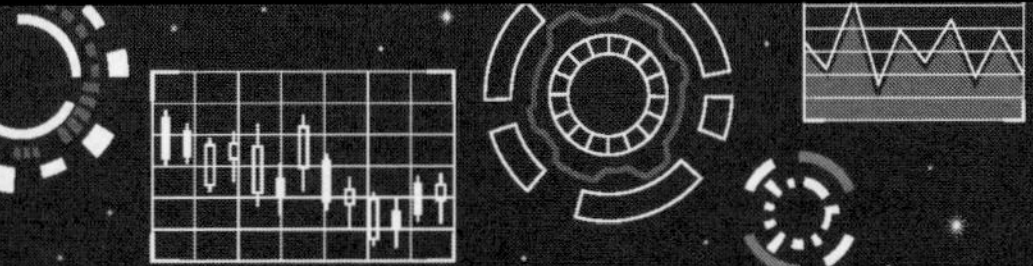

いう問題を例にして、二項検定を実行します。

コイン投げと二項分布

コイン投げを対象としても、方針は変わりません。まずは「仮にコインが正しいコイン（表になる割合が50%）だったとしたら」と仮定します。そのうえで「100回投げて、60回以上が表になる確率」を計算します。

ガチャ問題との違いは、確率の計算が複雑になったことです。「60回以上が表になる確率」を得るためには、表が60回、61回……100回出る確率を計算して合計します。この計算は簡単ではありませんね。そこで二項分布と呼ばれる確率分布を使うことにします。

二項分布の確率質量関数は次のとおりです。ただしkは成功回数、nは試行回数、pは成功確率です。

$$Binom(k|n,p) = {}_{n}C_{k} \cdot p^{k} \cdot (1-p)^{n-k}$$

二項分布の詳細な解説は、章末の参考文献などに譲ります。確率質量関数は、値を入力すると、確率がすぐに計算される関数です。たとえば$k = 60,\ n = 100,\ p = 0.5$を代入すると「表が出る確率が50%のコインを100回投げたとき、60回の表が出る確率」が計算できます。ちなみに$k = 0,\ n = 100,\ p = 0.02$を代入すると、ガチャ問題の確率が計算できます。

二項分布の確率質量関数を使って、$n = 100,\ p = 0.5$のとき、$k = 60,\ 61,\ \cdots\cdots,\ 100$まで変化させます。こうして表が60回、61回……、100回出る確率を計算し、これを合計します。こうすることで「正しいコインを投げたとき、100回中、表が60回以上出る確率」がわかるという寸法です。この確率がたとえば5%よりも小さいならば、有意差ありと判断します。

Pythonで実装する二項検定

先の確率を手計算するのは大変ですが、Pythonを使えば簡単に結果が得られます。

二項分布に関する計算は、stats.binomを使います。$n = 100,\ p = 0.5$のときkが60以上となる確率を計算する際はsf関数を使います。なお$k = 60 - 1$と指定することに注意してください。$k = 60$にすると「kが61以上」となる確率を計算してしまいます。

▼二項分布を使った確率計算

```
p_value_3 = stats.binom.sf(
    k=60-1, n=100, p=0.5)
round(p_value_3, 3)
```

```
0.028
```

ガチャの問題と同様にstats.binom_test関数を使うこともできます。今回は表が出る確率が50%よりも“大きい”かどうかを調べるため`alternative='greater'`と指定します。

▼binom_test関数による検定

```
p_value_4 = stats.binom_test(
    x=60, n=100, p=0.5,
    alternative='greater')
round(p_value_4, 3)
```

```
0.028
```

結果として「仮にコインが正しいコインだったとしたら、100回投げて、60回以上が表になる確率は、およそ2.8%である」と計算されました。この確率が5%よりも低いため、今回は有意差ありと判断できそうです。

仮説検定では、確率を使って判断を下すことを覚えておいてください。

 二項検定で学ぶ仮説検定の基礎

続いて仮説検定にまつわる用語と、仮説検定のしくみを解説しつつ、今までの作業手順を振り返ります。

帰無仮説と対立仮説

仮説検定では帰無仮説と対立仮説という言葉が登場します。仮説検定の種類や仮説検定の目的設定によって仮説は変わります。ガチャの例では次のようになります。

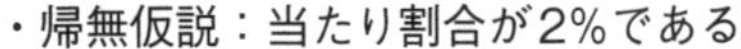

・帰無仮説：当たり割合が2%である
・対立仮説：当たり割合は2%より小さい

コイン投げの例では次のようになります。

・帰無仮説：表が出る割合は50%である
・対立仮説：表が出る割合は50%より大きい

帰無仮説が棄却されれば、対立仮説を採択します。帰無仮説を棄却することで、有意差があると主張する流れです。

検定統計量

帰無仮説を棄却するかどうかを判断する際に使われるのが検定統計量です。仮説検定の種類によって検定統計量は変わります。

今回のような単純な二項検定の場合、検定統計量をわざわざ明示することは少ないです。あえて言えば、「成功した回数」となるでしょう。ガチャの例では0回で、コイン投げの例では60回ですね。

検定統計量が従う確率分布とp値

帰無仮説などいくつかの前提条件が満たされていると仮定したうえで、データから計算される検定統計量が従う確率分布を理論的に求めます。この確率分布に基づいてp値と呼ばれる確率を計算します。

二項検定の場合、検定統計量（すなわち成功回数）は二項分布という確率分布に従うと考えられるのでした。そのため二項分布を使ってp値を計算します。

ガチャの事例を見ます。手持ちのデータから計算された検定統計量は0回でした。このとき「帰無仮説が正しいと仮定する。100回ガチャを引いたとき、検定統計量（成功回数）が0以下になる確率」としてp値を計算します。

コイン投げの事例を見ます。手持ちのデータから計算された検定統計量は60回でした。このとき「帰無仮説が正しいと仮定する。100回コインを投げたとき、検定統計量（成功回数）が60以上になる確率」としてp値を計算します。

有意水準

有意水準は、帰無仮説を棄却するかどうかを判断するp値の基準となります。たとえば有意水準を5%と定めたならば「p値が5%よりも小さければ、帰無仮説を棄却する」と決めたことになります。今までのガチャやコイン投げの事例では、有意水準を5%と定めたうえで、仮説検定を実行していました。

なお、伝統的に有意水準は5%となることが多いです。しかし、5%という数値に深い意味はありません。分野によっては1%などほかの数値が推奨されることもあります。ただし「p値を計算したらぎりぎり5%を上回っていた。有意差がほしいので、有意水準を10%だったことにして、無理やり帰無仮説を棄却しよう」とするのは反則です。有意水準は、仮説検定を行う前に決める必要があります。

これで、仮説を立てて、検定統計量とその確率分布を求め、そこからp値を計算し、有意水準とp値の大小を比較して有意差があるかどうかを判断するという一連の流れがつながったかと思います。

検定結果の解釈について

仮説検定の結果を解釈するにあたって重要な用語「第一種の誤り」と「第二種の誤り」を紹介します。第一種の誤りとは「帰無仮説が正しいにもかかわらず、間違って帰無仮説を棄却してしまう」という失敗のことです。第二種の誤りとは「帰無仮説が正しくないにもかかわらず、間違って帰無仮説を採択してしまう」という失敗のことです。

p値と有意水準を比較することで、帰無仮説を棄却するかどうかの判断を下しました。ここで「p値が有意水準よりも小さいので帰無仮説を棄却する」ことはできるのですが、「p値が有意水準よりも大きいので帰無仮説を採択する」ことはできないことに注意が必要です。「仮説を棄却しない」ことと「仮説を積極的に支持する」

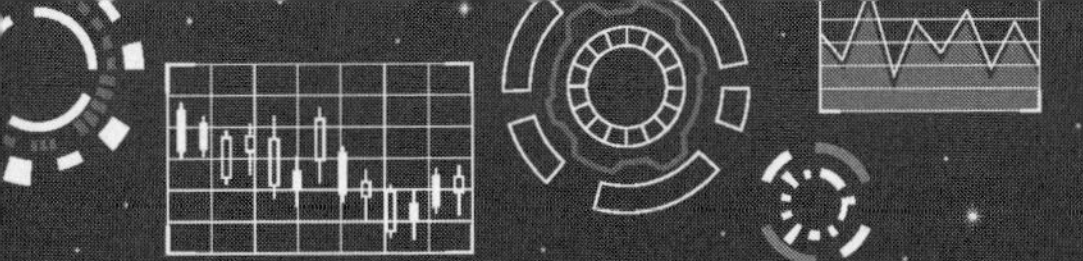

ことは異なるわけです。

p値が有意水準よりも大きい場合は「帰無仮説が棄却できなかった」や「有意差があるとは言えない」というように結果を報告します。「帰無仮説が正しいとわかった」や「差がないことがわかった」と主張するのは間違いです。p値が有意水準を上回った場合には、判断を保留します。この点には注意してください。

発展事項を学ぶ

今まで解説してこなかった話題に触れます。

片側検定・両側検定

ガチャの事例では「当たり率が2%よりも“小さいか”」を検討しました。コイン投げの事例では「表が出る割合が50%よりも“大きいか”」を検討しました。小さい・大きいという方向性がある点に注目してください。このような立場の検定を片側検定と呼びます。

一方で「当たり率が2%と“異なるか”」というように、小さい・大きいという方向性がない検定を両側検定と呼びます。両側検定では“小さいと言える場合”と“大きいと言える場合”の2パターンを検討します。p値は片側検定よりも大きくなることに注意してください。

Pythonで両側検定を実行する場合はstats.binom_test関数において`alternative ='two-sided'`と指定します。コイン投げの事例でこれを実行するとp値は0.057となります。コイン投げの事例では、片側検定だと有意水準5%で帰無仮説が棄却され、両側検定だと棄却されないことになります。なお両側検定を使ってp値がぎりぎり5%を上回ったときに「有意差が出ないのはさみしいので、やっぱり片側検定にします」と途中で変えてはいけません。仮説検定は目的があって実行するものです。目的に合わせて片側か両側かを決めてください。

仮説検定全般に言えることですが「ほしい結果が出るまで検定手法をいじくる」というのは避けてください。このようなズルをpハッキングと呼びます。

統計モデル

コイン投げの例を対象にして統計モデルという重要な用語を紹介します。

p値を計算するために、検定統計量の従う確率分布を使いました。二項検定の場合は二項分布ですね。

検定統計量の従う確率分布を実験によって評価することもできます。「絶対にイカサマではないコインを用意して、それを100回投げて、表が出た回数を数える」という実験を何度も何度も繰り返すのです。そして「たくさん行われた実験のうち、表が出る回数が60回を超えたのは2.8%だけだった」という結果からp値は2.8%と見積もります。

この実験をするにはとても手間がかかりますね。その手間を省けるのが二項分布という便利な確率分布なのです。

ここで重要なことは「絶対にイカサマではないコインを用意して、それを100回投げて、表が出た回数を数える」という現実世界の実験を、二項分布の確率質量関数という数式で表現しているということです。現実世界を表現した「模型」をモデルと呼びます。今回の事例のようなモデルは統計モデルと呼びます。

二項検定では、ガチャの問題にせよ、コイン投げの問題にせよ、この問題を二項分布という数式で表現するという、統計モデルが背後に隠れているのです。この統計モデルを活用してp値を計算していることに注意してください。

仮説検定の注意点

仮説検定を使う際の注意点（**図2**）を簡単に述べます。

統計モデルと現実の整合性について

仮説検定の背後には、統計モデルが存在します。統計モデルを使ってp値を計算していることを意識しておきましょう。というのも、現実

▼図2　仮説検定の注意点

とかけ離れた統計モデルを使うと、想定と異なるp値が計算され、判断の手続きの妥当性が損なわれることがあるからです。

たとえばあるガチャが「はずれが出た人は、はずれが続きやすい。当たりが出た人は、当たりが続きやすい」という仕様になっていたとしましょう。このガチャの場合「はずれが出た人は、はずれが続きやすい」ので「100回ガチャを回したが、まったく当たりが出なかった」という人は、素朴な二項分布の想定よりも増えるはずです。この場合、素朴な二項分布を使った統計モデルによってp値を計算することには問題があるでしょう。

p値と統計モデルは切っても切り離せない関係にあります。文献[5]を引用すると、p値は次のように解釈されます。

おおざっぱにいうと、P値とは特定の統計モデルのもとで、データの統計的要約（たとえば、2グループ比較での標本平均の差）が観察された値と等しいか、それよりも極端な値をとる確率である。

今回は平均値の差の検定は取り上げませんが、この考え方は参考になると思います。

統計モデルと、対象としているデータが対応しているかどうかを吟味するのが大切です。現実世界を表した模型を使っていると信じていたら、本物とは似ても似つかない模型だった、では困るわけです。この場合、p値の解釈が困難になります。二項検定を実行する際「二項分布を使うことにします」とサラッと記載しました。しかし本来は、この方法で良いかよく吟味する必要があるということです。

今回のレベルを超えますが、複雑な状況でも実行できる分析手法が提案されています。それを使うことも検討しましょう。statsmodelsというライブラリなどには、複雑な分析手法を実行するための機能が備わっています。あるいは単純な統計モデルが適用できるように、データの取得のしかたを工夫することもあります。

p値を過剰に信じ過ぎない

p値“だけ”を信じて判断を下すのは避けましょう。総合的な判断を下すのが大切です。

小さなp値が得られたという理由で、重大な結果が明らかになったと判断するのは速断です。極端な話ですが「コインを1億回投げたら、5,001万回表だった。このコインは、表が出る確率が50%よりも大きいイカサマコインだと判断すべきだろうか」という問題があったとします。データから計算される成功確率は50.01%です。しかし、5%有意水準で帰無仮説は棄却されます。

コイン投げのような架空の問題ではなく、現実世界をより良く改善したいという状況を想像してください。成功確率が50%か50.01%かの違いは、現実世界においてどれほど重大な意味を持つ差異だと言えるでしょうか。

仮説検定はあらかじめ標本の大きさを決めてからデータを取得するのが望ましいという意見もあります。たとえば「コインを100回投げよう」

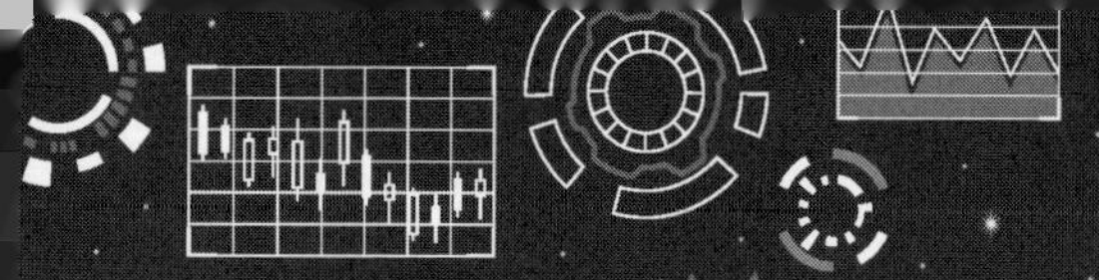

▼図3　A/Bテストで学ぶχ^2検定

240人中、80人が申込み

80人中、40人が申込み

とあらかじめ回数を決めておきます。やや高度な話題ですが、どのくらいの大きさの標本が必要かを決める理論もあるため、それを活用する方法もあります。

少なくとも、単にp値の結果だけを載せる、あるいは帰無仮説が棄却されたかどうかだけを載せるという結果の提示のしかたは避けたほうが良いと思います。グラフや、データが取得された状況なども提示すると良いですね。仮説検定の結果は、判断をサポートする一助に過ぎないことに留意しましょう。

χ^2検定（独立性の検定）

続いて実践的な話題として分割表に対するχ^2検定（カイ二乗検定）を取り上げます。この検定は独立性の検定と呼ぶこともあります。

ここではA/Bテストの事例を対象とします。Web担当者が「申込み」ボタンの形状を、丸形にするか四角形にするかで迷っているとします。どちらの形にするかを判断するのに、仮説検定を援用します（**図3**）。

分割表の使いどき

χ^2検定の解説の前に、分割表によるデータの集計について簡単に解説します。

集計結果に基づく誤った判断の例

分割表を使わず「ボタンの種類別の申込み数」だけでボタンの良し悪しを評価することは危険です。たとえば**表1**の集計結果では、丸形のボタンのほうが、申込み数が多いように見えます。なお、表の数値の単位は「人」です。

しかし、このような集計では「Webページに来たものの、申込まなかった人の数」のデータが存在しないという課題があります。

分割表を使った評価

表2のように、分割表を使って集計すると、印象が変わります。これを見ると、丸形のボタンは「Webページに来た人の中で、申込みをした人の割合」がおよそ33%しかありません。一方の四角形のボタンだと50%の人が申込みをしています。ボタンの形状が、（Webページの集客数などには影響せず）申込みの有無だけに影響を及ぼすならば、丸形よりもむしろ四角形

▼表1　ボタンの形状別の申込み数

	丸形	四角形	合計
申込み数	80	40	120

▼表2　ボタンの形状・申込みの有無の分割表

	丸形	四角形	合計
非申込み数	160	40	200
申込み数	80	40	120
合計	240	80	320

▼表3　期待度数の分割表

	丸形	四角形	合計
非申込み数	150	50	200
申込み数	90	30	120
合計	240	80	320

のボタンのほうが好ましいと言えるでしょう。

単なる申込み数の集計値を見るだけでは「たまたまWebページを閲覧していた人が多かった」という理由で申込み数が増えたのか「ボタンの形状で申込み率が増加した」のか判別できません。これをしっかり判別できるようにするのが分割表という集計方法です。

 χ^2検定の基礎

分割表を見ると、四角形のボタンのほうが、申込み率が高くなるように見えます。これが有意な差と言えるかどうかを判断するために、χ^2検定を活用します。

帰無仮説と対立仮説

今回の事例では次のような仮説になります。

- 帰無仮説：丸形と四角形で申込み率は変わらない
- 対立仮説：丸形と四角形で申込み率が変わる

帰無仮説が棄却されれば、対立仮説を採択します。帰無仮説を棄却することで、有意差があると主張する流れです。この流れは二項検定と変わりません。

χ^2統計量

χ^2検定の検定統計量はやや複雑ですので、順を追って解説します。気持ちとしては「この値が大きければ、有意差があると言えそうだな」という指標を検定統計量に取っていると思うと良いでしょう。

ここで期待度数という用語を紹介します。単なる度数は**表2**の集計結果のような「実際に測定された回数」です。実際の申込み数などが度数です。期待度数は「仮に、ボタンの形状によって申込み率がいっさい変わらないならば、このような度数になると期待できる」という度数です。

ここで、ボタンの形状を無視した申込み率を考えます。**表2**を見ると、320人中、120人が申込みをしたので、120 ÷ 320 = 3/8となります。すなわち「仮に、ボタンの形状によって申込み率がいっさい変わらないならば、全体の3/8が申込みをする」ことになります。

丸形のボタンに対面した人は240人います。そのうちの3/8が申込みをするならば240 × 3/8 = 90人が申込みをするはずです。同様に四角形のボタンに対面した人は80人います。そのうちの3/8が申込みをするならば80 × 3/8 = 30人が申込みをするはずです。

申込みをしない人の割合は5/8であることを利用すると、**表3**のように期待度数の表が得られます。

続いて、次の計算式に基づいて、実際の度数と期待度数の違いの大きさを求めます。

$$\frac{\left(\text{度数}-\text{期待度数}\right)^2}{\text{期待度数}}$$

たとえば「四角形の非申込み数」では $(40-50)^2 \div 50 = 100 \div 50 = 2$ となります。これを**表2**・**表3**の4つのマス目すべてで計算をして、その結果を合計します。これが検定統計量となります。この検定統計量をχ^2統計量と呼びます。およそ7.11になります。

p値の算出

データから計算された検定統計量と同じか、それ以上に極端な検定統計量が得られる確率を計算しましょう。これがp値になります。

p値を得るためには、χ^2統計量が従う確率分布が必要です。検定の背後にある統計モデルや、χ^2統計量が従う確率分布を導出するのは難易度が高いので、ここでは説明を省きます。今回の検定の際には、自由度1のχ^2分布を使うことが提案されているので、そのようにしましょう。この確率分布を数式で書き下すとかなり複雑ですが、Pythonを使えば簡単に結果が得られます。

 Pythonで実装するχ^2検定

Pythonを使ってχ^2検定を実行します。有意

水準は5%とします。

データの読み込み

検定のための関数はscipyのstatsモジュールに用意されているのでそれを使います。追加でpandasライブラリを読み込み、検定の対象となるデータを用意します。

▼データの用意

```
# ライブラリの読み込み
import pandas as pd
# データを用意する
ab_test_data = pd.DataFrame({
  'button':['sq','sq','ci','ci'],
  'result':['ok','not','ok','not'],
  'number':[40, 40, 80, 160]
})
print(ab_test_data)

  button result  number
0     sq     ok      40
1     sq    not      40
2     ci     ok      80
3     ci    not     160
```

なおsqは四角形(square)の略で、ciは丸形(circle)の略です。またokは申込みあり、notは申込みなしの意味です。

分割表の作り方

データを分割表の形に変換するにはpandasのpivot_table関数を使います。

▼分割表に変換

```
cross_data = pd.pivot_table(
    data = ab_test_data,
    values ='number',
    aggfunc = 'sum',
    index = 'result',
    columns = 'button'
)
print(cross_data)

button   ci  sq
result
not     160  40
ok       80  40
```

χ^2検定の実行方法

scipyのstatsのchi2_contingency関数を使ってχ^2検定を実行します。

▼χ^2検定の実行

```
stats.chi2_contingency(
    cross_data, correction=False)

(7.111111111111111, 0.007660761135179461, 1,
 array([[150.,  50.],
       [ 90.,  30.]]))
```

標準では余計な補正が入るのでcorrection=Falseとして補正をなくしています。

出力は4つあります。1つめの出力である7.111111111111111はχ^2統計量です。2つめの0.007660761135179461はp値です。0.05よりも小さいので、帰無仮説は棄却されました。3つめの1は自由度で、4つめの行列は期待度数です。ちなみに、自由度は、χ^2分布の形状を決めるパラメータです。

参考文献

本記事は、紙数の関係上、厳密でない表現も一部あります。下記の文献を参考にして、理解を深めていただければ幸いです。

文献[1]は、Pythonを用いた統計分析の入門書です。statsmodelsライブラリを使った分析の解説もあります。文献[2]〜[4]は、執筆の参考にした統計学の教科書です。文献[5]は仮説検定の誤用を防ぐ考え方についてまとめられた文献です。SD

参考文献

[1] 馬場真哉(著)、『Pythonで学ぶあたらしい統計学の教科書』、翔泳社、2018年
[2] 東京大学教養学部統計学教室(編)、『統計学入門』、東京大学出版会、1991年
[3] Graham Upton・Ian Cook(著)、白幡慎吾(監訳)、『統計学辞典』、共立出版、2010年
[4] 山田作太郎・北田修一(著)、『生物統計学入門』、成山堂書店、2004年
[5] Wasserstein RL・Lazar NA(著)、佐藤俊哉(訳)、"統計的有意性とP値に関するASA声明"、2017年、http://www.biometrics.gr.jp/news/all/ASA.pdf

表紙・目次デザイン	トップスタジオデザイン室(宮崎 夏子)
記事デザイン	トップスタジオデザイン室
	マップス(石田 昌治)
	安達 恵美子
	SeaGrape
	BUCH＋(伊勢 歩、横山 慎昌)
DTP協力	技術評論社 酒徳 葉子

■お問い合わせについて

本書に関するご質問は記載内容についてのみとさせていただきます。本書の内容以外のご質問には一切応じられませんので、あらかじめご了承ください。
なお、お電話でのご質問は受け付けておりませんので、書面またはFAX、弊社Webサイトのお問い合わせフォームをご利用ください。

〒162-0846 東京都新宿区市谷左内町21-13
株式会社技術評論社 雑誌編集部
『Software Design別冊
ワンランク上を目指す人のためのPython実践活用ガイド』係

FAX 03-3513-6179
URL https://gihyo.jp

ご質問の際に記載いただいた個人情報は回答以外の目的に使用することはありません。使用後は速やかに個人情報を廃棄します。

SoftwareDesign 別冊
ワンランク上を目指す人のための
Python 実践活用ガイド
——自動化スクリプト、テキスト処理、統計学の初歩をマスター

2022年3月8日 初版 第1刷発行

発行者	片岡 巌
発行所	株式会社技術評論社
	東京都新宿区市谷左内町 21-13
	電話 03-3513-6150 販売促進部
	03-3513-6170 雑誌編集部
印刷／製本	港北出版印刷株式会社

定価はカバーに表示してあります。

造本には細心の注意を払っておりますが、万一、乱丁(ページの乱れ)や落丁(ページの抜け)がございましたら、小社販売促進部まで送りください。送料負担にてお取り替えいたします。

ISBN 978-4-297-12639-1 C3055
Printed in Japan